# 黄河流域水资源功能调度研究

张 颖 王亚平 李 焯 李建峰 郭艳军 编著

黄河水利出版社

·郑 州·

**图书在版编目(CIP)数据**

黄河流域水资源功能调度研究/张颖等编著. —郑州：
黄河水利出版社,2023.8
ISBN 978-7-5509-3730-7

I. ①黄… II. ①张… III. ①黄河流域-水资源管理-研究
IV. ①TV213.4

中国国家版本馆 CIP 数据核字(2023)第171031号

审　稿　席红兵　　13592608739

---

责任编辑　冯俊娜　　　　　　　　责任校对　王单飞
封面设计　李思璇　　　　　　　　责任监制　常红昕
出版发行　黄河水利出版社
　　　　　地址:河南省郑州市顺河路49号　　邮政编码:450003
　　　　　网址:www.yrcp.com　　E-mail:hhslcbs@126.com
　　　　　发行部电话:0371-66026940、66020550、66028024
承印单位　河南新华印刷集团有限公司
开　　本　787 mm×1 092 mm　1/16
印　　张　13.75
字　　数　326 千字
版　　次　2023 年 8 月第 1 版　　　　印　　次　2023 年 8 月第 1 次印刷

---

定　　价　82.00 元

# 前 言

水资源管理包括供水管理和需水管理两个方面。纵观世界各国的水资源管理,一般均是从供水管理起步。长期以来,我国水资源管理一直把着力点放在供水管理上,很少研究用水户的全面需求以及用水需求的科学性、合理性,忽视诸如生态环境等无代言人的公共用水需求,同时也助长了用水户以获取经济效益为主要目标的盲目、无序,甚至无约束性用水,这不仅导致了经济、社会、生态、环境系统的结构失衡,也激化了水资源的供需矛盾。

本书提出流域水资源功能调度的观点,并以此为基本理论指导,以黄河流域为对象,主要研究内容和结论概括为以下五个方面:

(1)对现有引黄灌区的用水结构进行了分析研究,针对主要农作物生命活动的水分利用及其特点,分析了流域灌溉用水指标严重偏高的四个主要原因。提出了科学的灌溉定额及提高水资源在农业灌溉上的效率和效益的对策,并据此确定了黄河下游灌区的需水量及其过程。

(2)对黄河水中泥沙的来源进行了分析研究,根据泥沙淤积的形式及特点,提出了黄河下游河道泥沙冲淤规律,即当含沙量为 20 kg/m³,流量为 2 600 m³/s,历时 6 d(用水量 13.5 亿 m³)时,下游河道不淤积;当含沙量为 40~60 kg/m³,流量为 4 000 m³/s,历时 11 d(用水量 38 亿 m³)时,下游河道不淤积。建立了对水沙关系进行调节的水库调水调沙运行模式,确定了黄河下游河道具有最大输送(或冲刷)效率的流量级及其相应的含沙量和过程。按照洪水、泥沙的不同来源区,提出了采用基于小浪底水库单库运行、基于不同来源区水沙过程对接、基于干流多库联合调度和人工扰动等三种调水调沙模式,出流过程采用输沙效率最高的 4 000 m³/s。

(3)对黄河河道及河口生态系统的基本要素、生态功能和保护目标进行了研究,分别提出了维护河道生态系统和河口生态系统健康运行的需水量及其过程。提出黄河河道生态系统需水量的确定,应依据以下三方面的耦合:一是河道生态系统净需水量;二是河道损失水量;三是防凌安全水量。通过计算和对其过程的耦合,给出了黄河干流各主要控制断面的生态流量及其过程。

(4)对黄河流域进行了水功能区划,计算黄河干流的纳污能力,通过对黄河水污染状况及未来发展形势的预测,提出了污染物入河控制方案,确定了满足水质功能要求的需水量及其过程。根据黄河流域自然环境及经济社会发展状况,将黄河干流划分为 18 个一级水功能区,并对 10 个开发利用区划分了 50 个二级水功能区。明确了各功能区的水质目标。在此基础上,分别对干流各河段的纳污能力进行了计算,结果表明,黄河入河污染物现状大大超过了纳污能力。为此,本书拟定了下列条件:在现状黄河流域排污情况及经济社会发展水平背景下,所有污染源均达标排放、主要支流断面水质满足相应水功能目标要求、黄河干流各断面水质均达到Ⅲ类水质目标。根据上述条件,确定了现阶段黄河干流各主要控制断面满足水质功能要求的需水量及其过程,并建议据此开展水污染稀释调度。

(5)对黄河下游各项功能需水量及其过程进行了耦合,并对耦合过程设计了实现途径。黄河下游各项功能需水量均以不同的控制断面给出计算结果。本书以断面水量平衡为基本原理,建立了反向控制计算方程,对各项功能需水量及其过程进行了耦合,以此确立了水库功能调度的目标。非汛期调度目标为满足农业灌溉、河道及河口生态系统、水质功能要求等需水量及其过程要求,以及实现小浪底水库水资源筹集的三条途径。汛期调度目标为输送泥沙,并提出了两条实现的途径:一是汛期水库异重流排沙输送;二是汛期不同来源区水沙组合输送。

本书由河南省信阳水文水资源勘测局的张颖,黄河水利委员会山东水文水资源局的王亚平,黄河水利委员会水文局的李焯、李建峰,黄河水利委员会河南水文水资源局的郭艳军共同撰写。具体撰写分工如下:第1章由张颖撰写,第2章由张颖、李焯撰写,第3章由王亚平、李焯、李建峰、郭艳军撰写,第4章由李焯撰写,第5章由张颖、李焯、李建峰撰写,第6章由王亚平、李建峰、郭艳军撰写,第7章由王亚平撰写,第8章由李建峰撰写。全书由张颖负责统稿工作。

在本书的撰写过程中,作者参考和引用了一些文献资料的内容,在此对有关文献资料的作者表示衷心的感谢!

限于作者水平,本书不妥之处在所难免,欢迎读者提出宝贵意见。

**作 者**

2023 年 5 月

# 目　录

# 第1章 绪 论

## 1.1 研究背景与研究意义

### 1.1.1 研究背景

#### 1.1.1.1 水资源利用和管理理论研究的发展与动态

自20世纪80年代以来,流域水资源的管理理论不断丰富,管理理念和方式也发生了深刻的变革。这些变革的主要驱动因素,许多学者都曾从不同角度做过阐述,但概括起来主要是全球人口的快速增加、土地利用格局的变化和全球气候变化等。据联合国估测,到2025年,全球人口的总数将突破80亿,人类和各类生态系统的生态需水的平衡将可能成为人类无法回避的首要问题;土地利用格局的变化,本质上是人类经济社会发展的反映,其要害是人类社会的发展对生物圈利用与改造所产生的干扰,以及由此导致的生态系统退化、生物多样性减少等变化的反馈效应;全球气候变化的作用是太阳系甚至"银河系四季变化"与以上两个问题叠加的必然结果。对此类复合因素作用的认识可能需要更长的时间尺度才能予以验证,但不可否认的是,全球气候的确发生了变化,使水资源时空分布增加了更多的不确定性。

根据最近的研究成果,一个最显著的变化,就是不同学术背景的学者间对如何科学地认识和解决人类社会所面临的环境与生态问题,特别是水资源问题形成了高度的共识,即解决水资源问题,需要采用新的综合科学分析的方法,需要能为水资源可持续管理提供支撑的诸如水文生态学/生态水文学之类的具有潜力的新学科。这种认识的进步价值,不只是促进新学科的发展,更重要的是为如何科学认识和解决人类所面临的水资源短缺问题提出了新思路,将会对传统的水资源管理特别是流域尺度的管理造成重大的冲击,并促使水资源管理理念和利用方式的不断进步。

从学科交叉的视野看,对水资源管理与利用具有重要指导意义的理论,我们认为应首推坦斯利(Tansley,1935)提出的"生态系统"(Ecosystem)的概念,该理论的核心思想是强调一定区域内的生物、人类社会与其环境是一个相互联系的且能够自我维持的统一体。这一理论对于改变传统的水利管理模式具有极其重要的指导意义。河流作为生态系统的一种类型,对其管理也必须具有整体观和系统观,具体讲,对河流的管理不能仅仅"就水论水",需要考虑水资源的储存,更要考虑"生态系统完整性"对水资源汇集的功能、需水侧科学用水的重要性等。可以说,对河流水资源的管理,实质是对流域生态系统的管理。

20世纪80年代末由Junk等(1989)提出的洪水脉冲理论,对于进一步认识河流生态系统也具有重要指导意义,该理论强调的河流横向空间概念,是对河流连续体理论强调纵向空间概念的发展。洪水和干旱是强烈影响河流生态系统的两大扰动因素,这类扰动存在于所有的河流中。实际上,对于大的流域而言,人类社会对水资源的需求已成为一种不可忽视的扰动。因此,对流域的管理,从本质上讲就是对环境、河流水资源和人类社会三者关系的科学协调。

### 1.1.1.2 黄河水资源及其利用情况

黄河是我国的七大水系之一,是中华民族繁衍发展的摇篮,被誉为"母亲河"。在民族发展历程中,历朝历代的执政者都对其格外重视,以便管理和利用其水资源,防治其水患。中华人民共和国成立后,保留并加强了黄河流域管理机构,以管理、利用和保护好黄河的水资源及其流域的生态环境。自20世纪中叶开始,随着流域内人口的增长、经济的发展和产业结构的变化,整个流域水资源的利用强度及其水环境都在发生着复杂的变化。认真研究和分析这些变化并寻找其规律性,不仅对于本流域的管理和水资源的利用具有重要意义,而且还能为我国其他大流域的管理与利用提供诸多可借鉴的经验。

根据1956~2000年系列资料计算,黄河流域天然年径流量为535亿 m³,占全国水资源总量的2%,水资源量居我国七大江河的第四位(小于长江、珠江、松花江)。20世纪50年代初期,黄河流域及相关地区灌溉面积为1 200万亩❶,占当时全国灌溉面积(2.4亿亩)的5%,到2006年,全流域有效灌溉面积已达11 267万亩,占当时全国灌溉面积(8.5亿亩)的13.3%。同时,流域内人口从1980年的8 150万增加到2006年的11 299万(占全国人口的8.8%)。全流域GDP从1993年的2 410亿元增加到2006年的13 733亿元(占全国GDP的7%)。流域经济社会的迅速发展,使得引用黄河水资源量逐年增加,入海水量日益减少。不同年代的黄河入海水量见表1-1。

**表 1-1   不同年代的黄河入海水量**

| 时段(年) | 年平均径流量/亿 m³ | 年平均入海水量/亿 m³ | 入海水量占径流量比例/% |
|---|---|---|---|
| 1950~1959 | 611.6 | 480.5 | 78.6 |
| 1960~1969 | 679.1 | 501.1 | 73.8 |
| 1970~1979 | 559.0 | 311.0 | 55.6 |
| 1980~1989 | 598.1 | 285.8 | 47.8 |
| 1990~1999 | 437.1 | 140.8 | 32.2 |
| 2000~2007 | 425.3 | 141.4 | 33.2 |

从表1-1中可以看出,黄河水资源的开发利用率已从20世纪50年代的21.4%增加到21世纪初的66.8%,远远高于国际上公认的40%的警戒线。研究表明,若一条河流的水资源开发利用率超过40%,将会对该河流的生态系统造成不利影响;若一条河流的水资源开发利用率超过50%,则河流发生断流的概率将大大增加。事实上,早在20世纪80年代黄河流域的水资源开发利用率就超过了50%。1972年黄河首次出现了断流现象。据统计,1972~1999年,28年中黄河下游的利津站共发生了21次断流(见表1-2)。

---

❶   1 亩 = 1/15 hm²。

表 1-2 黄河下游利津站历年断流情况

| 年份 | 断流时间(月-日) | | 断流次数/次 | 断流天数/d | | |
|---|---|---|---|---|---|---|
| | 最早 | 最晚 | | 全日 | 间歇性 | 总计 |
| 1972 | 04-23 | 06-29 | 3 | 15 | 4 | 19 |
| 1974 | 05-14 | 07-11 | 2 | 18 | 2 | 20 |
| 1975 | 05-31 | 06-27 | 2 | 11 | 2 | 13 |
| 1976 | 05-18 | 05-25 | 1 | 6 | 2 | 8 |
| 1979 | 05-27 | 07-09 | 2 | 19 | 2 | 21 |
| 1980 | 05-14 | 08-24 | 3 | 4 | 4 | 8 |
| 1981 | 05-17 | 06-29 | 5 | 26 | 10 | 36 |
| 1982 | 06-08 | 06-17 | 1 | 8 | 2 | 10 |
| 1983 | 06-26 | 06-30 | 1 | 3 | 2 | 5 |
| 1987 | 10-01 | 10-17 | 2 | 14 | 3 | 17 |
| 1988 | 06-27 | 07-01 | 2 | 3 | 2 | 5 |
| 1989 | 04-04 | 07-14 | 3 | 19 | 5 | 24 |
| 1991 | 05-15 | 06-01 | 2 | 13 | 3 | 16 |
| 1992 | 03-16 | 08-01 | 5 | 73 | 10 | 83 |
| 1993 | 02-13 | 10-12 | 5 | 49 | 11 | 60 |
| 1994 | 04-03 | 10-16 | 4 | 66 | 8 | 74 |
| 1995 | 03-04 | 07-23 | 3 | 117 | 5 | 122 |
| 1996 | 02-14 | 12-18 | 6 | 124 | 12 | 136 |
| 1997 | 02-07 | 12-31 | 13 | 202 | 24 | 226 |
| 1998 | 01-01 | 12-08 | 16 | 113 | 29 | 142 |
| 1999 | 02-06 | 08-11 | 4 | 36 | 6 | 42 |

黄河的断流,无论是对流域的生态环境还是对经济社会的稳定与发展都产生了巨大影响,其效应至少体现在以下三个方面:

(1)沿河城乡人民生活受到严重影响。黄河下游沿岸分布有许多大型和特大型城市,如郑州、新乡、开封、濮阳、菏泽、济宁、聊城、济南、德州、淄博、滨州、东营等,其中大多数城市以黄河水为居民生活饮用水源。此外,中原油田、胜利油田的生活用水也取自黄河。黄河的断流,使以其为主要水源的城市及油田区的居民生活受到极其严重的影响。如 1992 年,利津断面累计断流时间 83 d,断流河段长度 303 km,位于河口地区的东营市、滨州市和胜利油田 90 多万城镇居民严重缺水,不得不饮用水质较差的坑塘水,4 500 多人患上肠道疾病。更为严重的是,上述城市和企业的生活供水几乎断绝(东营市在停止全部生产用水的情况下,全部饮用水仅能维持 7 d;滨州市在生产用水全部停供的情况下,仍有 50 万人、27 万头牲畜的饮水难以为继)。1997 年,黄河下游河道利津断流时间长达 226 d,断流河道长度计 704 km(上溯至河南开封),约占黄河下游河道长度的 90%,致使沿黄地区 2 500 个村庄、130 万人吃水困难,多数城市不得不采取定时、定量供水,有的甚至用汽车拉水供应居民。一些地区不得不开采含氟量大大超标的地下水予以补充,对人们的身体健康造成严重威胁。若不是随后一场台风带来了降雨,后果不堪设想。

(2)工农业生产遭受严重损失。黄河下游断流期间,以其为水源的工农业生产几乎处于瘫痪状态。据统计,20 世纪 70 年代,断流使黄河下游有关地区工业年均损失 1.8 亿元,20 世纪 80 年代年均损失 2.2 亿元。进入 20 世纪 90 年代,由于工业生产规模的迅速扩大以及断流严重程度的进一步加剧,断流造成的年均经济损失呈指数增长之势,如 1992 年损失 20.9 亿元,1995 年损失 42.7 亿元。特别是 1997 年,胜利油田因缺水,200 口油井被迫关闭,仅山东省工业生产的直接经济损失高达 40 亿元。断流还迫使黄河沿岸不得不将灌区改为旱田,粮食产量随之大幅度下降,农民收入下降。断流使流域内粮食减产的幅度也逐次增大,如 20 世纪 70 年代粮食减产 9.0 亿 kg,20 世纪 80 年代粮食减产 13.7 亿 kg,20 世纪 90 年代减产幅度更大,如 1995 年,黄河下游断流 122 d,沿岸灌区受旱面积 1 913 万亩,粮食减产 26.8 亿 kg。1997 年的黄河断流,仅山东省 2 300 万亩农田因缺灌就减产粮食 27.5 亿 kg,棉花减产 5 万担。❶

(3)河口三角洲生态系统遭到严重破坏。黄河三角洲湿地,有水生生物资源 800 多种,野生植物上百种,各种鸟类 180 多种,其中的诸多种类是国家重点保护的濒危野生物种。黄河频繁断流,使湿地生物的淡水资源及其携带的各类营养物质的补给通道中断,从而造成了湿地生态系统中生物物种多样性和遗传基因多样性的遗失。同时,黄河断流还使渤海浅海海域失去重要的饵料来源,海洋生物的生殖繁衍受到严重影响,大量洄游鱼类游移他处,黄河口渤海海域生物链断裂,水生生物群落结构发生重大变化。

黄河断流问题引起了党和国家的高度关注。1998 年 1 月,中国科学院、中国工程院 163 名院士联名呼吁"行动起来,拯救黄河"。国家对此非常重视,要求加强流域水资源统一管理和保护,解决黄河断流这一重大问题。为缓解黄河流域水资源供需矛盾,解决黄河下游断流问题,经国务院批准,1998 年 12 月,国家发展计划委员会、水利部联合颁布实施了《黄河可供水量年度分配及干流水量调度方案》和《黄河水量调度管理办法》,授权黄河水利委员会统一管理和调度黄河水资源。自 1999 年实施统一调度以来,采取行政、法律、工程、科技、经济等综合有效的措施,确保了黄河未再断流,这是具有标志性意义的重大变化和进步。表 1-3 是自 1999 年黄河水量统一调度至 2008 年利津断面 10 年来的月平均流量。

表 1-3 黄河水量统一调度以来利津断面 10 年来的月平均流量　　　　　　单位:m³/s

| 年份 | 不同月份流量 | | | | | | | | | | | |
|---|---|---|---|---|---|---|---|---|---|---|---|---|
| | 1 | 2 | 3 | 4 | 5 | 6 | 7 | 8 | 9 | 10 | 11 | 12 |
| 1999 | 189 | 2 | 127 | 103 | 57 | 126 | 752 | 223 | 247 | 451 | 179 | 116 |
| 2000 | 115 | 130 | 95 | 68 | 52 | 37 | 177 | 114 | 103 | 252 | 425 | 274 |
| 2001 | 358 | 265 | 240 | 109 | 74 | 52 | 118 | 209 | 60 | 89 | 145 | 48 |
| 2002 | 88 | 47 | 45 | 58 | 66 | 70 | 929 | 61 | 55 | 49 | 53 | 44 |
| 2003 | 31 | 31 | 38 | 31 | 37 | 58 | 126 | 211 | 1 850 | 2 438 | 1634 | 775 |
| 2004 | 594 | 275 | 185 | 149 | 472 | 1 287 | 1 458 | 1 615 | 690 | 273 | 243 | 206 |
| 2005 | 282 | 236 | 146 | 107 | 140 | 1 313 | 1 133 | 797 | 446 | 1 904 | 875 | 506 |
| 2006 | 304 | 177 | 189 | 326 | 743 | 2 228 | 802 | 914 | 808 | 359 | 283 | 167 |
| 2007 | 215 | 108 | 242 | 148 | 169 | 934 | 1 326 | 1 773 | 772 | 945 | 824 | 336 |
| 2008 | 291 | 267 | 167 | 293 | 548 | 1 076 | 986 | 203 | 574 | 482 | 452 | 239 |

---

❶ 1 担＝50 kg。

从表 1-3 可以看出,虽然黄河下游利津断面自黄河水量统一调度至 2008 年 10 年未再断流,但有些年份的月平均流量值较小,如 1999 年 2 月的平均流量仅为 2 $m^3/s$,2002 年和 2003 年 2 月也仅为 47 $m^3/s$ 和 31 $m^3/s$,如此小的月平均流量只能在数学意义上说明未断流,从物理和生态学意义上看,仍难以具有功能性价值。立足于河口生态系统对利津断面提出的具有功能性需水量及其过程的要求,涉及河口生态系统的内部结构及其功能需求,必须对其进行深入研究后才能提出量化指标,目前此项研究还是滞后的。

### 1.1.1.3　河道淤积情况

含沙量大是黄河水质的重要特征。据计算,黄河多年平均输沙量为 16 亿 t,平均含沙量为 35 $kg/m^3$,在世界大江大河中名列第一。

在历史上,挟带大量泥沙的黄河,不断充填着古华北陆缘盆地,并向渤海海域推进,形成新的陆地,缔造了华北大平原。在华北大平原出现堤防之前,黄河入海流路处于无约束状态。起初,黄河河水总是奔向一条低洼的流路入海,随着这条低洼流路的不断淤积,它又会"滚"向另外一条相对低洼的流路,如此反复,将泥沙"摊铺"在黄河冲积扇上。

春秋中期,铁器的出现和普遍使用,使得大规模修筑黄河堤防在技术上有了可能,再加之社会生产力的提高促进了经济的繁荣,人口也随之有较大的增长,生存和发展的需要使黄河下游的堤防应运而生。到战国时期,黄河下游堤防已具有相当规模。堤防的修筑将放荡不羁的黄河"约束"起来,但却使泥沙在两岸大堤之间"摊铺",从而使河床不断抬高。到西汉后期,黄河下游河道已经发展为"地上悬河"了。"地上悬河"发展到一定程度的后果是大堤易发生决口或者河流再次改道。据记载,从公元前 602 年到 1938 年的 2 540 年间,黄河发生决口的年份有 543 年,决口的次数达 1 590 次,改道 26 次。

1950~1997 年,黄河下游河道淤积泥沙已达 91.24 亿 t,河床普遍抬高了 2~4 m,为此不得不先后 4 次全面加高培厚黄河下游堤防。现状黄河下游河床普遍高出背河地面 4~6 m,最大达 12 m,成为淮河流域和海河流域的分水岭。而黄河沿岸地区的城市地面均低于黄河河床,如河南省新乡市的地面低于黄河河床 20 m,开封市的地面低于黄河河床 13 m,山东省济南市的地面低于黄河河床 5 m。

20 世纪 90 年代,黄河下游河道持续的枯水系列、长期的小流量过程,更加重了黄河下游河道主河槽的淤积。据统计分析,黄河下游主河槽淤积占全断面淤积量的比例达 90% 以上。河槽的严重淤积,造成过水断面明显萎缩,其结果是同流量水位升高,平滩流量大幅度减小。1996 年 8 月的洪水集中地暴露了这些问题,如花园口断面洪峰流量仅有 7 600 $m^3/s$,水位却高达 94.73 m,比 1958 年该断面洪峰流量 22 300 $m^3/s$ 洪水的水位还高出 0.91 m,局部河段平滩流量从 20 世纪 80 年代的 6 000 $m^3/s$ 衰减至 1 800 $m^3/s$。

根据多年的研究和分析,黄河下游河道泥沙大量淤积的原因,主要是水沙关系不协调,即"小水"带"大沙"造成的。基于这种认识,黄河水利委员会从 2002 年开始连续 3 年开展了调水调沙试验,在此基础上又进行了生产运行。

至 2010 年,黄河下游历次调水调沙情况如表 1-4 所示。从表 1-4 可以看出,调控流量、调控含沙量和入海水量的不同组合,使得输送到渤海的沙量和河道冲刷量有较大差别。各种运行参数和效果之间存在某种规律性的内在关系,黄河下游河道的冲淤规律是什么,什么样的调控流量级配以及什么样的含沙量、形成多长时间的过程才能达到输送泥沙或冲刷黄河下游河道的最佳效果,对这些问题的分析研究具有重要意义,也是本书需要回答的重要问题。

表 1-4  截至 2010 年黄河下游历次调水调沙情况

| 时间 | 调控流量/（m³/s） | 调控含沙量/（kg/m³） | 入海水量/亿 m³ | 入海沙量/亿 t | 河道冲刷量/亿 t | 说明 |
|---|---|---|---|---|---|---|
| 2002 年汛前 | 2 600 | 20 | 22.94 | 0.664 | 0.362 | 第一次试验 |
| 2003 年汛期 | 2 400 | 30 | 27.19 | 1.207 | 0.456 | 第二次试验 |
| 2004 年汛前 | 2 700 | 40 | 48.01 | 0.697 | 0.665 | 第三次试验 |
| 2005 年汛前 | 3 000~3 300 | 40 | 42.04 | 0.613 | 0.647 | 生产运行 |
| 2006 年汛前 | 3 500~3 700 | 40 | 48.13 | 0.648 | 0.601 | 生产运行 |
| 2007 年汛前 | 2 600~4 000 | 40 | 36.28 | 0.524 | 0.288 | 生产运行 |
| 2007 年汛期 | 3 600 | 40 | 25.48 | 0.449 | 0 | 生产运行 |
| 2008 年汛前 | 2 600~4 000 | 40 | 40.75 | 0.598 | 0.201 | 生产运行 |
| 2009 年汛前 | 2 600~4 000 | 40 | 34.88 | 0.345 | 0.343 | 生产运行 |
| 2010 年汛前 | 2 600~4 000 | 40 | 45.64 | 0.701 | 0.254 | 生产运行 |
| 合计 | | | 371.34 | 6.446 | 3.817 | |

#### 1.1.1.4  河水水质污染情况

20 世纪 80 年代以来,随着黄河流域经济的快速增长,进入黄河的污水量大幅度增加,水污染问题日渐突出。目前,黄河上中游入黄排污口的废水达标排放率仅为 60%,超标排放和偷排现象仍十分严重。污染物进入黄河干流的方式主要是通过支流输入或工业企业和城镇污染源直接排入黄河干流。据统计,1982~2007 年,黄河流域废污水排放量已经翻了一番(见表 1-5)。

表 1-5  黄河流域废污水排放量                                        单位:亿 t

| 年份 | 废污水排放量 | 工业废水 | 生活污水 |
|---|---|---|---|
| 1982 | 21.70 | 17.40 | 4.30 |
| 1989 | 25.67 | 21.61 | 4.06 |
| 1991 | 25.38 | 20.50 | 4.88 |
| 1992 | 26.09 | 20.60 | 5.49 |
| 1993 | 32.25 | 26.86 | 5.39 |
| 1994 | 29.64 | 24.17 | 5.47 |
| 1995 | 33.84 | 28.19 | 5.65 |
| 1998 | 42.04 | 32.52 | 9.52 |
| 1999 | 41.98 | 31.18 | 10.80 |
| 2000 | 42.22 | 30.68 | 11.54 |
| 2001 | 41.35 | 29.56 | 11.79 |
| 2002 | 41.28 | 28.35 | 12.93 |
| 2003 | 41.46 | 29.33 | 12.13 |
| 2004 | 42.65 | 32.16 | 10.49 |
| 2005 | 43.53 | 34.86 | 8.67 |
| 2006 | 42.63 | 34.15 | 8.48 |
| 2007 | 42.88 | 33.00 | 9.88 |

20 世纪 80 年代后期,黄河干流评价河段(循化以下,约 3 613 km)中Ⅳ类及劣于Ⅳ类的河流长度占评价河长的 21.6%,而 2004 年,同类河长已占评价河长的 72.3%。枯水期水质更差,尤其是Ⅴ类及劣Ⅴ类河长的比例一直呈逐年上升势头,石嘴山、包头和潼关河段的水质几乎常年处于Ⅴ类或劣Ⅴ类状态,有些河段水功能基本丧失。水污染不仅加剧了本来已十分紧缺的黄河水资源,使其利用价值严重下降,使河流生态系统受到严重危害,而且还威胁到以黄河为水源的人民群众的身体健康。

针对日益严重的黄河水质污染问题,需要认真研究在保证水资源使用功能的前提下黄河水体的最大允许纳污能力,同时还应着重研究在现状黄河流域排污情况及经济社会发展背景下,所有污染源均达标排放、主要支流断面水质满足相应水功能目标要求、黄河干流各断面水质均达到Ⅲ类水质目标所需要保证的基本流量。没有这些基础工作,就无法制订污染物入河控制方案,也无法对河流水量进行满足水质功能要求的水库调度。而目前,这方面的工作尚处于薄弱状态。

## 1.1.2 研究意义

水资源管理(water resources management),是各级水行政主管部门运用法律、政策、行政、技术、经济等手段对水资源开发、利用、治理、配置、节约和保护进行调控,以求可持续地满足经济社会发展和改善生态环境对水需求的各种活动的总称。水资源管理分为供水管理(water supply management)和需水管理(water demand management)两大内容。其中,供水管理是通过工程措施与非工程措施将水资源输送到用水户的供水过程的管理;需水管理的对象是用水客户,通过以节水为核心的各种管理手段,促进水资源的科学合理配置和高效利用,抑制需水量的盲目、过快增长,在一定时期内达到供水与需水的基本平衡。纵观世界各国的水资源管理,一般均是从供水管理起步。水利工作的产生和发展,主要是为了满足人类社会对水资源的需求,如通过打井、开渠、筑堰、修建水库以及跨流域调水等各种工程措施,开发和利用地表水和地下水资源,满足经济社会各方面对水的需求。长期以来,我国的水资源管理工作,一直把着力点放在供水管理上,而很少研究用水方的用水需求是否科学、合理,对用水方的用水需求几乎做到了有求必应,不仅助长了需求侧对水资源要求的盲目性、无序性和无限制性,造成了水资源和供水工程建设的浪费,而且也使供水管理始终处于被动或疲于应付的局面。水资源是有限的,相对于水资源的有限性,需水侧的要求也不能是无限的,否则,水资源的供需矛盾将会日趋激化,最终会导致经济、社会、生态、环境系统的结构失衡,降低水的供给能力。面对严峻的水资源形势,必须实行最严格的水资源管理制度。因此,水资源管理的重点必须从供水管理转向需水管理,即把水资源管理的重心放在科学配置、全面节约和有效保护上。

在强化需水管理的基础上,作者提出了进行流域水资源功能调度(water resources function operation)的新理念,这将是实现流域内有限水资源科学利用、最大效益利用的正确选择。

流域水资源功能调度,是指为满足流域及其密切相关地区的经济、社会、生态、环境等科学合理且必需的功能需求,借助控制性水利工程对天然径流进行调节的过程。其中包括两方面的工作内容,首先面向用水系统,深入调查研究其用水结构及基本功能,在此基础上本着科学、合理、严格且必需的原则确定保证其基本功能不受影响的需水量及其过程;其次,借助控制性水利工程,为满足上述用水系统需水目标要求筹集水资源,并按其目标要求重新塑造径流过程。

对黄河流域水资源功能调度而言,其需水系统主要由经济用水、输沙用水、生态系统用水和满足水质功能要求用水等组成,水资源调节系统为已经建成的干支流水利枢纽工程。黄河流域水资源功能调度管理,必须把水资源管理的着力点放在需水系统的管理上,找准需水系统各项功能发挥的基本定位,确定各项功能基本需水量及其过程,这将有助于黄河水资源的科学配置,明晰非经济用水(或在经济高速发展阶段属于弱势用水领域)水权,防止需水系统中经济用水增长过快而对输沙用水、生态系统用水和满足水质功能要求的公益性用水的挤占,使黄河水资源得到高效利用,并发挥其应有的经济效益、社会效益、生态效益和环境效益。

## 1.2 流域水利功能的利用及其研究进展

### 1.2.1 水资源兴利功能的利用及其进展

在流域水资源的各项功能中,兴利功能是最早被人类发现也是至今发挥得最为充分的水利功能。四大文明古国都出现在大河流域,灌溉成为古代文明发生和发展的基础。尼罗河流域的灌溉可以追溯到公元前4000年,当时人们利用尼罗河水流量变化的规律发展农业,最初是洪水漫灌,公元前2900年左右已有了灌溉系统雏形,公元前2300年前后在 Faiyum 盆地建造了 Moeris 水库,通过 Yusef 水渠引来尼罗河洪水,经调蓄后用于灌溉,这种灌溉方式一直持续了数千年。两河流域的灌溉也可以追溯到公元前4000年左右,美索不达米亚具有得天独厚的条件,幼发拉底河的高程比底格里斯河高,天然的坡降成了开挖引水渠道的极好条件。公元前2000年左右的汉谟拉比(Hammurabi)时代已有了完整的灌溉系统。当时的灌溉面积超过260万 $hm^2$,养育了1 500万~2 000万人。巴比伦时代灌溉进一步发展,曾修建著名的 Numrood 水库向两岸渠道内供水。印度河流域在公元前3000年左右已有引洪淤灌,公元前3世纪左右,印度河流域已经可以凭借灌溉做到一年两熟。

黄河流域的引水灌溉可以追溯到公元前21世纪的大禹时代,商代已有引水灌田的记载,周代井田制,即把900亩土地划分为井字形的9区,区间是沟渠和道路,形成排灌系统。黄河流域最早的灌溉工程为晋出公二十二年(公元前453年)在汾河支流晋水上修建的智伯渠,战国初魏文侯二十五年(公元前421年)邺令西门豹引当时是黄河支流的漳水开十二渠。秦始皇元年(公元前246年)在关中兴修了引泾水灌田4万余顷❶的郑国渠,秦国因此富强,最后统一六国。

近200年来,灌溉事业发展很快。1800年左右,全世界有灌溉面积1.2亿亩,20世纪初全世界有灌溉面积7.2亿亩,1949年达到13.8亿亩,20世纪末则超过了36.0亿亩。20

---

❶　1 顷 = 6.67 $hm^2$。

世纪 50 年代初期,我国的灌溉面积为 2.4 亿亩,到 2009 年已增加到 8.5 亿亩,相应黄河流域灌溉面积也从 50 年代初的 1 200 万亩增加到 2006 年的 11 267 万亩,50 多年间增加了近 10 倍。目前,黄河流域的耕地灌溉率达到 45.71%,灌区生产的粮食占全部耕地总产量的 70% 以上。据统计,黄河流域用于农田灌溉的水资源量达到 300 亿 $m^3$ 左右,占到流域总供水量的 80% 以上。

水资源的兴利功能除上述农田灌溉外,还表现在工业及城镇供水、水力发电、航运等方面。

20 世纪初,大量水库和水电站的兴建,促进了河川径流调节理论的发展。我国 20 世纪 50 年代开始大规模修建水利工程,并随之逐步开展了系统的水库调度工作。多年来,随着工程技术、径流调节理论、计算机技术及控制技术的迅速发展,以及成功的实践经验的积累,我国流域水资源兴利功能的利用技术日臻完善,甚至可以说已不存在技术性因素的制约。

但须指出的是,由于长期以来人们对水资源兴利功能的认识一直处于主导地位,以至于把水资源对人类的兴利功能放大到至高无上的地位,因此造成对水资源的过度开发和利用,不少河流的水资源为充分发挥其兴利功能而被"吃干喝净",由此造成了对河流尾闾和下游地区生态系统的极大破坏。目前,国内外对这种水资源兴利功能压倒一切的思想和行为的纠正行动已开始付诸实施。

## 1.2.2　水资源除害功能的利用及其进展

除害功能中的"害",特指洪水泛滥、泥沙淤积,特别是洪水之害。远古时期,由于没有任何防御措施,人们只能"择丘陵而处之"。随着生产力水平的发展,人们最早采取的防御措施就是沿河流两岸修建堤防。早在公元前 3400 年前后,埃及人就修建了尼罗河左岸大堤,以保护西部的都城和农田,随着人口增长和社会发展的需要,右岸大堤也逐渐建立起来。公元前 2000 年左右,两河流域的美索不达米亚地区已有了比较完整的保护土地的堤防。黄河下游的堤防也在春秋中期逐步形成,以后历代均有修建、加固。现在的河南省兰考东坝头和封丘鹅湾以上的大堤就是在明清时代的老堤基础上加修起来的,有 500多年的历史,以下河堤是 1855 年铜瓦厢决口改道后,在民埝基础上陆续修筑的,也已有160 多年。实际上直到 20 世纪末,黄河大堤状况才大有改善。

建造水库以调蓄天然来水,是另一种普遍的防害手段。公元前 2650 年前后,埃及在WadiGarawi 河上修建了 SaddelKafara 坝,从而建成了一座完用于防洪的水库。尼罗河畔的 Moeris 水库是利用 Faiyum 绿洲的天然洼地改建的,兼有防洪与灌溉双重功能,约建于公元前 2300 年。在美索不达米亚地区,巴比伦时代曾利用幼发拉底河沿岸的Habbaniyah 湖和 AbonDibbis 盆地作为滞洪调节区。从 20 世纪 50 年代开始,黄河流域干支流上修建了若干座控制洪水的防洪工程,特别是干流上修建的龙羊峡、刘家峡、三门峡、小浪底 4 座骨干控制性工程,对各河段的洪水进行了有效控制。在控制性骨干工程和堤防的配合下,水利工程的除害功能得到了较好发挥。

最早认识到泥沙危害的是明代治河专家潘季驯,他在长期的治河实践中,逐步形成了"以河治河,以水攻沙"的治理黄河总方略,其核心在强调治沙,基本实践措施是筑堤固槽、遥堤防洪、缕堤攻沙、减水坝分洪。潘季驯治河的主要贡献在于把治沙提到治黄方略的高度,实现了治黄方略从分水到束水,从单纯治水到注重治沙的转变。由于潘季驯时期已奠定了基础,经过后人的继续努力,使明清河道维持了300年之久。1986年,王化云总结了40年的治黄经验,第一次提出了调水调沙的概念,即通过修建黄河干支流水库,调节水量,调节泥沙,变水沙关系不平衡为水沙关系相适应,更有利于排洪排沙,同时达到为下游河道减淤的效果。黄河水利委员会从2002年开始到2010年,进行了10次调水调沙,共将6.446亿t泥沙输送入渤海,其中黄河下游河道主河槽冲刷3.817亿t(见表1-4),使黄河下游河道主河槽的最小过流能力由实施调水调沙前的 1 800 $m^3/s$ 扩大至4 000 $m^3/s$。

值得指出的是,很长时期以来,人们一直视洪水为猛兽,即过于渲染其肆虐、危害的一面,竭尽全力要把其全部消除掉。这种理念不仅反映在河流治理规划上,而更主要地反映在按其规划修建水库的调度运用上。与此同时,对洪水有利的一面认识却较少,以至于到目前为止,工程师们对具有相当库容的水库规划,赋予其对洪水控制的功能依然十分强大,而对于在这样的设计之下所造成的河道萎缩甚至河流生命的难以维持却极少关注。因此,对洪水的认识要实现从过去传统意义上的控制洪水、消灭洪水到管理洪水的转变,树立起生态水利和"洪水也是资源"的新理念。特别是在黄河流域,还要利用洪水挟沙能力大的特性输送泥沙,必要时还要人工塑造洪水来完成输送泥沙的使命,前面提到的已开展的10次调水调沙中,很大程度上都是利用洪水和塑造洪水输送泥沙和冲刷下游河道的。

## 1.2.3  水资源生态功能的利用及其进展

水资源不仅是基础性的自然资源和战略性的经济资源,而且也是生态环境的控制性要素。相当长时期以来,人们对水资源的经济价值认识充分,而对其生态功能(ecological function)缺乏应有的认识,以至于在开发利用河流水资源的过程中,很少有人主动去考虑应该为河流尾闾和下游河道生态系统留下足够的生态需水量,从而造成许多河流的断流,危及河流尾闾和下游河道生态系统的安全。

美国的科罗拉多河是这方面的一个典型实例。1922年11月,由时任商务部长的胡佛主持,该流域相关7个州的代表联合签署了《科罗拉多河协议》,协议主要以水资源利用为主,未考虑环境用水。20世纪90年代末,科罗拉多河被"吃干喝净",使其下游河道和河口地区出现了以下情况:①河道萎缩。由于流域内干支流已建水库的总库容超出了河流多年平均径流量的数倍,洪水已得到全面控制,自然状态下的洪水过程基本不再出现,原先适应各种洪水的河道因长期不来洪水而不可避免地自然萎缩。②河道中水质恶化。河口地区的径流量,通常只是极少量的水质较差的灌区排水,过去上游有多余的水下泄,有利于稀释咸水,现在没有来水稀释灌区排水,使河水含盐量在美国与墨西哥边界处高达1 500 mg/L,用这样的水灌溉的墨西哥灌区的作物大量枯死。③下游湿地面积大幅度减少,野生生物失去生存条件,不少生物濒临灭绝,生物多样性减少。位于科罗拉多河胡佛坝上游的格伦峡大坝(Glen Canyon Dam),基本上控制了科罗拉多河从发源地至利兹渡口的上游地区。该枢纽建成并投入运用后,由于水库具有巨大的调节能力,坝址以上入库的天然洪水被水库调节后满足发电要求后几乎是均匀流下泄。据统计,建坝前坝址处的日平均流量大于850 $m^3/s$ 的时间占一年中总时间的18%,而枢纽投入运用后则降为

3%。绝大多数时间经过发电厂的泄流日平均流量稳定在 340~453 m³/s。同时，由于该大坝泄水孔在坝体下部，泄放的水流均为底层水，水温常年保持在 8 ℃左右，失去了天然状况下水温随季节的温差波动性。所有这些，均改变了水流的自然特性和河流的自然地貌特征，从而导致了科罗拉多大峡谷生态系统的改变。

莱茵河是世界上内河航运最发达的河流之一，也是世界上最著名的"链状密集产业带"。第二次世界大战以后，随着欧洲经济的蓬勃发展，特别是德国许多新兴工业的建立，新的城镇拔地而起，同时将未处理的污水直接排入莱茵河，在此后的数十年中，莱茵河的水质逐步恶化。20 世纪 60 年代和 70 年代初，伴随着中欧经济的复苏，莱茵河承纳的废污水量达到高峰，每天有 5 000 万~6 000 万 m³ 的工农业废水和生活污水排到莱茵河内。严重的污染造成了生态平衡的破坏。1965 年，上游的无脊椎动物已濒临灭绝。1971 年枯水期，水中 COD 达到 30~130 mg/L，BOD 达到 5~15 mg/L，有些河段的溶解氧降低到 1 mg/L，几乎完全丧失自净能力。在莱茵河流域生活的 6 000 万人饮用莱茵河的水，水质污染严重超标，对人体健康也造成了极大伤害。

阿姆河是中亚流入咸海的最大河流，由于在其上中游地区大量引水灌溉，20 世纪 80 年代，有一半或一半以上的年份无水进入咸海，仅有灌溉排水入海。1989 年，阿姆河全年断流，由此造成咸海水位大幅度下降和湖水面积的迅速退缩。20 世纪 60 年代以来，干涸的湖底面积已达到 2.7 万 km²，其中 90% 的裸露湖底变成了沙漠，并成为盐、杀虫剂残留的沉积地，该地区除遭受沙尘暴之害外，还承受湖底裸露引起的盐尘等危害。大风每年从干涸的湖底吹起的盐尘达 4 000 多万 t，同时挟带的有毒沉积物波及距离可达 400~800 km，引起下风侧的人畜呼吸道疾病和癌症发病率的迅猛增长。

塔里木河是我国最大的内陆河，其干流两岸郁郁葱葱的胡杨林，分布在塔克拉玛干沙漠的周围，在沙漠中形成了雄伟壮阔的绿色走廊，紧紧锁住流动性沙丘的扩张。由于在其上中游地区大量发展引水灌溉（灌溉面积从 1950 年的 522 万亩增加到 1998 年的 1 459 万亩），从 1972 年开始，大西海子以下 363 km 的河道长期处于断流状态，导致下游具有战略意义的绿色走廊濒临毁灭，靠绿色走廊分割的塔克拉玛干沙漠和库鲁克沙漠呈合拢之势。

淮河流域是我国人口密度最大的流域，从 20 世纪 80 年代起，流域内造纸、酿造、化工、皮革、电镀等耗水量大、污染严重的行业迅速发展，废水、污水排放量急剧上升。淮河已成为高度人工控制的河流，流量大小直接影响水质的好坏。近些年来，淮河流域在夏季持续干旱，各闸坝均处于关闭状态，闸下断流，增大了河流的污径比，使水流自净能力极度下降，致使 2/3 的河段几乎完全丧失使用价值。河流沿岸成千上万居民的饮用水不符合标准。20 世纪最后 20 年，淮河及其支流共发生 160 起污染事故，对受灾区广大人民群众的身体健康、正常生活和生产造成严重影响。

这种忽视河流整体性及其生命性的管理方式具有很大的普遍性。据统计，全世界符合长度 1 000 km 以上、河口多年平均流量 1 000 m³/s 以上和流域面积 10 万 km² 以上 3 个条件之一的独立河系共有 336 条。最近，一个名为"21 世纪水资源世界委员会"的国际组织，在一份调查报告中指出："目前世界上只有两条大河可以被归入健康河流之列。这两条河流是南美洲的亚马逊河和非洲撒哈拉南部的刚果河"。

为应对河流管理所面临的新问题,从 20 世纪 70 年代开始,欧洲及澳大利亚和南非等国相继开展了生态流量计算和评价方法的研究,其工作主要集中在两个方面:一是对水库调度方式进行优化;二是评估水库实施生态调度对生态环境的影响,从而在保证改善效果的同时又不对生态系统产生明显扰动。从 20 世纪 80 年代开始,欧美一些发达国家采取基于河道生态流量对水库进行调度的运行方式。到 20 世纪 90 年代,国外水库生态与环境调度从研究转为实践。所谓生态调度(ecology operation),是指以生态补偿为目标的水库调度,即针对水库蓄水对水陆生态系统、生物群落的不利影响,并根据河流水文特征变化的生物学作用,通过河流水文过程频率与时间的调整来减轻水库工程对生态系统的胁迫。其主要任务是尽可能恢复河流的连续性(river continuity),保证水库下游的生态需水,模拟自然水文周期,恢复生境的空间异质性,改善生物栖息地环境。环境调度(environment operation),则是以改善水质为目标的水库调度,水库在保证工程和防洪安全的前提下多蓄水,增加流域水资源供给量,保持河流生态与环境需水量。通过水库调度,为河流自净和污染物稀释创造有利的水文、水力条件,从而改善区域水体环境。

1991~1996 年,美国田纳西流域管理局(TVA)对 20 个水库通过提高水库泄流的水量及水质,以下游河道最小流量和溶解氧标准为指标,对水库调度运行方式进行了优化调整。1996 年,美国联邦能源委员会(FERC)在水电站运行许可审查过程中,要求针对生态与环境影响制订新的水库运行方案,包括提高最小泄流量、增加或改善鱼道、周期性大流量泄流和陆域生态保护措施等。1996 年 3 月,美国在科罗拉多河上的格伦峡水库开展了以恢复下游河道自然地貌和生态系统功能为目的的人造洪水试验。试验过程的设计完全参照了该水库修建前由融雪引起的洪水类型和发生的时间。2002 年,美国陆军工程师团和大自然保护协会联合发起了一项旨在调整位于 Savannah 河上名为 Thurmond 水库运行方案的项目,50 余名来自不同领域的科学家对河流、滩地和河口的流量变化进行了生态表现评估,提出了环境流量综合建议,确定水库以 450~850 m³/s 的流量泄水,以便于鱼类产卵和进入滩区低洼地区。此外,美国还开展了加利福尼亚中央大峡谷环境流量恢复的理论研究,对大峡谷中 11 座水库开展了模拟计算,提出可通过地表水与地下水混合利用,能调剂出平均每年 1 230 万 m³ 的水量用于恢复环境流量。

瑞士联邦政府于 1991 年 1 月颁布了《瑞士水保护法》,该法开宗明义讲,立法的目的是保护水不受任何形式的破坏,对河流中"维持合适的最小流量"进行了严格规定。同时,提出了"促进可维持性河道管理"的理念,并相应制订了《瑞士河流管理指导原则》,明确提出,河道管理的三要素为"水流空间、河道流量、河流水质",管理的目标是,使河道具有"充足的水流空间、充足的河道流量、良好的河流水质"。

日本在河流开发建设和管理方面也采取了各种环境保护政策。1999 年 6 月颁布实施了环境影响评估法,对修建大坝等大型水利设施的环境影响提出了详尽的评估项目和更高的评估要求。为防止河道断流,要求在建设新的水资源开发项目时,必须确保维持江河最小流量。

德国在审批莱比斯-利希特大坝修建申请的同时,要求提交水库水生态管理的请求报告,该报告根据要求必须制订大坝下游监测计划和水生态管理指南。

位于西非塞内加尔河主要洪水来源区的 Manantali 坝的投入运用,阻止了每年的洪水下泄,从而导致了下游干旱地区的生态系统趋于恶化。为此,水文学家、生物学家等对其进行了大量的研究,提出应对 Manantali 坝进行有效管理,使其每年有控制地放水形成人工洪水,不仅要保证城市、工业以及农林的用水需求,而且还要维护地下水回灌、森林重造和多种生物生存所需的水量。

我国于 2000 年开始对塔里木河流域水资源进行生态调度,已多次从博斯腾湖向塔里木河下游应急输水,在尾闾台特玛湖形成了 200 km² 的水面。从 2002 年开始对黑河流域水资源进行生态调度,至 2008 年,黑河尾闾的东居延海水面面积超过了 40 km²。以向河口湿地补水为目标的黄河生态调度于 2008 年 6 月 19 日至 7 月 4 日进行,通过小浪底水库泄流,向河口湿地补给黄河水 1 356 万 m³,15 万亩淡水湿地共增加水面面积 3 345 亩,入海口附近增加水面面积 18 475 亩。

需要指出的是,虽然目前国内外对流域水资源的生态功能已经有了较为深刻的认识,但对河流的生态功能研究尚不完善,所提出的生态流量的模型和计算方法都对复杂的生态系统及其之间的相互作用做了过多的简化处理,多为经验和半经验的方法。由于生态系统的复杂性,生态流量至今尚无统一的定义及公认的计算方法。已经开展的流域水资源生态调度也多属于试验性质。

## 1.2.4 流域水资源功能调度存在的问题

流域水资源的功能目标包括经济、社会、生态、环境等各个方面,对一座综合利用型的水利枢纽而言,其调度目标往往包括防洪、灌溉、发电、维护生态与环境等。而在过去较长的时间内,由于受第二次浪潮思维的影响,人们的主观能动作用有了前所未有的加强,在思想上产生了人类可以为所欲为地对自然进行改造的一种错觉,把人的作用夸大到不适当的程度。在这种思维的支配下,水库调度目标大多定位于除害与兴利,很少考虑发挥其维护生态与环境的功能。其结果,几乎所有的水资源都以所谓的"兴利"为主导,仅有很少的水用来维持河流生态系统,在已经确立的水库以兴利为主要调度运用目标上重新加入生态调度与环境调度目标,必然会存在一系列的问题。这些问题绝不是调整一下水库的调度出流过程那样简单,而是需要系统的变化和调整,其间不乏利益的调整。

农业灌溉用水往往是流域水资源的主要用户,增加了生态用水和环境用水后,就会减少农业灌溉用水,因此需要对已经形成的灌溉系统进行分析,判断该系统中是否存在通过采取一定措施可以减少的水量损失,一般来讲,每一个灌区中都不同程度地存在着这种水量损失,如渠道没有衬砌而造成输水过程中的渗漏等,为了满足生态用水和环境用水,就需要投入资金对原有灌区采取节水改造措施,减少的这部分损失水量就可以被用作生态用水和环境用水。

以发电效益为主要目标的水库在进行发电或调峰调度运行时,由于过分追求发电效益的最大化,往往忽视下游河流廊道的生态需求,下游流量无法满足最低生态需水量的要求。更有一种严重情况是引水式水电站运行时,水流引入隧洞或压力钢管,进水口前池以下不向河流泄水,造成若干千米的河段脱流、干涸,对河流的沿河植被、哺乳动物和鱼类造成毁灭性的破坏。我国最典型的案例当数岷江水电开发的生态影响问题。岷江干支流水电站除紫坪铺和狮子坪外,均为引水式水电站。由于河段脱流、河道干涸,河流干流和许多支流生物多样性丧失殆尽。如果要确保不出现脱流段,就必须使水电站专门向下游泄水,这样就会减少水电站的发电量,由于水电站建设在先,其发电损失的补偿是一个不容忽视的问题。

有些多年调节的综合利用水库,为拦蓄汛期洪水以供非汛期兴利使用,也往往造成水库下游河道水文过程的均一化,改变了自然水文情势的年内丰枯周期变化规律,这些变化不仅会影响河道生态过程(如大量水生生物依据洪水过程相应进行繁殖、育肥、生长的规律受到破坏),而且由于洪峰流量过程变成了扁平的径流过程,输送泥沙或冲刷河道的能力大为减弱,对于水库下游仍有较多含沙量大的支流汇入的河道来讲,久而久之,就会变成"地上悬河"。如 1986 年黄河上游龙羊峡水库建成并投入运用后,1987~1993 年间头道拐站大于 2 500 m³/s 流量的天数由建库前的 64 d 减少至 20 d,内蒙古河段目前已演变为"地上悬河"。若要改变水库的运行方式,即对其进行功能调度,必然会使其业已发挥的经济效益受到严重影响,这种利益的协调是一件较为困难的事情,但若一定要进行运用方式的调整,也势必会涉及相应的补偿问题。

# 1.3  研究目标与内容

## 1.3.1  研究区域的基本概况

研究区域为黄河流域以及黄河下游相关地区。

黄河流域西起巴颜喀拉山北麓的约古宗列盆地,东入渤海,南抵秦岭山脉,北界阴山山脉,流域面积 79.5 万 km²。干流流经青海、四川、甘肃、宁夏、内蒙古、陕西、山西、河南、山东 9 个省(区),全长 5 464 km。流域西部地区属青藏高原,海拔在 3 000 m 以上;中部地区绝大部分属黄土高原,海拔在 1 000~2 000 m;东部地区属黄淮海平原,海拔在 0~100 m。

从河源至内蒙古自治区托克托县河口镇为黄河上游,干流河道长 3 472 km,流域面积 42.8 万 km²,汇入的较大支流(流域面积大于 1 000 km²,下同)有 43 条。河口镇至河南省郑州市桃花峪为黄河中游,干流河道长 1 206 km,流域面积 34.5 万 km²,汇入的较大支流有 30 条。桃花峪以下为黄河下游,干流河道长 786 km,流域面积 2.2 万 km²,汇入的较大支流只有 3 条。现状河床高出背河地面 4~6 m,比两岸平原高出更多,成为淮河流域和海河流域的分水岭,是举世闻名的"地上悬河"。

黄河下游相关地区是指黄河南岸属于淮河流域的引黄灌区和北岸属于海河流域的引黄灌区。虽然黄河下游南北两岸灌区均不属于黄河流域,但灌区所引用的水源均为黄河干流,属于黄河水资源供水区域。

## 1.3.2  研究目标

基于流域水资源管理长期把着力点放在供水管理而忽视需水管理的历史和现状,以及由此带来的水资源供需矛盾日益激化,研究建立流域水资源功能调度的概念。以此为出发点,研究黄河流域水资源需求侧的功能领域,深入其内部结构,联系其外部环境,研究各项功能得以正常发挥的需水量及其过程,并在统一平台上实现需水量及其过程的耦合,为控制性水利工程特别是为处于黄河流域最为关键控制地位的小浪底水库的功能调度提供理论指导、科学依据和具体方案。

### 1.3.3 研究内容

研究内容主要包括以下五个方面：

(1)引黄灌区主要农作物需水量及其过程研究。调查了解现有灌区的作物种植结构,分析主要农作物生命活动与水分的关系,研究水分对农作物生长的"三基点",基于维持农作物的水分平衡,对各主要农作物生育期内的需水量进行计算,并以此为基础求得各主要农作物的净灌溉定额,考虑不同灌区的灌溉水利用系数,求得各灌区的毛灌溉定额,据此并依照各灌区的灌溉制度,研究提出各灌区的需水量及其过程,对计算值与现状实际进行比较,若实际值大于计算值,将以此为依据提出灌区需水量及其过程的调整意见。

(2)黄河泥沙输送需水量及其过程研究。研究黄河泥沙淤积的特点,通过分析淤积与平均含沙量的关系、淤积与平均流量的关系、淤积与洪水历时的关系、淤积与泥沙颗粒粗细的关系等,归纳总结黄河下游河道的泥沙冲淤规律,在此基础上,根据洪水泥沙的来源情况,研究利用水库进行调水调沙的运行模式,以及每年汛期输送泥沙所需要的总水量和一场洪水过程输送(或冲刷)效率最高的流量级、平均含沙量及其时间过程。

(3)黄河河道及河口生态系统需水量研究。分析黄河河道生态系统及河口生态系统的基本要素和生态功能,研究重点在其维护生物多样性和生态系统稳定方面所起的重要作用,提出系统保护目标,给出河道生态系统及河口生态系统需水量基本概念,计算系统各项功能需水量,并结合黄河防凌安全,研究河道生态系统及河口生态系统的需水过程。

(4)满足水质功能要求的需水量研究。根据黄河自然环境和经济社会状况,对黄河干流进行水功能区划,分析黄河流域纳污能力。在此基础上,计算在现状黄河流域排污情况及经济社会发展背景下,所有污染源均达标排放、主要支流断面水质满足相应水功能目标要求、黄河干流水质均达到Ⅲ类水质目标所需要的流量及其过程。

(5)功能需水量及其过程耦合与现实途径研究。建立功能需水量及其过程耦合模型,将不同功能需水量及其过程按汛期运行与全年运行进行分类,并将各类不同断面要求的需水量及其过程考虑水流传播、区间加水和用水,以及河道损失水量等因素统一在同一断面上,并在此基础上进行耦合。研究水库汛期和非汛期功能调度方式,提出满足各项功能需水量及其过程的水资源筹集途径。

# 1.4 研究技术路线

基于上述研究目标和内容,本书确定的研究技术路线可概括为图1-1,即以流域水资源管理的需水管理为出发点,以四项功能需水量及其过程为主要研究内容,深入分析四方面需水侧的需水数量和过程,并对其过程进行耦合和确定水资源筹集对策,在此基础上,以控制性水利工程调度为手段,提出水库水资源功能调度的基本依据和方案。

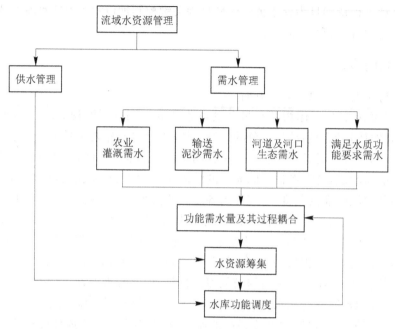

图 1-1 研究技术路线

# 第 2 章　流域水资源兴利功能与流域农业需水

人类改造自然环境的能力是随着社会生产力的发展而不断增强的。人类社会早期阶段,人们认识和支配自然的能力低下,只能适应自然、依靠自然、敬畏自然。为了用水就傍河而居,为了便利交通就借助天然河流而"刳木为舟"。人类从游牧阶段走向定居从事农业生产继而创造农耕文明的进程都与河流密切相关,甚至是完全依赖于河流。

世界四大文明古国——古埃及、古巴比伦、古印度和古中国,最初都是以河流为基础而发展起来的。尼罗河的水资源兴利功能,滋润了处于沙漠包围之中的尼罗河干流河谷和河口三角洲平原,满足了古埃及人生存和生产的基本需求,极大地促进了古埃及经济社会的发展。非但如此,尼罗河为古埃及文明的缔造提供了极其重要且不可替代的条件。幼发拉底河和底格里斯河的水资源兴利功能,使两河流域中下游地区美索不达米亚平原的干旱土地变成了富饶的粮仓,并由此孕育了早期的苏美尔农耕文明和古巴比伦王国的繁荣。印度河流域之所以早在公元 3 000 多年前就出现了发达的农业,在印度河谷种植大麦、小麦、玉米、甜瓜、胡麻、棉花等农作物,完全得益于印度河流域的水资源兴利功能。被称为中华民族摇篮的黄河流域,其自然气候条件和水资源兴利功能也是得天独厚的。流域内冲积黄土具有高孔隙性和强毛细管吸力,易于耕作,支流比降一般较陡,在其上游开口引水,可使其下游灌区实现自流灌溉,同时水中含泥沙量较大,具有很好的自然肥效。

## 2.1　黄河流域农业灌溉发展过程

早在原始的氏族社会,黄河流域的民族部落就形成了以农业为主的综合经济。当时的农业属刀耕火种的原始农业。由原始社会进入到农业文明时代,农业生产逐步按照季节和气候条件进行,进一步提高了它的可靠性和稳定性,促进了定居生活方式的实现。先民们渐渐发现,农业除受气候、土壤等地理环境条件的影响外,又在很大程度上取决于农作物所需水量的供应。随着认识水平的提高和生产力水平的发展,原始的灌溉出现了,并由此揭开了我国农业灌溉的历史网。

### 2.1.1　先秦时期

据《礼记·月令》记载,"烧薙(tì,除去野草之意)行水,利以杀草;如以热汤,可以粪田畴,可以美土疆"。在刀耕火种的原始农业阶段,先民不仅利用烧荒的草灰作肥料,而且在放火烧荒之后,需要引水灌田,才能松解、湿润和肥沃土壤。据《齐民要术·种谷第三》记载,种子埋下之后,若遇天旱,要"负水浇稼",以保农作物的生长。这大概就是对黄河流域农田灌溉的最早记载和描述。

根据我国古代文献记载,黄河流域早在夏商时期就已经开始发展农田灌溉。《诗经·大雅》上有一篇《公刘》的诗,"笃公刘,既溥既长,既景(影)乃冈,相其阴阳,观其流泉,其军三单,度其隰原,彻田为粮。"诗中所说的时代为夏朝中期,公刘为后稷的曾孙,是周族的一个著名首领,那时周族从今陕西武功一带迁到今陕西彬县、旬邑一带,靠近泾河。他们到达以后,登上山岗,借助日影,选择向阳的地方居住和耕种,他们还特别对水源(流泉)情况进行了调查,并利用其灌溉农田。

到了商代,沟洫工程开始有了文字记载。在殷墟发掘的商代甲骨文中有一个"畖"(《殷墟书契前编》卷四),据《汉书·食货志》解释,两人用两耜在一起,于耕地上开沟,沟宽一尺,深一尺,叫做畖,即灌水垄沟。可见,至迟在商代,黄河流域就有了农田灌溉渠道。

西周时期,沟洫工程达到了新的水平。据《周礼·考工记·匠人》记载:"匠人为沟洫,耜广五寸,二耜为耦,一耦之伐,广尺深尺谓之畖。田首倍之,广二尺、深二尺谓之遂。九夫为井,井间广四尺、深四尺谓之沟。方十里为成,成间广八尺、深八尺谓之洫。方百里为同,同间广二寻、深二仞谓之浍,专达于川。"这里所说的浍、洫、沟、遂、畖都是渠系中的逐级渠道,与今天农田灌溉渠系中的干渠、支渠、斗渠、农渠、毛渠相似。

春秋中期,铁器出现。铁制工具的使用,使更大面积的农田耕作和水利工程施工成为可能。私田的开辟加上牛耕的推广,使社会生产力获得迅猛发展,劳动生产率大为提高,新的土地占有关系破坏了原有的井田制,也打乱了井田上的沟洫工程,从而提出了兴建新的较大规模的渠系来适应农田灌溉的需要。我国古代较大型的渠系工程就是在这种背景下提出来的。

战国时期,黄河流域开始出现大型的水利工程,农田灌溉事业大为发展。出现最早的灌溉工程是晋出公二十二年(公元前453年)在汾河支流晋水上修建的智伯渠。公元前421年(魏文侯二十五年),西门豹为邺令,"发民凿十二渠,引河水灌民田,田皆溉。"漳河是一条含沙量较大的河流,十二渠通水后,既可引水灌溉,又可增加土壤肥力。邺地粮食原产量很低,引漳水灌溉后,亩产达250斤❶,从此以后,邺地成为黄河流域最为富庶的地区,对魏国的经济发展起了重要作用。魏国修建漳水十二渠之后,公元前246年,秦国修建了郑国渠。据《史记·河渠书》记载,"凿泾水自中山西邸瓠口为渠,并北山东注洛,三百余里,欲以溉田"。"渠就,用注填阏之水,溉泽卤之地四万余顷,收皆亩一钟。于是关中为沃野,无凶年,秦以富强,卒并诸侯"。即郑国渠从泾河取水,流经今陕西省泾阳、三原、高陵、富平、蒲城、白水等县,泾河北岸东西有数百里,南北有数十里的大平原,地形西北微高而东南略低,干渠充分利用了这一地形特点,布置在灌区的高地,形成了全部自流灌溉系统(见图2-1)。灌溉面积约合今280万亩。开渠之前,这里是一片"泽卤"之地,"不可以稼",开渠引水之后,泾河水含有大量有机质的泥沙,增加了土壤肥力,改良了盐碱地,使粮食亩产达到250斤左右。郑国渠的修建,有力地促进了关中地区的农业发展,增加了秦国的经济实力,为其完成统一中国的大业奠定了坚实的基础。

---

❶    1斤=0.5 kg。

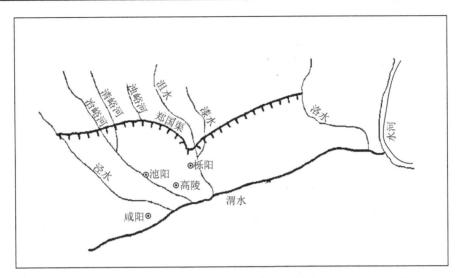

图 2-1　郑国渠干渠走势示意图

## 2.1.2　秦汉时期

秦统一六国,结束了诸侯割据的分裂局面,建立了我国历史上第一个统一的、多民族的封建专制国家。统一和中央集权为动员更广大的人力物力资源进行经济建设提供了十分有利的条件,有力地促进了秦汉时期水利事业的空前发展。

秦汉建都长安,自然对关中的经营不遗余力,为了保证首都的粮食供应,就大力发展关中地区的农业,因此,关中地区的水利灌溉便随之得到了较快发展。关中地区又称泾渭平原,西起陕西宝鸡,东到潼关,北抵北山,南界秦岭,面积 34 000 km²。这里土壤组织疏松、土质肥沃,便于耕作,只要有充足的水分灌溉就可以获得好的收成。但是关中地区年降雨量一般只有 600 mm 左右,且年内分配很不均匀,在农作物需水最迫切的 4~6 月,降雨量远远不能满足要求,迫切需要发展人工灌溉。此外,由于气候干燥,蒸发量大,加上这一带地势低于四周的高原和山脉,特别是东部地区,地处诸河下游,地下水埋藏深度较浅,因而大量可溶性盐分就借助土壤毛细作用上升至地表,造成土壤的盐碱化,严重影响农作物生长。但只要有充足的水分加以淋洗,或者用含有细颗粒泥沙的水流进行淤灌,这种土壤可以得到有效改良。因此,从关中地区自然条件看,只要解决了灌溉问题,粮食产量就可以得到明显提高,而恰好渭河及其支流泾河、洛河等河流贯穿其间,为其发展农业灌溉提供了得天独厚的水源条件。

秦国修建的郑国渠,在汉代获得了稳定的发展。在郑国渠基础上,汉代或在该渠上取水,或在其他河流上取水,又相继修建了若干灌溉渠道,从而构建了关中地区空前规模的灌溉系统。公元前 111 年(汉武帝元鼎六年),倪宽主持兴修了六辅渠,即在郑国渠上游南岸开设六道支渠,引用郑国渠水扩大灌溉面积。据《汉书·倪宽传》记载,倪宽"定水令,以广溉田",即倪宽在六辅渠的管理运用方面首次制订了灌溉用水制度。由于制订了灌溉制度,促进了合理用水,因而扩大了灌溉面积。毋庸置疑,灌溉用水制度的制订,是我国农业灌溉技术的重要进步。公元前 95 年(汉武帝太始二年),在郑国渠南侧从郑国渠开口引水修建白渠,灌溉泾阳、三原一带,此后白渠遂与郑国渠齐名。《汉书·沟洫志》这样记载:"郑国在前,白渠起后。举锸为云,决渠为雨。泾水一石,其泥数斗,且灌且粪,长我禾黍,衣食京师,亿万之口"。此外,汉代还修建了成国渠、灵轵渠、灌渠、漕渠等(见图2-2)。

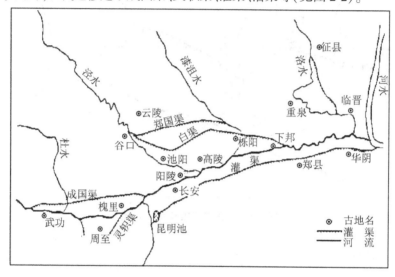

**图2-2    秦汉时期关中灌溉渠系分布**

在山西省汾水下游,也有开渠之举。特别是公元前120年至公元前111年修建的龙首渠,因要穿越商颜山,当时采用了竖井开挖的井渠施工法,开创了我国隧洞竖井施工法的先河。同时,它在两端不通视的情况下,准确地确定了渠线方位和竖井位置,表现了测量技术已达到较高水平。

关中地区农业灌溉的发展,使其成为当时全国的富庶之地,并有效保障了京师的粮食供应。据《史记·货殖列传》记载,"关中之地,于天下三分之一,而人众不过什三,然量其富,什居其六。"

汉代,特别是西汉时期,抗击匈奴侵扰的威胁是当时国家的主要任务之一。对匈奴的军事斗争活动频繁,粮食需要量大,单凭从关中运达,不仅路途遥远,不能适应战时形势的需要,而且经济上也颇为吃紧,因此,屯田戍边政策便应运而生。但西北地区气候干燥,降雨稀少,要屯田,首要的是解决灌溉问题。因此,西北地区成为仅次于关中地区的农业灌溉地区。公元前127年(汉武帝元朔二年),汉武帝设立朔方郡,包括今黄河河套以南的一大片土地。据《汉书·匈奴传》记载,公元前119年(汉武帝元狩四年),"自朔方以西至令居,往往通渠,置田官,吏卒五六万人"。令居,在今甘肃省永登县附近。上自甘肃中部、下至内蒙古五原县这样大的范围内,已广泛地修建起农业灌溉工程。因西河郡以北,从朔方沿黄河西到湟水流域,是汉代政权北部和西北部的边防线,故汉代政权对这一线的屯垦戍守格外重视。据《史记·河渠书》记载,公元前109年(汉武帝元封二年)之后,"用事者争言水利,朔方、西河、河西、酒泉皆引河及川谷以溉田",上述四郡相当于今山西省西北部,内蒙古自治区和宁夏回族自治区河套以及甘肃省河西走廊一带。宁夏灌区现存的汉渠、汉延渠均兴建于汉代,现在都是长达百里、灌溉面积10万亩以上的灌溉渠道。图2-3是汉代黄河上中游地区灌区分布示意图。

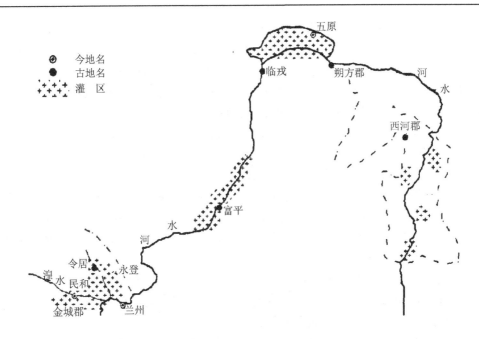

图 2-3　汉代黄河上中游地区灌区分布示意图

## 2.1.3　隋唐时期

隋王朝在我国历史上仅存在了 37 年,虽然寿命较短,但由于农业生产的需要,在其京师所在地关中及周围,先后修建了一批农田灌溉工程。如关中地区京兆郡的武功县修建了永丰渠和普济渠,在泾阳县修建了茂农渠,在华阴县修建了白渠,在冯翊郡下邽县(今陕西省渭南北)修建了金氏陂,在怀州沁河上引水修建了利民渠和温润渠。此外,在京城西武功县和河东蒲州(今山西省永济县)也修建了农田灌溉工程。

唐王朝是我国历史上空前强盛和繁荣的帝国,国土辽阔,生产发达,国力雄厚,是当时世界上最发达的经济和文化中心。唐王朝之所以繁荣强大,得益于其发达的灌溉农业提供的坚实的物质基础。唐王朝十分重视农田水利工作,在其中央尚书省工部下面专门设立水部,"掌天下川渎陂池之政令,以导达沟洫,堰决河渠,凡舟楫灌溉之利,咸总而举之。"由于采取了鼓励发展农田灌溉的有力措施,唐代的农田灌溉事业在秦汉时期的基础上又取得了长足进步,唐代所修建的农田水利工程无论数量和质量,都比以前的朝代有很大的前进和突破。

隋代以前,各朝代修建的农田灌溉工程多集中在黄河两岸的广阔地区,而长江两岸及其以南地区很少分布。到了唐代,这种状况发生了很大变化,虽然陕西、河南、山西黄河两岸的古老农业区农田灌溉工程仍有续建,但在比重上已下降到当时全国兴修农田灌溉工程总数的 35%,已失去了过去占绝对集中的优势,农田灌溉工程修建的重心移向南方,特别是长江下游和太湖流域。

在黄河流域,唐代新修的农田灌溉工程主要集中在关内道、河东道和东都洛阳附近三大区域。

唐代的关内道,大致包括今陕西省的中部、北部,甘肃省的东部,宁夏回族自治区及内蒙古自治区的河套地区,是黄河流域农田灌溉最兴盛的地区。在这一地区内,东起黄河之滨,西至陇山东麓,南自秦岭,北抵河套地区,农田灌溉工程均有兴建。黄河及其较大支流渭河、泾河、北洛河、无定河,京师长安附近的沣、滈、灞、浐、潏、涝诸水,几乎都进行了水利开发。长安以东从秦岭北坡流下的一些溪河,也都修建了一些小型农田灌溉工程。

唐代的河东道位于黄河以东,与关内道隔河相望,主要包括汾河流域和涑水河流域。李渊、李世民父子在太原起兵反隋建立唐王朝后,太原受到了极大重视,被称为北都,因而这里的农田灌溉在唐代得以迅速发展。在唐代,太原府的太原、文水县,河中府的虞乡(今山西省永济东)、龙门县(今山西省河津),绛州的曲沃、闻喜县,晋州的临汾县,泽州的高平县,都修建了农田灌溉工程。特别是唐德宗时期(公元780~805年),在绛州刺史韦武主持下,凿汾河引水,建成了一处大型灌溉工程,"灌田万三千余顷",大大促进了河东道汾河流域的农业生产。

洛阳是唐王朝的东都,又是漕运的必经之地。这里分布着伊河、洛河、沁河、汴河,开渠引水条件较好,因此唐代在这一区域西起虢州(今河南省灵宝市南)、陕州,北到孟州、怀州,南到汴州兴建了一批农田灌溉工程。

特别是古老的河内灌区,唐时曾多次加以整修。如广德元年(763年),怀州刺史杨承仙"浚决古沟,引丹水以灌田";宝历元年(825年),河阳节度史崔弘礼"治河内秦渠,灌田千顷";大和七年(833年),河阳节度史温造"修枋口堰,役工四万,溉济源、河内、温县、武德、武陟五县田五千余顷。"唐代黄河流域农田灌溉工程分布见图2-4。

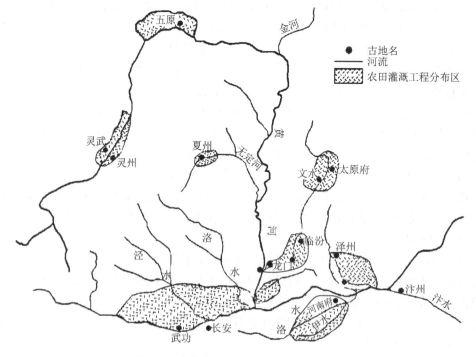

图2-4 唐代黄河流域农田灌溉工程分布

## 2.1.4　明清时期

明清两代,都城设于北京,京师供应主要依靠京杭运河南粮北运。因此,在农田灌溉上,南方成就较北方明显。黄河流域农田灌溉工程维持不废,大型农田灌溉工程建设较少建树。如果论及明清两代农田灌溉工程的建设成就,则主要反映在宁夏、内蒙古河套灌区的渠系建设上。

明代,宁夏河套灌区属边防地区,明王朝在这里实行屯垦政策。据《明史·宁正传》记载,洪武三年至十三年(1370~1380 年),在这里"修筑汉唐旧渠,引水灌田,开屯数万顷,兵食饶足"。至嘉靖年间,宁夏河套灌区有大小干渠 18 条,长度达 758 km,灌溉面积达 156 万亩。

清代,宁夏河套灌区在工程建设和灌溉管理方面均有发展和提高。新建灌区主要集中于清代前期的康熙、雍正、乾隆三朝。规模较大的有康熙四十七年(1708 年)建成的大清渠,灌溉汉延渠和唐徕渠之间高程较高的农田。干渠长 37.5 km,灌溉面积 1 213 顷❶,雍正四年至七年(1726~1729 年)建成惠农渠和昌润渠,与唐徕渠、汉延渠、大清渠合称河西五大渠,其中惠农渠长 100 km,灌田 2 717 顷,昌润渠长 68 km,灌田 1 018 顷。雍正、乾隆年间,各渠又曾多次改口改道,灌溉面积有很大变动。至嘉庆年间,宁夏河套灌区灌溉面积达 210 多万亩。

宁夏河套灌区的灌溉渠道不仅规模大,灌区面积大,而且在渠系布设、水工建筑物的修建方面,也颇具匠心。这里的汉延渠、唐徕渠、大清渠、惠农渠、昌润渠五大渠,渠口与黄河成斜交以利引水,渠口旁各建迎水埽一道,"长三五十丈或四百丈不等,以乱石桩柴为之,逼水入渠。"清代在用水和维修方面也积累了丰富经验,建立了比较完备的规章制度。为了不使泥沙淤塞渠道,在各段渠底都埋有底石,上刻"准底"二字,每年春季清淤时,一定要清至底石为止。放水时,规定将上段各陡口闭塞,先灌下游,后灌上游,这就保证了农田的灌溉需要。

清代道光以后,在内蒙古河套地区,黄河由南北两支并存(有时还有三支分流的情况)逐步变为以南支为主,道光八年(1828 年)废除了康熙三十六年(1697 年)为实行蒙汉分治而制订的禁止汉人进入河套的禁令,从而加速了内蒙古河套灌区的开发。道光三十年(1850 年),黄河在南支北岸溢出,冲出一条河沟,名塔布河,洪水过后皆成膏腴。当地群众遂根据本区西南高东北低的自然地形,因势利导,开成灌溉渠道。至清代末年,民间在这里已修建了永济渠、刚目渠、丰济渠、沙河渠、义和渠、通济渠、长济渠、塔布渠等八大渠,灌溉面积达 5 651 顷。

## 2.1.5　中华人民共和国成立以后

中华人民共和国成立以后,黄河流域的农田灌溉事业迅速发展,其发展速度和规模是我国历史上任何一个朝代都无法比拟的。目前,黄河流域灌溉面积已达 1.26 亿亩,主要分布在湟水两岸、甘宁沿黄高原、宁蒙河套灌区、汾渭灌区、黄河下游引黄灌区、河南伊洛

❶　1 顷 = 6.67 hm²。

沁河及山东大汶河河谷川地(见图 2-5)。其中,宁蒙河套灌区、汾渭灌区、黄河下游引黄灌区三大片灌溉面积占全河灌溉面积的 70% 以上。

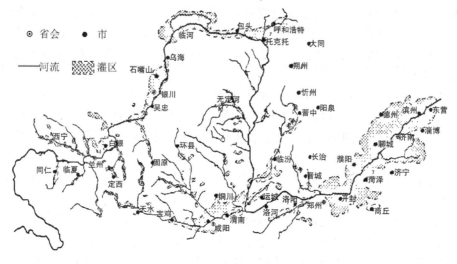

**图 2-5 黄河流域灌区现状分布**

宁蒙河套灌区是中国古老的大型灌区。中华人民共和国成立以后,针对老灌区存在的问题,进行土地平整,调整渠系、维修配套、兴建排水工程等,灌区建设有很大发展。特别是青铜峡、三盛公大型水利枢纽工程的修建,结束了无坝引水的历史,灌溉保证率有了很大提高,使有效灌溉面积增至 2 079.5 万亩,成为全国重要的商品粮基地。

汾渭灌区位于山西省中部和陕西省关中地区。中华人民共和国成立以后,维修扩建已有灌区,并兴建水库,修建渠道,增辟新灌区,采取"蓄、引、提并举,大、中、小结合"等综合措施,灌溉面积迅速扩大,并相互连成一片,成为晋陕两省的粮棉生产基地。其中,山西省汾河灌区,灌溉面积 715 万亩,集中分布在晋中盆地和临汾盆地。陕西省关中灌区,灌溉面积 1 131 万亩,集中分布在渭河下游两岸的川台塬地。

黄河下游引黄灌区集中连片分布在河南、山东两省沿黄地区。历史上黄河下游虽有过引黄淤灌工程,但未延续下来。20 世纪 30 年代,在开封、郑州、济南等地曾修建过引黄虹吸管工程,但由于洪水泥沙等问题,没有发挥实际效益即行废弃。1950 年在山东利津建成綦家嘴引黄涵闸,1952 年在新乡建成人民胜利渠大型引黄灌溉工程,从而揭开了山东、河南两省大规模引黄灌溉的序幕。目前,共建成万亩以上引黄灌区 98 处,引水能力约 4 100 m³/s,灌溉补源面积 3 676 万亩,涉及河南、山东两省 20 个地市百余县,成为我国最大的自流灌区。

此外,为了解决黄土高原地区干旱缺水问题,从 20 世纪 70 年代开始,黄河沿岸高扬程提水灌溉得到较快发展,灌区主要分布在兰州至青铜峡和禹门口至三门峡两个河段,设计灌溉面积超过 1 200 万亩。其中设计灌溉面积超过 30 万亩的大型提水灌区主要有甘肃省景泰川,宁夏回族自治区固海、盐环定,内蒙古自治区镫口、麻地壕,山西省尊村、夹马口,陕西省东雷、交口抽渭和山东省田山等。

## 2.2　流域水资源的供给能力及其对农业的影响

### 2.2.1　流域水资源的潜能分析

　　黄河流域面积 79.5 万 km²,根据流域内 1 204 个雨量站、337 个水面蒸发站、226 个水文站 1956~2000 年逐日系列资料,以及大量地下水监测数据的统计分析计算,黄河流域水资源总量为 647.00 亿 m³。其中,地表水资源量 534.79 亿 m³(占水资源总量的 82.66%),地表水与地下水之间不重复计算量 112.21 亿 m³(占水资源总量的 17.34%)(见表 2-1)。

表 2-1　黄河流域水资源基本特征

| 河流 | | 水文站 | 集水面积/万 km² | 地表水资源量/亿 m³ | 地表水与地下水之间不重复计算量/亿 m³ | 水资源总量/亿 m³ |
|---|---|---|---|---|---|---|
| 黄河干流 | | 唐乃亥 | 12.20 | 205.15 | 0.46 | 205.61 |
| | | 兰州 | 22.26 | 329.89 | 2.02 | 331.91 |
| | | 河口镇 | 38.60 | 331.75 | 24.70 | 356.45 |
| | | 龙门 | 49.76 | 379.12 | 43.39 | 422.51 |
| | | 三门峡 | 68.84 | 482.72 | 80.01 | 562.73 |
| | | 花园口 | 73.00 | 532.78 | 88.05 | 620.83 |
| | | 利津 | 75.19 | 534.79 | 103.47 | 638.26 |
| 黄河支流 | 湟水 | 民和 | 1.53 | 20.53 | 1.10 | 21.63 |
| | 渭河 | 华县 | 10.65 | 80.93 | 16.86 | 97.79 |
| | 泾河 | 张家山 | 4.32 | 18.46 | 0.57 | 19.03 |
| | 北洛河 | 洑头 | 2.52 | 8.96 | 1.09 | 10.05 |
| | 汾河 | 河津 | 3.87 | 18.47 | 12.81 | 31.28 |
| | 伊洛河 | 黑石关 | 1.86 | 28.32 | 2.84 | 31.16 |
| | 沁河 | 武陟 | 1.29 | 13.00 | 3.25 | 16.25 |
| | 大汶河 | 戴村坝 | 0.83 | 13.70 | 6.97 | 20.67 |
| 全流域 | | | 79.50 | 534.79 | 112.21 | 647.00 |

　　黄河流域的水资源主要来源于降水,而黄河流域又属于典型的季风气候区,降水的年际、年内变化决定了河川径流量的时间分配不均。黄河干流各站最大年径流量一般为最小年径流量的 3.1~3.5 倍,支流高达 5~12 倍。径流年内分配集中,干流及主要支流汛期(7~10 月)径流量占全年的 60% 以上,且汛期径流量主要以洪水形式出现,中下游汛期流量含沙量较大,利用困难;非汛期径流主要由地下水补给,含沙量小,大部分可以利用。黄河自有实测资料以来,相继出现了三个连续枯水段,枯水段的历时在我国北方河流中最

长。其中 1922~1932 年连续 11 年,平均天然河川径流量仅相当于多年平均值的 74%;1969~1974 年连续 6 年,平均天然河川径流量仅相当于多年平均值的 84%;1990~2002 年连续 13 年,平均天然河川径流量仅相当于多年平均值的 83%。

黄河水资源分布与流域内土地资源分布极不一致。河川径流主要来自上游兰州以上,特别是唐乃亥以上的河源区,但大部分耕地集中在干旱少雨的宁夏、内蒙古自治区沿黄地区,中游汾河、渭河河谷盆地以及当地河川径流较少的下游平原地区。据统计,河源区耕地面积不足全流域的 1%,而水资源量却占全流域的 29%;兰州—河口镇区间耕地面积占全流域的 20%,而水资源量却仅占全流域的 5%,计入汇流和干流河道损失,河口镇断面的天然径流量仅较兰州断面多 1.86 亿 m³。黄河下游是"地上悬河",汇流面积小,利津断面的天然径流量仅较花园口断面的天然径流量多 2.01 亿 m³,但该河段引黄灌区面积却占全河有效灌溉面积的 14%。

近几十年来,黄河流域气温在正常的年际和年代波动中呈上升趋势(见图 2-6),与全球增温趋势一致,进入 20 世纪 90 年代以后这种趋势较为显著,气温增幅达 0.77 ℃(相对于 1956~1989 年平均)。1966~2000 年,气候变暖导致黄河源区阿尼玛卿山冰川总面积减少了 17%。高山雪线上升了近 30m。许多湖泊萎缩甚至消失,生态环境恶化。据统计,黄河源区 2000 年沼泽湿地及湖泊面积较 1976 年减少了近 3 000 km²(见图 2-7)。气温升高还导致了地表蒸发量的增大(见表 2-2)。

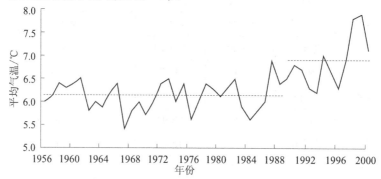

图 2-6 黄河流域年平均气温变化

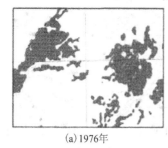 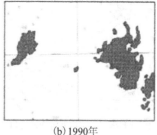 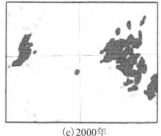

(a)1976年            (b)1990年            (c)2000年

图 2-7 黄河源区湖泊沼泽变化

表 2-2 黄河源区气温与水面蒸发年代对比

| 时段(年) | 1960~1969 | 1970~1979 | 1980~1989 | 1990~2000 |
|---|---|---|---|---|
| 气温/℃ | -4.3 | -4.3 | -4.0 | -3.4 |
| 水面蒸发/mm | 867.7 | 863.1 | 841.6 | 871.1 |

　　据实际观测资料分析,黄河花园口以上降水整体呈波动下降趋势(见图 2-8),1956~2005 年,黄河花园口以上多年平均降水量为 450.5 mm,1986 年以来的系列平均降水量减少了 7%,由于流域下垫面条件的变化,降水径流量发生的改变如图 2-9 所示,用流域大规模实施水土保持工程前的 1956~1969 年的降水径流关系与流域大规模实施水土保持工程后的 1980~2000 年的降水径流关系对比,可以看出,同样的降水量产生的径流量是不相同的,后者显然小于前者。

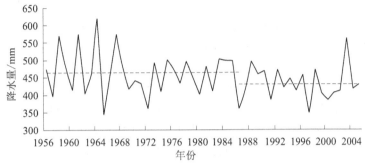

图 2-8　黄河花园口以上降水量变化

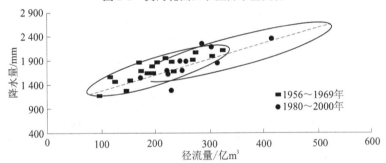

图 2-9　黄河中游降水径流关系的变化

　　由于气候变化和人类活动对下垫面的影响,黄河流域的水资源情势发生了一定程度的变化。依据 1956~2000 年水文系列计算的流域天然径流量(花园口站)为 532.78 亿 m³。将其分成两段进行对比,1980~2000 年系列较 1956~1979 年系列降水总量减少了 7%,而天然径流量减少了 18%(见图 2-10)。

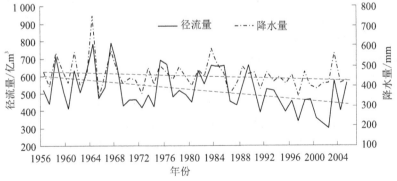

图 2-10　黄河花园口站天然径流量变化

黄河流域水资源量主要受降水量和下垫面条件的影响。根据目前的认识,降水变化主要受气候周期性和波动性影响,尚不能判断其中短期趋势。流域下垫面条件的变化将直接导致产汇流关系的改变,在未来 30 年时期内,黄土高原水土保持工程的建设、地下水开发利用等都将影响产汇流关系向产流不利的方向变化,即使在未来降水量维持不变的情况下,黄河流域的天然径流量仍将呈减少趋势。

地表水资源可利用量(availability of surface water resources),是指在可预见的时期内,在统筹考虑生活、生产和生态环境用水,协调河道内与河道外用水的基础上,通过经济合理、技术可行的措施可供河道外一次性利用的最大水量(不包括回归水重复利用量)。水资源可利用总量等于地表水资源可利用量与平原区浅层地下水可开采量之和再扣除两者之间的重复计算量。

在黄河流域现状下垫面条件下,1956～2000 年 45 年系列多年平均天然径流量为 534.79 亿 m³。考虑未来人类活动(主要指水土保持工程实施)对流域下垫面的改变程度及进程,进而对天然径流量的影响,2020 水平年、2030 水平年黄河多年平均天然径流量分别为 519.79 亿 m³ 和 514.79 亿 m³。黄河地下水与地表水之间的不重复计算量为 112.21 亿 m³。根据河流生态环境需水分析,黄河多年平均河流生态环境需水量为 200 亿～220 亿 m³。

表 2-3 是根据以上数据计算出的各水平年相应的地表水资源可利用量、地表水资源可利用率、水资源可利用总量、水资源总量可利用率的结果。

表 2-3　黄河流域水资源可利用量　　　　　　　　　　　单位:亿 m³

| 水平年 | 天然径流量 | 水资源总量 | 生态环境需水量 | 地表水资源可利用量 | 地表水资源可利用率/% | 水资源可利用总量 | 水资源总量可利用率/% |
|---|---|---|---|---|---|---|---|
| 现状 | 534.79 | 647.00 | 200～220 | 314.79～334.79 | 58.9～62.6 | 396.33～416.33 | 61.2～64.3 |
| 2020 水平年 | 519.79 | 632.10 | 200～220 | 299.79～319.79 | 57.7～61.5 | 381.3～401.33 | 60.3～63.5 |
| 2030 水平年 | 514.79 | 627.10 | 200～220 | 294.79～314.79 | 57.3～61.1 | 376.33～396.33 | 60.0～63.2 |

## 2.2.2　流域农业灌溉现状

1950～1957 年,正值国民经济恢复和发展时期,黄河流域的灌溉工程特别是宁蒙河套灌区、汾渭灌区等一批老灌区得到恢复、整修和改建,同时在一些条件较好的河谷川地修建渠道,发展灌溉。在黄河下游大堤上修建引黄涵闸,为下游引黄灌溉创造经验。短短 8 年,流域新增灌溉面积约 1 000 万亩。

1958～1965 年,全流域迅猛推进灌区建设,在黄河干流及主要支流上兴建了一批引黄闸、拦河闸坝和大中型水库,引水、蓄水灌溉,全河设计灌溉面积增至 8 800 万亩。但因许多工程仓促上马,遗留问题较多,特别是对农田灌溉的规律性认识尚处于较低水平,在黄河下游盲目大引、大灌、大蓄,造成大面积耕地土壤盐碱化。到 1962 年,在黄河下游除保留人民胜利渠 20 万亩引黄灌溉外,其余灌区全部关闸停灌,到 1964 年灌溉建设才又重新启动。

1966～1976 年,流域内许多灌溉机构瘫痪,渠系工程甚至遭到人为破坏,后来又掀起农田基本建设高潮,并在上中游建成一大批电力提灌工程,陕西省关中灌区有效灌溉面积迅猛增至

1 500万亩,黄河下游引黄灌溉也得到恢复和发展,抗旱灌溉面积超过了 2 000 万亩。1976 年,全河有效灌溉面积增加到 7 600 万亩。

进入 20 世纪 90 年代,国家把水利作为基础产业,流域灌溉事业得到迅速而健康的发展。目前,全河有效灌溉面积已达 11 266.6 万亩。其中,1 万亩以下的小型灌区有效灌溉面积 2 834.1 万亩,占总有效灌溉面积的 25.1%;1 万~30 万亩的中型灌区 670 处,有效灌溉面积 1 754.6 万亩,占总有效灌溉面积的 15.6%;30 万亩以上的大型灌区 70 处,有效灌溉面积 6 677.9 万亩,占总有效灌溉面积的 59.3%。

由于受地形和水资源条件的制约,现有灌区主要分布在黄河干支流的川、台、盆地及平原地区,耕地灌溉率达 70% 以上。山区和丘陵区灌溉面积很少,耕地灌溉率仅为 12% 左右。

黄河上游灌区集中分布在湟水干流河谷,甘肃、宁夏沿黄高台塬地和宁夏、内蒙古河套平原,以引、提干流水灌溉为主。黄河中游灌区主要分布在汾河、渭河河谷盆地和伊洛河、沁河的中下游,以引、提支流水灌溉为主。黄河下游灌区集中分布在河南、山东两省沿黄地区和大汶河流域,以引、提干流水灌溉为主。宁蒙河套灌区、汾渭灌区、黄河下游引黄灌区三大片的灌溉面积占全河总灌溉面积的 70% 以上,用水量占全河灌溉用水总量的 70.2%,是全河灌溉的主体。全河有效灌溉面积按引水方式又可分为蓄水灌区、引水灌区、提水灌区和纯井灌区,灌溉面积分别为 1 139.7 万亩、6 538.3 万亩、1 790.1 万亩、1 798.5 万亩,其中引水灌区占总有效灌溉面积的 58.0%。表 2-4 是现状黄河流域及下游沿黄地区灌溉面积分布。

表 2-4 现状黄河流域及下游沿黄地区灌溉面积分布

| 区域 | 有效灌溉面积/万亩 | | | | | | 实灌面积/万亩 | |
|---|---|---|---|---|---|---|---|---|
| | 引水灌区 | 纯井灌区 | 蓄水灌区 | 提水灌区 | 合计 | | 面积 | 占有效灌溉面积比例/% |
| | | | | | 面积 | 比例/% | | |
| 兰州以上 | 217.1 | 9.3 | 98.6 | 203.5 | 528.5 | 4.69 | 331.5 | 62.72 |
| 兰州—河口镇 | 1 560.8 | 106.6 | 127.7 | 484.1 | 2 279.2 | 20.23 | 2 218.3 | 97.33 |
| 河口镇—花园口 | 983.0 | 1 106.6 | 736.7 | 940.6 | 3 766.9 | 33.43 | 3 198.4 | 84.91 |
| 花园口以下 | 3 777.4 | 576.0 | 176.7 | 161.9 | 4 692.0 | 41.65 | 4 106.5 | 87.52 |
| 合计 | 6 538.3 | 1 798.5 | 1 139.7 | 1 790.1 | 11 266.6 | 100 | 9 854.7 | 87.47 |
| 流域内合计 | 3 034.0 | 1 798.5 | 1 079.5 | 1 678.2 | 7 590.2 | 67.37 | 6 693.1 | 88.18 |
| 流域外合计 | 3 504.3 | — | 60.2 | 111.9 | 3 676.4 | 32.63 | 3 161.6 | 86.00 |
| 总计 | 6 538.3 | 1 798.5 | 1 139.7 | 1 790.1 | 11 266.6 | 100 | 9 854.7 | 87.47 |
| 青海 | 131.1 | 2.2 | 97.0 | 42.2 | 272.5 | 2.42 | 166.1 | 60.95 |
| 四川 | — | 0.4 | — | — | 0.4 | 0 | 0.2 | 50.00 |
| 甘肃 | 116.0 | 96.7 | 11.6 | 573.5 | 797.8 | 7.08 | 571.8 | 71.67 |
| 宁夏 | 548.9 | 24.7 | 24.0 | 84.2 | 681.8 | 6.05 | 681.8 | 100.00 |
| 内蒙古 | 1 012.6 | 95.6 | 127.0 | 162.5 | 1 397.7 | 12.40 | 1 397.7 | 100.00 |
| 山西 | 194.6 | 359.9 | 282.3 | 370.7 | 1 207.5 | 10.72 | 1 116.3 | 92.45 |
| 陕西 | 651.1 | 415.7 | 355.6 | 350.4 | 1 772.8 | 15.74 | 1 427.6 | 80.53 |
| 河南 | 1 100.6 | 584.0 | 65.5 | 44.7 | 1 794.8 | 15.93 | 1 627.0 | 90.65 |
| 山东 | 2 783.4 | 219.3 | 176.7 | 161.9 | 3 341.3 | 29.66 | 2 866.2 | 85.78 |
| 合计 | 6 538.3 | 1 798.5 | 1 139.7 | 1 790.1 | 11 266.6 | 100 | 9 854.7 | 87.47 |

## 2.2.3 水资源短缺对农业发展的制约影响

黄河流域的耕地资源相对较为丰富。流域内现有耕地 1.89 亿亩,加上下游流域外引黄灌区耕地面积后为 2.46 亿亩,灌溉面积占耕地面积的 45.71%(见表 2-5)。

表 2-5 黄河流域与下游引黄灌区耕地灌溉率

| 省(区) | | 耕地面积/万亩 | 灌溉面积/万亩 | 灌溉率/% |
|---|---|---|---|---|
| 青海 | | 774.9 | 272.5 | 35.17 |
| 四川 | | 10.9 | 0.4 | 3.67 |
| 甘肃 | | 3 724.2 | 797.8 | 21.42 |
| 宁夏 | | 1 235.4 | 681.8 | 55.19 |
| 内蒙古 | | 2 302.9 | 1 397.7 | 60.69 |
| 陕西 | | 4 041.6 | 1 772.8 | 43.86 |
| 山西 | | 4 122.9 | 1 207.5 | 29.29 |
| 河南 | 流域内 | 1 813.5 | 1 052.0 | 58.01 |
| | 流域外 | 1 616.3 | 742.8 | 45.96 |
| | 小计 | 3 429.8 | 1 794.8 | 52.33 |
| 山东 | 流域内 | 859.9 | 407.7 | 47.41 |
| | 流域外 | 4 147.3 | 2 933.6 | 70.74 |
| | 小计 | 5 007.2 | 3 341.3 | 66.73 |
| 合计 | | 24 649.8 | 11 266.6 | 45.71 |

据调查分析,黄河流域现状地表水供水量 359.81 亿 m³,地表水消耗量 296.81 亿 m³(见表 2-6),按 1956~2000 年 45 年系列多年平均天然径流量 534.79 亿 m³ 计,地表水开发率为 67.3%,地表水消耗率为 55.5%,接近黄河流域地表水可利用率 58.9%~62.6%。若按 1991~2000 年黄河流域平均天然径流量 437.00 亿 m³(相当于中等枯水平)计,地表水开发率达 82.3%,地表水消耗率达 67.9%,超过黄河流域地表水可利用率 58.9%~62.6%。显然,现状条件下,黄河流域地表水利用已基本达到极限状态。黄河流域现状地下水开采量 145.47 亿 m³,其中深层地下水开采量 22.60 亿 m³,山丘区地下水开采量 33.24 亿 m³,平原区浅层地下水开采量 88.36 亿 m³,微咸水开采量 1.27 亿 m³。现状地下水耗水量为 101.22 亿 m³(见表 2-6),占可利用量 112.21 亿 m³ 的 90%。大部分地区的地下水已被开采利用,只有局部地区(如宁蒙河套灌区)尚有不大的开采潜力。由此可见,黄河流域大部分地区的地下水开采已基本达到极限状态。

表 2-6  黄河流域现状耗水量 单位:亿 m³

| 省(区) | 地表水 | | | 地下水 | 总量 |
|---|---|---|---|---|---|
| | 流域内 | 流域外 | 合计 | | |
| 青海 | 12.65 | | 12.65 | 0.92 | 13.57 |
| 四川 | 0.12 | | 0.12 | 0.02 | 0.14 |
| 甘肃 | 27.39 | | 27.39 | 4.30 | 31.69 |
| 宁夏 | 45.91 | | 45.91 | 2.64 | 48.55 |
| 内蒙古 | 62.86 | | 62.86 | 16.14 | 79.00 |
| 陕西 | 23.79 | | 23.79 | 23.01 | 46.80 |
| 山西 | 13.90 | | 13.90 | 19.08 | 32.98 |
| 河南 | 18.19 | | 18.19 | 23.85 | 42.04 |
| 山东 | 4.42 | | 4.42 | 11.26 | 15.68 |
| 黄河流域 | 209.23 | 87.58 | 296.81 | 101.22 | 398.03 |

黄河流域及下游供水范围内的耕地资源较为丰富,是我国重要的粮食生产基地。现状黄河流域及下游沿黄地区的灌溉率为 45.71%,不足耕地面积的一半,还有一定的发展灌溉潜力。此外,在黄河上中游地区还有宜农荒地约 3 000 万亩,占全国宜农荒地总量的 30%,主要分布在海东、陇中、宁南地区、宁蒙河套灌区、关中及汾河、涑水河地区。特别是宁夏回族自治区的清水河川、红寺堡、惠安堡,内蒙古自治区的乱井滩,陕西省的定边、靖边地区,地域辽阔,地形平坦且土地集中连片,有几十万亩甚至近百万亩的连片土地,是我国开发条件较好、生产潜力巨大的后备耕地资源。在黄河入海口的尾闾地区,土地资源也相当丰富。这些后备耕地资源,只要水资源条件具备,开发的潜力较大,可以为保障国家粮食安全做出较大贡献。

一方面是黄河流域水资源利用已基本达到极限状态,另一方面为确保国家粮食安全尚需开发新的灌溉面积,两者矛盾十分尖锐。其中,矛盾的主要方面在于水资源。寻找新的水资源有两条途径可选择,一条是开源,另一条是节流。现状条件下,从工程建设的难易程度和投资效益费用比分析,节流应是被选择的主要途径。在黄河流域水资源利用结构中,现状农田灌溉用水量占 80% 以上,因此,农田灌溉的节水应首先被考虑。

黄河流域范围广阔,灌溉情况复杂多样,灌水方式千差万别,管理水平高低不等。因此,反映农业用水效率(agricultural water efficiency)的亩均用水量和灌溉水利用系数(water efficiency of irrigation)差别很大。现状黄河流域亩均用水量 459 m³,略高于全国平均水平(450 m³),全流域平均灌溉水利用系数为 0.48,略高于全国平均水平(0.45)。其中,山西、陕西和山东三省的灌溉水利用系数可达 0.60,而宁夏灌溉水利用系数最低,仅为

0.37,亩均用水量高达 1 253 m³,是全国平均水平的 2.8 倍,这除宁夏的灌溉作物种植结构和气候干旱因素外,其用水粗放也是导致灌溉定额偏大的重要原因。从亩均水量和灌溉水利用效率分析,黄河流域上中游地区青海、宁夏、内蒙古等省(区)农业灌溉具有一定的节水潜力(见表 2-7)。

表 2-7    黄河流域农业用水现状水平

| 省(区) | 亩均用水量/(m³/亩) | 灌溉水利用系数 |
|---|---|---|
| 青海 | 622 | 0.38 |
| 甘肃 | 455 | 0.48 |
| 宁夏 | 1 253 | 0.37 |
| 内蒙古 | 525 | 0.49 |
| 陕西 | 320 | 0.60 |
| 山西 | 320 | 0.61 |
| 黄河流域 | 459 | 0.48 |
| 全国 | 450 | 0.45 |

考虑到黄河流域现状灌区以地面灌溉为主和经济发展水平较低,以及黄河水源含沙量大的特点,大部分灌区主要采取容易实施和容易管理的渠系防渗与配套工程措施,以及技术相对简单的低压管道输水措施,以提高渠系水利用系数。在少部分灌区和经济作物种植区采取喷灌、微灌等节水措施。在搞好节水工程措施的同时,还必须采取配套的非工程节水措施,即农业措施和管理措施。农业措施主要有土地平整、大畦改小畦、膜上灌,采用优良抗旱品种,调整作物种植结构,大力推广旱作农业。管理措施主要有抓好用水管理,实行计划用水、限额用水,按方收费、超额加价等措施,大力推广经济、节水灌溉制度,优化配水;加强节水工程的维护管理,确保节水灌溉工程安全、高效运行。

根据黄河流域灌区的自然条件、灌区用水性质、经济实力和现状用水情况,节水改造的重点是现有灌溉面积中的大中型灌区,主要是渠系配套差、用水浪费、节水潜力大的宁夏、内蒙古河套平原引黄灌区及黄河下游河南、山东两省引黄灌区,以及水资源严重缺乏、供需矛盾突出的晋陕汾渭盆地灌区。此外,对青海省湟水河谷、甘肃省东部等集中连片灌区也可适当安排部分节水改造工程。

按上述安排,到 2020 水平年,全流域节水灌溉面积将占有效灌溉面积的 75.5%,农业灌溉水利用系数由现状的 0.48 提高到 0.56,与现状年相比,流域累计可节约灌溉用水量 52.14 亿 m³,节水投资 283.33 亿元,单方水投资 5.4 元;到 2030 水平年,全流域节水灌溉面积占有效灌溉面积的 89.7%,农业灌溉水利用系数由 2020 水平年的 0.56 提高到 0.59,与现状年相比,全流域累计可节约灌溉用水量 66.72 亿 m³,节水投资 497.42 亿元,单方水投资为 7.5 元(见表 2-8)。

表 2-8　黄河流域灌区节水改造方案

| 省(区) | 水平年 | 渠道衬砌/万亩 | 节水工程措施面积/万亩 | | | | 节灌率/% | 节水量/亿 m³ | 节水投资/亿元 | 单方水投资/(元/m³) |
|---|---|---|---|---|---|---|---|---|---|---|
| | | | 管道输水 | 喷灌 | 微灌 | 合计 | | | | |
| 青海 | 2020 | 183.0 | — | 3.6 | — | 186.6 | 57.1 | 3.17 | 15.84 | 5.0 |
| | 2030 | 247.0 | — | 4.7 | — | 251.7 | 72.3 | 3.88 | 27.18 | 7.0 |
| 四川 | 2020 | 0.3 | — | — | — | 0.3 | 63.4 | — | 0.02 | — |
| | 2030 | 0.4 | — | — | — | 0.4 | 100.0 | — | 0.02 | — |
| 甘肃 | 2020 | 483.2 | 43.0 | 46.7 | 21.4 | 594.3 | 76.2 | 3.99 | 21.96 | 5.5 |
| | 2030 | 572.5 | 53.9 | 56.6 | 28.4 | 711.4 | 91.2 | 5.33 | 40.00 | 7.5 |
| 宁夏 | 2020 | 400.5 | 25.0 | 23.0 | 17.3 | 465.8 | 67.1 | 17.03 | 93.67 | 5.5 |
| | 2030 | 560.6 | 31.0 | 27.9 | 22.3 | 641.8 | 80.4 | 21.74 | 163.09 | 7.5 |
| 内蒙古 | 2020 | 800.3 | 316.9 | 37.0 | 4.8 | 1 159.0 | 70.3 | 13.71 | 75.38 | 5.5 |
| | 2030 | 1 019.1 | 387.2 | 43.6 | 7.2 | 1 457.1 | 86.0 | 17.47 | 131.06 | 7.5 |
| 陕西 | 2020 | 977.0 | 277.1 | 79.6 | 53.8 | 1 387.5 | 78.6 | 4.82 | 26.51 | 5.5 |
| | 2030 | 1 227.8 | 292.5 | 93.0 | 70.1 | 1 683.4 | 91.1 | 5.80 | 43.53 | 7.5 |
| 山西 | 2020 | 311.5 | 624.2 | 185.0 | 34.1 | 1 154.8 | 84.0 | 3.15 | 17.31 | 5.5 |
| | 2030 | 390.9 | 694.2 | 190.2 | 40.6 | 1 315.9 | 94.3 | 4.32 | 32.38 | 7.5 |
| 河南 | 2020 | 416.5 | 441.9 | 70.7 | 12.5 | 941.6 | 76.3 | 4.72 | 24.55 | 5.2 |
| | 2030 | 550.9 | 556.4 | 81.7 | 15.5 | 1 204.5 | 94.7 | 6.09 | 45.67 | 7.5 |
| 山东 | 2020 | 120.7 | 233.4 | 31.4 | 18.2 | 403.7 | 79.4 | 1.56 | 8.10 | 5.2 |
| | 2030 | 156.2 | 273.2 | 39.7 | 24.7 | 493.8 | 96.4 | 2.07 | 14.48 | 7.0 |
| 黄河流域 | 2020 | 3 693.0 | 1 961.5 | 477.0 | 162.1 | 6 293.6 | 75.5 | 52.14 | 283.33 | 5.4 |
| | 2030 | 4 725.4 | 2 288.4 | 537.0 | 208.8 | 7 760.0 | 89.7 | 66.72 | 497.42 | 7.5 |

　　根据现状黄河流域亩均用水量 459 m³,灌溉水利用系数 0.48 计,采取节水措施后,到 2020 水平年灌溉水利用系数提高到 0.56,较现状年提高了 0.08,据此可推出 2020 水平年的亩均用水量减少 8%,即 422 m³,节约水量为 52.14 亿 m³,用此水量发展灌溉面积,最多只能发展 1 236 万亩。到 2030 水平年,灌溉水利用系数提高到 0.59,较现状年提高了 0.11,据此可推出 2030 水平年的亩均用水量减少 11%,即 409 m³,节约水量为 66.72 亿 m³,用此水量发展灌溉面积最多只能发展 1 631 万亩。

　　且不说黄河流域的 3 000 万亩宜农荒地的灌溉发展,仅就现状耕地的灌溉率而言,也只是达到了 45.71%,即黄河流域及下游沿黄灌区仍有大部分(54.29%,1.334 亿亩)耕地面积尚无灌溉。即便是投入巨额资金对现状灌区实施大规模节水改造,节约出来的水量所能发展的灌溉面积与黄河流域尚未灌溉的面积和尚未开发的宜农荒地面积相比,仍然是微不足道的。显然,黄河流域水资源的短缺,将会严重制约农田灌溉的发展。

## 2.3 流域水资源对农业发展的贡献分析

黄河流域 400 mm 年降水量等值线,自内蒙古自治区清水河县经河曲、米脂以北、吴起、环县以北、会宁、兰州以南绕祁连山出黄河流域,又经过海晏进入黄河流域,经循化、同仁、贵南、同德,沿积石山麓至多曲一带出黄河流域,可把整个流域分为干旱、湿润两大部分。黄河流域天然降水量的时空分布变化大,耕地比较集中的黄河下游河南、山东两省沿黄地区和中游汾渭盆地部分地区,多年平均降水量 520~700 mm(见表 2-9),属于湿润、半湿润区,且降水集中分布在 7~9 月,降水量不能完全满足农作物生长的需要,要进行补充灌溉。土地资源相对丰富的上游地区,如宁夏、内蒙古河套平原,降水量大多不足 300 mm(见表 2-9),且集中分布在 7~9 月,属干旱、半干旱区,完全为灌溉农业区。因此,黄河流域的农业基本为灌溉农业。

表 2-9　黄河流域多年平均降水量

| 区域 | 面积/km² | 年降水 | |
|---|---|---|---|
| | | 降水值/mm | 降水量/亿 m³ |
| 龙羊峡以上 | 13.13 | 478.3 | 628 |
| 龙羊峡—兰州 | 9.11 | 478.9 | 437 |
| 兰州—河口镇 | 16.36 | 261.9 | 428 |
| 河口镇—龙门 | 11.13 | 433.5 | 482 |
| 龙门—三门峡 | 19.11 | 540.6 | 1 033 |
| 三门峡—花园口 | 4.17 | 659.5 | 275 |
| 花园口以下 | 2.26 | 647.8 | 146 |
| 内流区 | 4.23 | 271.9 | 115 |
| 青海 | 15.23 | 438.5 | 668 |
| 四川 | 1.70 | 702.3 | 119 |
| 甘肃 | 14.32 | 465.5 | 667 |
| 宁夏 | 5.13 | 288.6 | 148 |
| 内蒙古 | 15.10 | 270.3 | 408 |
| 陕西 | 13.33 | 529.0 | 705 |
| 山西 | 9.71 | 520.8 | 506 |
| 河南 | 3.62 | 633.1 | 229 |
| 山东 | 1.36 | 691.5 | 94 |
| 黄河流域 | 79.50 | 445.8 | 3 544 |

黄河流域农田有效灌溉面积从 1950 年的 1 200 万亩发展到目前的 11 266.6 万亩,在占耕地面积 45.71% 的灌溉面积上生产的粮食占耕地总产量的 70% 以上。据调查统计,黄河流域 1990 年粮食平均亩产 228 kg,其中灌溉地亩产 318.0 kg,非灌溉地亩产 130.6 kg,灌溉地亩产是非灌溉地亩产的 2.4 倍。2000 年,黄河流域粮食平均亩产 356 kg,其中灌溉地亩产 404 kg,非灌溉地亩产 147 kg,灌溉地亩产是非灌溉地亩产的 2.7 倍。在年降水量小于 300 mm 的干旱区和半干旱区,灌溉地亩产是非灌溉地亩产的 4.2~5.8 倍(见表 2-10)。

表 2-10　黄河流域灌溉地、非灌溉地亩产比较(1990 年水平)

| 分区 | 年降水量(80% 保证率)/mm | 灌溉地亩产/ (kg/亩) | 非灌溉地亩产/ (kg/亩) | 灌溉地亩产是非灌溉地亩产倍数 |
|---|---|---|---|---|
| 干旱区 | <200 | 324.7 | 55.6 | 5.8 |
| 半干旱偏旱区 | 200~250 | 338.7 | 80.0 | 4.2 |
| 半干旱区 | 250~400 | 288.7 | 137.5 | 2.1 |
| 半湿润偏旱区 | 400~500 | 314.1 | 146.7 | 2.1 |
| 半湿润区 | 500~600 | 333.2 | 124.4 | 2.7 |
| 全区合计 | | 318.0 | 130.6 | 2.4 |
| 青海 | | 242.5 | 74.5 | 3.3 |
| 甘肃 | | 261.0 | 77.5 | 3.4 |
| 宁夏 | | 259.0 | 45.0 | 5.8 |
| 内蒙古 | | 164.0 | 41.5 | 4.0 |
| 陕西 | | 256.5 | 105.0 | 2.4 |
| 山西 | | 282.0 | 96.0 | 2.9 |
| 河南 | | 375.0 | 140.0 | 2.7 |
| 山东 | | 400.0 | 204.5 | 2.0 |

1980~2005 年,黄河流域的灌溉面积逐步扩大,流域供水量呈递增之势,由 1980 年的 446.30 亿 m³ 增加到 2005 年的 512.08 亿 m³,其中用于农田灌溉的水量占总供水量的 80% 以上。1980~2005 年黄河流域供水量变化情况见表 2-11 和图 2-11。

表 2-11　1980~2005 年黄河流域供水量变化情况　　　　单位:亿 m³

| 年份 | 流域内供水量 | | | | 向流域外供水量 | 总供水量 |
|---|---|---|---|---|---|---|
| | 地表水 | 地下水 | 其他 | 合计 | | |
| 1980 | 249.16 | 93.27 | 0.52 | 342.95 | 103.35 | 446.30 |
| 1985 | 245.19 | 87.16 | 0.71 | 333.06 | 82.74 | 415.80 |
| 1990 | 271.75 | 108.71 | 0.66 | 381.12 | 103.99 | 485.11 |
| 1995 | 266.22 | 134.64 | 0.75 | 404.61 | 99.05 | 503.66 |
| 2000 | 272.22 | 145.47 | 1.07 | 418.76 | 87.58 | 506.34 |
| 2005 | 285.56 | 137.18 | — | 422.74 | 89.34 | 512.08 |

注:2005 年流域内其他供水量包含在地表水供水量中。

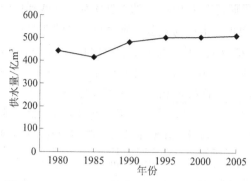

**图 2-11  1980~2005 年黄河流域供水量变化情况**

随着流域灌溉面积的扩大和供水量的增加,黄河流域粮食总产量从 1980 年至 2005 年也呈同步增加趋势,由 1980 年的 2 296 万 t 增加到 2005 年的 4 070 万 t,人均占有粮食从 1980 年的 281 kg 增加到 2005 年的 363 kg。1980~2005 年黄河流域粮食产量增加情况见表 2-12 和图 2-12。由此可见,黄河流域水资源对流域及相关地区农业发展做出了巨大贡献。黄河流域的地表水资源量仅占全国河川径流量的 2%,但却灌溉了占全国 15% 的耕地。就全国而言,以占全国 40% 的灌溉土地,生产了占全国粮食总产量的 70%、棉花总产量的 80%、蔬菜总产量的 90% 以上的农产品。显然,黄河流域水资源对全国农业发展也做出了巨大贡献,占有重要地位。

**表 2-12  1980~2005 年黄河流域粮食产量增加情况**

| 区域 | 1980 年 | | 1990 年 | | 2000 年 | | 2005 年 | |
|---|---|---|---|---|---|---|---|---|
| | 总产量/万 t | 人均/kg | 总产量/万 t | 人均/kg | 总产量/万 t | 人均/kg | 总产量/万 t | 人均/kg |
| 龙羊峡以上 | 5 | 119 | 6 | 123 | 3 | 51 | 6 | 103 |
| 龙羊峡—兰州 | 155 | 240 | 176 | 230 | 157 | 175 | 185 | 202 |
| 兰州—河口镇 | 233 | 222 | 458 | 344 | 609 | 399 | 772 | 497 |
| 河口镇—龙门 | 153 | 254 | 220 | 305 | 192 | 231 | 239 | 280 |
| 龙门—三门峡 | 1 065 | 289 | 1 473 | 348 | 1 395 | 284 | 1 636 | 324 |
| 三门峡—花园口 | 336 | 325 | 395 | 334 | 476 | 362 | 481 | 356 |
| 花园口以下 | 343 | 318 | 522 | 422 | 679 | 505 | 716 | 524 |
| 内流区 | 6 | 136 | 14 | 273 | 21 | 376 | 35 | 614 |
| 青海 | 84 | 265 | 101 | 277 | 70 | 160 | 83 | 181 |
| 四川 | 1 | 144 | 1 | 125 | 1 | 108 | 1 | 55 |
| 甘肃 | 275 | 208 | 391 | 252 | 390 | 218 | 504 | 278 |
| 宁夏 | 121 | 321 | 193 | 414 | 253 | 461 | 300 | 503 |
| 内蒙古 | 96 | 164 | 240 | 350 | 348 | 424 | 513 | 625 |
| 陕西 | 674 | 330 | 835 | 344 | 860 | 315 | 965 | 342 |
| 山西 | 425 | 268 | 663 | 360 | 544 | 253 | 605 | 276 |
| 河南 | 411 | 314 | 546 | 363 | 746 | 442 | 777 | 455 |
| 山东 | 209 | 331 | 294 | 404 | 320 | 414 | 322 | 409 |
| 黄河流域 | 2 296 | 281 | 3 264 | 341 | 3 532 | 323 | 4 070 | 363 |

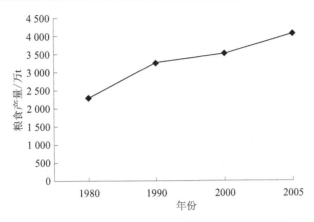

图 2-12　1980~2005 年黄河流域粮食产量增加情况

粮食是维系国计民生的基本物质保障,属战略资源,必须保证供给安全。粮食安全对人口众多的中国始终是个大问题,解决这个问题,不仅是保障国民经济持续健康发展和社会政治稳定的需要,而且对于世界粮食安全保障体系也具有十分重要的意义。由于我国粮食安全需求的基数较大,在粮食安全问题上必须坚持基本自给的方针,对粮食生产的依赖程度高于世界上任何国家。未来 30 年,我国人口增长和城市化进程加快必然会影响到人均耕地和粮食生产,在这种影响趋势很难改变的形势下,要保障国家粮食安全,在统筹考虑农业技术和管理条件的基础上,必须不断扩大高产稳产、旱涝保收的灌溉面积,提高粮食生产能力。目前,黄河流域的人均粮食产量仅为 363 kg,计划到 2030 年人均粮食产量达到 400 kg,要实现这一目标,黄河流域水资源对农业灌溉的功能需进一步强化。黄河流域的优势在于光热条件和土地资源,而水资源相对紧缺,要强化水资源的灌溉功能,提高其灌溉效率和效益尚有许多艰巨的工作要做。其中,如何设计科学、经济的节水灌溉制度,优化配水过程就是一件十分重要的工作。

# 2.4　流域主要农作物生命活动与水分的关系

凡是由人工栽培的植物,通称为作物。每一种作物从播种到种子发芽,从种子发芽再到种子成熟,整个生长发育过程都在一刻不停地进行着生命活动,而其全部生命活动都需要在一定的水分条件下才能进行。在作物生长发育的整个过程中,任何一个阶段产生水分逆境,就会出现水分胁迫(water stress),使正常生命活动受限,严重者导致作物生命的停止。

## 2.4.1　水分在作物生命活动中的作用

水分之于作物生命活动,表现为水分在作物体内运动和代谢的过程。主要包括水分在作物生理中的作用,作物细胞的水分关系,作物对水分的吸收、输导与蒸腾等。

### 2.4.1.1　水分在作物生理中的作用

所有作物株体中都含有水分,且水分含量的变化密切地影响着作物的生命活动,即作物中水分含量是其生命活动强弱的决定因素。

自然界中各种各样的生物都是原生质的不同表现形式,作物生命的载体同样是原生质。其中,核酸是记载、复制和转录遗传信息的核心,蛋白质(酶)则扮演了调控、催化各种代谢等反应的重要角色。水分是作物原生质的主要成分,原生质含水量一般为70%～90%,使原生质呈溶胶状态,保持旺盛代谢作用正常进行。若含水量减少,原生质便由溶胶状态变成凝胶状态,生命活动就大大减弱,如休眠种子的含水量低至10%左右,因而其生命活动十分微弱。由此可见,水分是生命活动的保障。

新陈代谢(metabolism)是作物生命得以生存、延续的核心要素。作物新陈代谢一旦停止,生命也就随之终止。水分是作物新陈代谢过程的反应物质。在光合作用、呼吸作用、有机质的合成和分解过程中,都有水分子参与。对于大多数作物来说,在一定范围内,随着株体和叶细胞中含水量的提高,光合作用强度也会相应提高。

在作物生长、发育的过程中,盐和气体都要以水为溶剂才能进入作物株体并在体内运移,即水分是作物对物质吸收和运输的溶剂。一般来说,作物不能直接吸收固态的无机物质和有机物质,这些物质只有溶解在水中才能被作物吸收。同样,各种物质在作物体内的运输也要溶在水中才能进行。

作物细胞分裂、生长、气体交换和利用光能等各种生理活动的开展,要求作物必须保持固有的姿态,如枝叶挺立,便于充分接受光照和交换气体;花朵张开,有利于授粉等,而作物保持固有姿态则必须依赖水分,因为水分能使作物细胞维持一定的膨压(细胞吸水膨胀而对细胞壁产生的压力)。由于细胞含有大量水分,维持细胞一定的膨压,就可使作物保持固有的状态。

### 2.4.1.2　作物对水分的吸收、输导和蒸腾

作物主要靠渗透作用(osmosis)通过根系的根毛和幼嫩根表皮细胞从土壤中吸收水分。通常作物细胞液和土壤水之间具有一定的水势差,以此来维持根系从湿润土壤中吸取毛细管水。当根系周围的可利用水耗尽后,作物能通过根系的生长扩大吸收表面以继续吸水。

根系吸收的水分绝大部分用于作物叶面蒸腾,因而要经过长距离的输导,即经过根系的皮层、中柱鞘、中柱薄壁细胞进入根茎叶的输导组织到叶肉细胞,再经过气孔腔通过气孔散发于大气中。水分由根系吸收和向上输导的动力有两种,一种是根部活细胞的生理作用所产生的根压(root pressure),另一种是蒸腾作用产生的蒸腾拉力(transpiration pull)。这两种动力的产生都与相应的水势梯度有关。在这两种动力中,蒸腾拉力是促使作物吸收和输送水分的主要动力。

作物吸收的水分只有很少一部分(小于1%)用于构成植物组织,绝大部分(99%以上)均通过蒸腾作用散失到大气中。这是作物适应陆地生活的必然结果,而且也具有一定的生理意义。假如没有蒸腾作用,由于蒸腾拉力引起的吸水过程便不能产生,植株较高部分无法获得水分。由于矿物质盐类要溶于水中才能被植物吸收和在体内运转,因而,蒸腾作用对吸收矿物质和有机物质以及这两类物质在植物体内运输都是有帮助的。每蒸腾1 g水(在20 ℃)消耗2 445 J的能量,故蒸腾作用能降低植物体温,避免高温的危害。

作物水分代谢可能会出现以下三种情况:一是根系吸水与作物蒸腾失水相平衡,这对作物生长发育是有利的;二是根系吸水大于作物蒸腾失水,这在一定程度上可促进植株的

营养生长,而不利于籽实的生长发育,增加作物无效蒸腾,造成水资源浪费;三是根系吸水小于作物蒸腾失水,将会造成作物水分亏缺甚至凋萎。因此,根据作物水分生理的需要进行合理灌溉,保持作物的水分平衡,是获得作物优质、高产和高水分生产效率的重要保证。

## 2.4.2　流域主要作物生命活动的水分利用及其特点

黄河流域横跨青藏高原、黄土高原和黄淮海平原,地区之间自然条件和气候条件差异大,作物组成也有很大不同。黄河上游地区主要种植春小麦,约占 30%~70%,其他作物有早玉米、高粱、谷类、豆类,复种糜子、绿肥、蔬菜等,复种指数 1.0~1.3。黄河中游地区的丘陵区主要种植早秋作物,有玉米、谷类、薯类,其次是小麦,晚秋作物以糜子为主,复种指数1.2~1.3。汾渭盆地、伊洛沁河流域等地,主要种植冬小麦,占 45%~70%,棉花占 25%~30%,复种作物以玉米为主,复种指数 1.3~1.6(见表 2-13)。黄河下游引黄灌区夏粮作物主要是小麦,播种面积高达 63%~79%,秋粮作物主要是玉米,播种面积占 66%,棉花占 16%~23%,水稻占 1%~4%,复种指数高达 1.6~1.81(见表 2-14)。按照黄河流域灌溉面积分布及其作物种植结构加权分析,黄河流域的主要作物依次为小麦、玉米、棉花、水稻。

表 2-13　黄河流域上中游地区作物种植结构　　　　　　　　　　　　%

| 河段 | 小麦 | 早秋作物 | 晚秋作物 | 棉花 | 水稻 | 复种指数 |
|---|---|---|---|---|---|---|
| 龙羊峡以上 | 70 | 30 | | | | 100 |
| 龙羊峡—兰州 | 70 | 30 | 10 | | | 110 |
| 兰州—河口镇 | 30~60 | 35~70 | 10~30 | | 25 | 110~130 |
| 河口镇—龙门 | 25~30 | 70~75 | 20~25 | | | 120~125 |
| 龙门—三门峡 | 45~65 | 5~55 | 30~60 | 30 | | 130~160 |
| 三门峡—花园口 | 60~70 | 25 | 50~60 | 25 | 5 | 135~160 |

表 2-14　黄河下游引黄灌区作物种植结构　　　　　　　　　　　　%

| 灌区 | 小麦 | 玉米 | 棉花 | 水稻 | 其他 | 复种指数 |
|---|---|---|---|---|---|---|
| 河南 | 79 | 66 | 23 | 4 | 9 | 181 |
| 山东 | 63 | 66 | 16 | 1 | 14 | 160 |

### 2.4.2.1　小麦生命活动的水分利用及其特点

小麦是黄河流域分布最广的粮食作物,上中下游地区均有栽培,由于播种季节的不同,小麦又分为冬小麦和春小麦,在黄河流域,春小麦仅在黄河上游地区种植,所占比重不大,黄河流域中下游地区夏粮主要是冬小麦。

冬小麦各生育阶段按形态分类,可分为发芽出苗、分蘖、越冬、返青、拔节、孕穗、抽穗开花、结实成熟等生育阶段,每个阶段的水分利用均呈现不同的特点。

在播种至出苗阶段,对水分的要求较为严格。小麦种子发芽需要有水分、温度、空气三要素。一般当种子吸水达到本身重量的 50%,在温度为 2 ℃的条件下才能萌发。发芽最适宜的温度为 12~20 ℃,最适宜的土壤水分含量为田间持水量的 60%~80%。土壤水分不足,将会造成种子发芽慢、出芽率不高。但土壤水分过多时,将会造成烂种。

小麦茎基部分蘖节上的幼芽形成的分枝称为分蘖。一般小麦出苗后 15~20 d,具有 3

片真叶时,就进入分蘖期。在出苗至分蘖期,若土壤水分不足,植株内部的养分运转受到阻碍,吸收和积累的物质大大减少,分蘖力下降。若土壤处于干旱状态,则分蘖率明显减少,甚至根本不分蘖。该阶段,最适宜的土壤水分含量应占田间持水量的 70%~80%。

当冬季日平均气温降至 3 ℃ 以下时,麦苗停止分蘖,生长缓慢,甚至停止生长进入越冬期。在小麦越冬阶段,虽然茎叶基本上停止生长,但根系还在继续生长。为有利于疏松土壤,促进根系发育,要求这一阶段的土壤水分含量占田间持水量的 70%~80%。

当开春气温回升到 3 ℃ 以上时,麦苗逐渐恢复生长,当新生叶片露出叶鞘 1~2 cm 时,称为返青(green-upstage)。在返青阶段,小麦地上部分生长加速,且随着气温上升,土壤水分蒸发较快,这一时期,若土壤水分适宜则对促进分蘖成穗有利,土壤水分含量应占田间持水量的 70%~90%。

当麦苗茎基部第一节露出地面 1.5 cm 左右,整个茎高达 5~7 cm 时,幼穗开始分化,称为拔节(jointing stage)。第三节间显著伸长,幼穗分化结束,麦穗体积增大,称为孕穗(booting stage)。在拔节孕穗期间,小麦由营养生长转为营养生长与生殖生长并进的时期,即小麦茎节的伸长与幼穗分化同时进行,消耗水分和养分都较多,对水、肥及光照条件十分敏感,是小麦一生中发育最旺盛的时期,也是决定麦穗大小和粒数多少的关键时期。这一时期,是小麦一生中需水量最大的时期之一,要求土壤水分含量不低于田间持水量的 80%。

抽穗灌浆期(heading filling stage),小麦的生长中心转移到籽粒部分。这一时期,是小麦生长发育对水分最敏感的时期,也是小麦一生中需水量最大的时期之一。一般要求土壤水分含量占田间持水量的 65%~80%。若土壤水分不足,则不利于开花和灌浆,易发生早衰,小麦结实率明显下降。但土壤水分过多,则不利于籽粒成熟,甚至因土壤水分过多而"贪青"、晚熟,影响籽粒增重,造成个粒重降低。

小麦灌浆末期,籽粒含水量下降到 40% 左右,胚乳成糊状,干物质增加速度逐渐减慢,籽粒开始收缩,麦穗和叶片逐渐变黄,称为麦黄期。这一时期,小麦对水分不大敏感,一般要求土壤水分含量占田间持水量的 55%~60%。

在冬小麦的生长发育期内,拔节—抽穗期、抽穗—成熟期是需水的关键时期,这两个时期的阶段需水量分别占全生育期总需水量的 36.4% 和 26.6%,即这两个时期的阶段需水量占全生育期总需水量的 63.0%(见表 2-15)。因此,灌好这两次关键水,就可以保证一定的产量。

表 2-15    冬小麦生育期需水量

| 生育阶段 | 天数/d | 需水量/($m^3$/$hm^2$) | 日需水量/($m^3$/$hm^2$) | 阶段需水量占全生育期总需水量/% |
|---|---|---|---|---|
| 播种—分蘖 | 25 | 315.0 | 12.60 | 6.0 |
| 分蘖—越冬 | 50 | 675.0 | 13.50 | 13.0 |
| 越冬—返青 | 40 | 544.5 | 13.61 | 10.5 |
| 返青—拔节 | 35 | 382.5 | 10.93 | 7.4 |
| 拔节—抽穗 | 37 | 1 890.0 | 51.08 | 36.4 |
| 抽穗—成熟 | 43 | 1 380.0 | 32.10 | 26.6 |
| 全生育期 | 230 | 5 187.0 | 22.55 | 100.0 |

必须指出,冬小麦一生需要大量的水分,但又怕水分过多。当小麦根区土壤含水量大于田间持水量的 85% 时,小麦根系就会因空气缺乏而呼吸不良,生理活动受到抑制,而且土壤有机质在嫌气分解条件下产生还原性有毒物质,使根系受害腐烂,还容易招致麦霉病等危害。因此,必须注意对麦田灌水量的控制,并搞好麦田排水。

#### 2.4.2.2 玉米生命活动的水分利用及其特点

玉米种植在黄河流域分布较广,种植面积仅次于小麦。玉米是高秆作物,茎叶生长量大,全生育期处于高温条件下,通过叶、穗表面蒸腾及棵间土壤水分蒸发,散失大量的水分。因此,在其生育期内需水较多。

玉米各生育阶段按形态分类,可分为发芽出苗、拔节孕穗、开花受精、结实成熟等生育阶段,各生育阶段的水分利用呈现不同特点。

玉米种子发芽出苗要吸收相当于种子干重 80% 的水分。当土壤耕作层温度达 10 ℃以上,土壤水分含量达到田间持水量的 60% 左右时,玉米种子才能发芽出苗。若土壤水分含量低于田间持水量的 50% 或高于 80%,均对出苗不利,也不适于幼苗扎根。在玉米的发芽出苗期,适宜的土壤水分含量为田间持水量的 70% 左右。

从出苗到拔节,称为苗期。玉米在这一时期的生育特点是一叶至三叶期生长很快,三叶期以后根系生长迅速,而地上部分生长缓慢。玉米苗期生长要求粗壮,此时应控制土壤水分以促使其根系下扎,扩大根系吸水、吸肥的范围。苗期的土壤水分含量以保持在田间持水量的 60%~65% 为宜。

从拔节到抽出雄穗,这段时期称之为拔节孕穗期。玉米植株进入营养生长和生殖生长旺盛阶段,各方面生理活动日趋加强,同时气温高,叶面积大,蒸腾作用强,需水量多而迫切。在这一时期,要求土壤水分含量保持在田间持水量的 70% 左右。

玉米的雄穗抽出后 2~3 d 就开始开花(散粉),雌穗开花(抽花丝)一般比雄穗开花晚 2~5 d。花丝一抽出,就有授粉能力。雄穗的花粉散落到雌穗的花丝上,经 6 h 左右完成授粉过程,进而发育成籽粒。这一时期称为玉米的抽穗开花期。该期间玉米对水分的反应甚为敏感,日需水最多,是玉米需水的临界期,一般要求土壤水分含量保持在田间持水量的 70%~80%。满足这个阶段的水分供应,可促进光合作用,增强干物质积累,以及营养物质向籽粒中运转。

玉米授粉后经过乳熟、蜡熟到籽粒完全成熟的时期为灌浆成熟期。玉米授粉后的乳熟期和蜡熟期是籽粒形成的重要时期。乳熟期玉米植株的蒸腾作用仍较强,茎叶中的可溶性养分源源不断地向果穗输送。适宜的水分条件能延长和增强叶绿素的光合作用,促进灌浆饱满。一般要求,玉米灌浆土壤水分含量保持在田间持水量的 70%~75%。玉米蜡熟期对水分要求减少,土壤水分含量为田间持水量的 60%~70%。

在玉米的生长发育期内,拔节—抽穗期和抽穗—灌浆期是对水分要求最敏感的时期,这两个时期的需水量占玉米生育期总需水量的 51.2%(见表 2-16)。尽管玉米生育期跨越了年内降雨较集中的季节,但因玉米整个生长期的日需水强度变化较大,同期内的降水量分布与玉米需水强度不可能完全同步,对玉米不同生长阶段的灌溉仍然是需要的,尤其是要特别注意拔节—抽穗期和抽穗—灌浆期两个时期的灌溉。

表 2-16 玉米生育期需水量

| 生育阶段 | 天数/d | 需水量/(m³/hm²) | 日需水量/(m³/hm²) | 阶段需水量占全生育期总需水量/% |
|---|---|---|---|---|
| 播种—出苗 | 6 | 219.0 | 36.5 | 6.1 |
| 出苗—拔节 | 15 | 556.5 | 37.1 | 15.6 |
| 拔节—抽穗 | 16 | 837.0 | 52.3 | 23.4 |
| 抽穗—灌浆 | 20 | 994.4 | 49.7 | 27.8 |
| 灌浆—蜡熟 | 22 | 686.9 | 31.2 | 19.2 |
| 蜡熟—完熟 | 12 | 283.5 | 23.6 | 7.9 |
| 全生育期 | 91 | 3 577.30 | 39.3 | 100 |

仍需指出,土壤水分含量高于田间持水量的80%时,对玉米生长发育十分不利,在幼苗期更是如此。因此,玉米田的排水十分重要。

### 2.4.2.3 棉花生命活动的水分利用及其特点

在黄河流域的中下游地区,棉花的种植面积占经济作物种植面积的86%。棉花株高叶大,生长期长且多处于高温季节,是一种需水量较多的旱作物。

棉花各生育阶段按形态分类,可分为苗期、蕾期、花铃期、吐絮期,各生育阶段对水分的要求有较大差别。

从出苗到现蕾(第一果枝开始出现像荞麦粒状花蕾)的时期称为苗期。棉花苗期的气温不高,棉苗又小,故需水较少。为有利于主根扎得深、侧根多、分布广、吸肥力强,同时有利于地上部分的生长,苗期土壤水分含量不宜过高,一般应控制在田间持水量的55%~70%。

棉花从开始现蕾至开花的时期称为蕾期(bud stage),该期正值麦收后不久,气温逐渐升高,植株由单纯的营养生长转入营养生长与生殖生长并进的阶段。这一时期的棉苗对水分的需求十分迫切。适当提高土壤水分,对棉花的早现蕾、早坐桃、多坐伏前桃有重要作用。该阶段应控制土壤水分含量为田间持水量的60%~70%。

花铃期(boll stage)是指开始开花到开始吐絮的时期。花铃期时间长,气温高,植株的叶面积达到最大,生长最旺盛,是棉花一生中需水最多、对缺水最敏感的时期,若水分供应不足,将会引起棉铃大量脱落,同时也会对棉纤维造成影响。在此期间,土壤水分含量不能低于田间持水量的70%~80%。

吐絮期(boll opening stage)是指棉花开始吐絮到棉株停止生长的时期。这一时期,棉花生命活动减弱,表现在植株营养器官的生长衰退,生殖器官的生长也逐渐转慢,同时该时期气温也日渐降低,因此需水量较少。这个时期土壤水分含量不宜过高,保持在田间持水量的50%~70%为宜。

在棉花生长的四个时期内,花铃期是最为关键的时期,该期的日需水强度达2.9~5.4 mm,阶段需水量占全生育期需水量的40%~50%(见表2-17)。需要指出的是,虽然这一时期对水分的需求量大,但该期正值雨季,由于季风气候影响与降雨的不稳定性,灌溉随机性很大,若控制不当,一旦灌溉后又遇降雨造成沥涝,必然会造成水分供应量多,并由此造成棉株上部秋桃少且晚熟,下部荫蔽烂铃多,引起减产。因此,做好棉田排水是十分必要的。

表 2-17　棉花各生育期需水比例及需水强度

| 生育期 | 苗期 | 蕾期 | 花铃期 | 吐絮期 |
|---|---|---|---|---|
| 需水比例/% | 10~18 | 15~23 | 40~50 | 13~31 |
| 日需水强度/mm | 0.5~1.8 | 2.0~4.0 | 2.9~5.4 | 1.4~1.7 |

#### 2.4.2.4　水稻生命活动的水分利用及其特点

水稻从种子发芽到成熟收割,要经历发芽出苗、幼苗生长、移栽返青、分蘖、拔节、孕穗、抽穗、开花、结实成熟等生育阶段。其中,水稻发芽出苗至移栽前是在秧田生长发育的,又称秧田期;移栽返青至成熟收割是在水稻本田生长的,称为本田期。稻田需水量一般是指水稻本田的植株蒸腾量、棵间水面蒸发与渗漏量之和。其中,植株蒸腾是供给水稻本身生长发育、进行正常生命活动所需的水分,称为生理需水(physiological water requirement);棵间水面蒸发和渗漏是为保证水稻正常生长发育、创造一个良好的生态环境所需的水分,称之为生态需水(ecological water requirement)。黄河流域稻区一般种植一季晚稻,全生育期 100~130 d,总需水量 840~2 280 mm(见表 2-18)。

表 2-18　黄河流域稻区稻田需水量

| 稻别 | 时间 | 蒸腾量/mm | 蒸发量/mm | 蒸发蒸腾量 | | 渗漏量 | | 总计/mm |
|---|---|---|---|---|---|---|---|---|
| | | | | mm | % | mm | % | |
| 一季晚稻 | 平均每一天 | 3.22 | 2.52 | 5.74 | 42 | 7.82 | 58 | 13.56 |
| | 全生育期(100~130 d) | 240~500 | 240~340 | 480~840 | 37~57 | 360~1 440 | 43~63 | 840~2 280 |

水稻播种到秧田后,从种子吸水膨胀到起秧移栽的时期,称为苗期。为有利于稻谷发芽和幼苗成长,这一时期的土壤水分含量应占田间持水量的 72%~84%。在种子发芽出苗期,为保证种芽既能吸收水分,又能呼吸到氧气,畦面水层控制在 10 mm 以内,且灌后即排。随着秧苗叶片递增,蒸腾作用逐渐增强,需要有充足的水肥供应,才能保证秧苗所需营养。畦面水层一般控制在 0~40 mm。

秧苗从秧田拔出移栽到本田,需经历一个返青期,在该期必须保持适宜的水层,以促进秧苗早生新根,加速返青,水层深度一般以 30~50 mm 为宜。秧苗返青后进入分蘖期。在分蘖前期,为保证土壤中氧气充足,利于根部呼吸,应降低地下水位,促使根系迅速发育,控制畦面水层 20~30 mm。在分蘖后期,为控制无效分蘖,可采取落干晒田方式,降低土壤含水量。水稻分蘖期的土壤水分含量应控制在田间持水量的 80%~88%。

水稻生长进入拔节孕穗期后,迎来了其一生中生理需水的高峰期,植株的营养生长和生殖生长同时进行,生育旺盛,光合作用强,对水分养分的吸收和光合作用等环境条件极为敏感,是决定茎秆壮弱、穗子大小和粒数多少的关键时期。为满足该时期水稻生理需水和生态需水,适宜的畦面水层深度为 40~50 mm,并使其土壤水分含量保持在田间持水量的 88%~96%。

抽穗开花期是水稻对水分敏感的时期,也是对温度和湿度敏感的时期。该期不可缺水又忌水层过深,一般应使畦面水层维持在 30~50 mm。水稻开花受精后进入结实成熟期,即胚乳和胚开始发育,干物质迅速增加,米粒逐渐膨大至完全成熟。乳熟期(灌浆期)要求土壤有适当的水分供应,若水分过多或不足,均会造成根、茎、叶早衰,灌浆不足,粒重减轻,秕谷增多,一般可使水层保持在 20~30 mm 并逐步降低,进入蜡熟期,水稻生理需水减少,可逐渐排水落干。在整个抽穗成熟期,应控制土壤水分含量在田间持水量的 76%~92%。

# 2.5 作物水分生产函数

## 2.5.1 基本概念

水分是作物生长的基本要素,它既是作物体内生理生化过程的媒体,也是作物生态环境调节的重要因素,水分过多、过少都会影响作物生长发育及其产量形成。因此,要研究灌溉水的最优分配问题,就必须了解和定量作物全生育期内对灌水的响应,即建立作物产量与水分之间的函数关系。通常将描述作物产量与水分之间数学关系的表达式称为作物水分生产函数(crop-water production function),它是确定作物最优灌溉制度和进行灌溉经济分析的重要基础。

从灌溉用水的角度出发,最好能找到作物产量与生长期供水量的关系,或直接建立作物产量与灌溉定额之间的关系,但结果并不理想。根据黄河流域已有灌区所积累的作物产量和田间用水量所做的分析发现,作物产量与灌溉用水量的相关系数较小,分析其原因,在于作物需水不仅来源于灌溉水和自然降水,而且在作物生长过程中还要吸收利用土壤中储存的水分。此外,在现有灌溉用水管理水平下,灌溉水和自然降水还会有一部分形成径流或产生深层渗漏,而不被作物吸收利用,自然对形成作物产量不起作用。

水分作为生产函数的自变量一般用灌溉用水量、土壤含水量、作物蒸发蒸腾量三种指标表示。作者用作物产量和灌溉用水量点绘的点子有较大的离散性,用作物产量和土壤含水量点绘的点子同样具有较大的离散性,而当点绘作物产量和作物生育期内蒸发蒸腾量之间关系时,发现其点子呈聚合状。因此,作物水分生产函数的自变量以选择作物蒸发蒸腾量为宜。

事实上,作物的蒸腾过程和光合作用是同步进行的。当水汽通过张开的气孔扩散进入大气时,光合作用需要 $CO_2$ 同时通过气孔进入叶片。当供水不足而使气孔部分关闭导致蒸腾受阻时,$CO_2$ 的吸收也会同时受阻,从而使光合作用减弱,作物产量降低。在作物蒸腾的同时,棵间蒸发也是不可避免的,且作物蒸腾和棵间蒸发在田间条件下难于分开测定。因此,作物产量与其生育期内的蒸发蒸腾量密切相关。从作物蒸发蒸腾量所反映的内容上看,该自变量既能反映气象因素对作物的影响,又能反映作物生理机能,综上分析,将其作为作物水分生产函数的自变量是合适的。

### 2.5.2　作物水分生产函数的形式

在确定了作物生育期内的蒸发蒸腾量作为合理的自变量后,即可建立作物水分生产函数。这里,作物蒸发蒸腾量可以有两种表达方式,一种是作物全生育期的总蒸发蒸腾量,另一种是作物各生育阶段的蒸发蒸腾量。若用总蒸发蒸腾量作为自变量,则可在总体上确定作物的灌溉定额和灌溉面积,而无法确定作物的灌溉定额在其全生育期内的优化分配。鉴于本书研究的主要方向是基于水资源在作物生育期不同阶段优化配置的功能调度,因此,在构建作物水分生产函数时,选择作物各生育阶段的蒸发蒸腾量作为自变量。

以作物各生育阶段的蒸发蒸腾量作为自变量构建作物水分生产函数,因要分析全生育期不同阶段缺水对作物产量的影响,故应使函数更充分体现多阶段特征。为达到这一目的,可以将函数形式设计为以下两类,一类是多阶段相加形式,另一类是多阶段相乘形式。

若采用多阶段相加形式,则只能认为各生育阶段蒸发蒸腾对作物产量的影响是相互独立的,从物理意义上分析,与作物生长事实不太相符。作物在某个阶段蒸发蒸腾受影响时,不仅对作物本阶段内的生长产生影响,而且还会影响到该阶段之后各阶段的生长,最终导致作物产量的降低。极端情况下,若作物在任一阶段内死亡,不论其他时段怎样,最终产量也只能为零。显然,多阶段相加形式所得到的结论与事实矛盾。考虑到作物在不同阶段蒸发蒸腾量对产量的影响不是孤立的,本书选择多阶段相乘形式。作物对第 $n$ 阶段缺水的敏感性指数,此值越大,表明作物产量对缺水越敏感,即发生相同的水分亏缺量,减产越多。

研究结果表明,小麦产量对水分亏缺的敏感性指数,在越冬期出现最小值,因其在该阶段小麦生长基本处于休眠状态,干物质的积累基本处于停滞阶段。而在抽穗灌浆阶段,对光合作用产物的需求量达到最大,因此对水分亏缺的反映最敏感,相应的缺水的敏感性指数达到最大。玉米在拔节以前,正处于营养生长初期,作物进行光合作用生成的物质主要用于作物的植株生长,此阶段发生水分亏缺并不直接影响作物籽粒的形成,因此,该阶段缺水的敏感性指数最小。从抽雄到灌浆阶段,是形成籽粒产量的关键时期,作物产量对水分亏缺的敏感性指数达到最大值。棉花开花吐絮期对缺水的敏感性指数达到最大值,该阶段后又迅速下降。

## 2.6　主要作物需水量及其过程

作物需水量(crop water requirement)是指作物生育期或某一个时段内正常生长所需要的水量,包括消耗于作物蒸腾、棵间蒸发和构成作物组织的水量。由于构成作物组织的水量一般不到1%,在实用上可忽略不计,故可选择以作物蒸腾与棵间蒸发量之和,即蒸发蒸腾量(或称蒸散发量)(evapotranspiration)作为作物需水量。它是决定作物灌溉制度、灌溉用水量和灌溉引水流量的基本参数。

## 2.6.1 作物需水量的计算方法

作物需水量的大小与气象条件(辐射、温度、日照、湿度、风速)、土壤水分状况、作物种类及其生长发育阶段、农业技术措施、灌溉排水措施等有关。这些因素对需水量的影响是相互联系的,也是错综复杂的。目前尚不能从理论上精确地确定各因素对需水量的影响程度。

世界各国对作物需水量计算的研究已有近百年的历史,先后提出过几十种计算方法。近 30 年来,一般认为应该分两个步骤计算,即首先计算参照作物蒸发蒸腾量,其次据此计算作物需水量。

### 2.6.1.1 参照作物蒸发蒸腾量计算

参照作物蒸发蒸腾量是指高度一致、生长旺盛、完全覆盖地面而不缺水的绿色草地(8~15 cm 高)的蒸发蒸腾量,只与气象因素有关。采用联合国粮食及农业组织 1998 年推荐的 Penman-Monteith 方法进行计算。

### 2.6.1.2 作物需水量计算

由 Penman-Monteith 方法计算所得被认为是作物潜在需水量,而且是在土壤水分充足、能完全满足作物蒸发蒸腾条件下的需水量。而实际上土壤水分不是在作物各个生育阶段都能达到上述条件,因此还必须按照作物种类及土壤条件进行修正,修正办法采用作物系数法。

当水分供应充分时,即土壤含水量大于或等于临界含水量时,土壤水分修正系数为1;当水分供应非充分时,即土壤含水量小于临界含水量时,土壤水分修正系数为水分供应非充分条件下需水量与水分供应充分条件下需水量的比值。

作物系数随作物种类、发育阶段和产量而异,生育初期、末期较小,中期较大,由当地灌溉试验站试验确定。

## 2.6.2 灌溉定额

灌溉定额(irrigation norm)是指作物播种前及生育期内各次灌水量之和。由于作物的需水特性、土壤性质以及气象条件和灌溉用水方式的差异,不同种类作物的灌溉定额有较大差别。

按黄河流域的自然经济特点及水资源利用要求,将全流域划分为 8 个二级区、29 个三级区、42 个四级区。根据各四级区的不同特点和条件,分别分析计算其综合净灌溉定额。

在作物需水量计算(本书计算采用水分供应充分条件)的基础上,考虑降水,进行土壤水分平衡递推计算,求得灌溉需水量,进而计算出各四级区每种作物的净灌溉定额(见表 2-19、表 2-20)。

表 2-19　黄河流域上游地区各四级区净灌溉定额计算结果 ( P = 75% )　单位:m³/亩

| 二级区 | 四级区 | 春小麦 | 春玉米 | 晚秋作物 | 水稻 | 综合 |
|---|---|---|---|---|---|---|
| 龙羊峡以上 | 河源—玛曲 | 150 | 150 | | | 150 |
| | 玛曲—龙羊峡 | 200 | 100 | | | 170 |
| 龙羊峡—兰州 | 大通河 | 200 | 200 | | | 200 |
| | 湟水 | 250 | 150 | 100 | | 230 |
| | 大夏河 | 150 | 150 | 50 | | 155 |
| | 洪河 | 150 | 100 | | | 135 |
| | 庄浪河 | 300 | 200 | 150 | | 285 |
| | 干流区间 | 300 | 200 | 100 | | 280 |
| 兰州—河口镇 | 兰州—下河沿(东岸) | 150 | 200 | 100 | | 185 |
| | 兰州—下河沿(西岸) | 300 | 250 | 150 | | 303 |
| | 清水河、苦水河 | 350 | 250 | 200 | | 320 |
| | 下河沿—青铜峡 | 300 | 250 | 150 | 706 | 429 |
| | 青铜峡—石嘴山 | 250 | 200 | 150 | 717 | 394 |
| | 内蒙古黄河以北引黄灌区 | 300 | 250 | 100 | | 280 |
| | 阴山南麓 | 350 | 300 | 150 | | 335 |
| | 大黑河 | 250 | 250 | 100 | | 260 |
| | 石嘴山—河口镇(南岸) | 250 | 300 | 150 | | 295 |
| 内流区 | 内流区 | 250 | 300 | 100 | | 290 |

表 2-20　黄河流域中下游地区各四级区净灌溉定额计算结果 ( P = 75% )　单位:m³/亩

| 二级区 | 四级区 | 小麦 | 玉米 | 棉花 | 水稻 | 综合 |
|---|---|---|---|---|---|---|
| 河口镇—龙门 | 晋西北支流 | 300 | 150 | 250 | | 270 |
| | 晋西支流 | 350 | 100 | 250 | | 225 |
| | 吴堡以上右岸 | 300 | 150 | 250 | | 265 |
| | 无定河 | 300 | 150 | 300 | | 270 |
| | 陕北支流 | 300 | 100 | 200 | | 210 |

续表 2-20

| 二级区 | 四级区 | 小麦 | 玉米 | 棉花 | 水稻 | 综合 |
|---|---|---|---|---|---|---|
| 龙门—三门峡 | 汾河上中游 | 300 | 100 | 250 | | 313 |
| | 汾河下游 | 250 | 50 | 150 | | 235 |
| | 北洛河洑头以上 | 200 | 150 | 250 | | 220 |
| | 马莲河、蒲河、洪河 | 200 | 150 | 250 | | 220 |
| | 泾河张家山以上 | 150 | 150 | 250 | | 200 |
| | 渭河宝鸡峡以上 | 200 | 100 | 250 | | 190 |
| | 渭河宝鸡峡—咸阳 | 100 | 100 | 200 | | 170 |
| | 渭河咸阳—潼关（北岸） | 100 | 100 | 150 | | 173 |
| | 渭河咸阳—潼关（南岸） | 50 | 150 | 150 | | 165 |
| | 龙门—潼关干流 | 200 | 100 | 200 | | 255 |
| | 潼关—三门峡干流 | 200 | 150 | 200 | | 283 |
| 三门峡—花园口 | 三门峡—小浪底 | 100 | 100 | 200 | | 180 |
| | 沁河 | 100 | 100 | 150 | | 173 |
| | 伊河 | 100 | 100 | 100 | | 160 |
| | 洛河 | 50 | 100 | 150 | | 135 |
| | 小浪底—花园口干流 | 150 | 100 | 200 | 555 | 303 |
| 花园口以下 | 金堤河、天然文岩渠 | 150 | 100 | 150 | | 210 |
| | 大汶河 | 200 | 50 | 100 | | 208 |
| | 花园口以下干流区间 | 150 | 100 | 150 | | 210 |

在上述净灌溉定额的基础上,考虑不同灌区的灌溉水利用系数,即可得到不同灌区的毛灌溉定额。

根据对黄河流域灌区 1980~2005 年实际用水指标的统计,尽管从 1980 年的 482 $m^3$/亩降至 2005 年的 377 $m^3$/亩,亩均灌水量减少了 105 $m^3$,但与计算的净灌溉定额(见表2-19、表2-20)相比,仍显偏高。尤其是宁夏灌区,灌溉用水量虽然从 1980 年的 1 553 $m^3$/亩降至 2005 年的 889 $m^3$/亩,但仍处于黄河流域灌区最高值(见表2-21)。

表 2-21 黄河流域灌区实际灌溉用水指标 单位:m³/亩

| 二级区、省(区) | 1980 年 | 1985 年 | 1990 年 | 1995 年 | 2000 年 | 2005 年 |
|---|---|---|---|---|---|---|
| 龙羊峡以上 | 557 | 570 | 575 | 601 | 659 | 476 |
| 龙羊峡—兰州 | 528 | 606 | 581 | 500 | 465 | 494 |
| 兰州—河口镇 | 846 | 836 | 804 | 725 | 642 | 603 |
| 河口镇—龙门 | 333 | 336 | 315 | 294 | 276 | 239 |
| 龙门—三门峡 | 306 | 292 | 271 | 259 | 260 | 238 |
| 三门峡—花园口 | 480 | 360 | 414 | 380 | 327 | 228 |
| 花园口以下 | 455 | 325 | 355 | 319 | 319 | 269 |
| 内流区 | 466 | 443 | 415 | 412 | 381 | 196 |
| 青海 | 593 | 606 | 590 | 516 | 499 | 573 |
| 四川 | 324 | 321 | | 367 | 381 | |
| 甘肃 | 583 | 562 | 535 | 481 | 415 | 446 |
| 宁夏 | 1 553 | 1 402 | 1 313 | 1 246 | 1 033 | 889 |
| 内蒙古 | 659 | 685 | 674 | 573 | 525 | 468 |
| 陕西 | 314 | 307 | 276 | 257 | 243 | 230 |
| 山西 | 259 | 255 | 243 | 240 | 259 | 223 |
| 河南 | 471 | 361 | 407 | 363 | 348 | 272 |
| 山东 | 464 | 270 | 301 | 288 | 270 | 233 |
| 黄河流域 | 482 | 462 | 454 | 419 | 406 | 377 |

黄河流域灌区现状用水指标偏高,原因有多方面,诸如传统的灌溉意识认为灌水越多产量越高,灌区土地平整度不高且没有采取小畦灌溉方式,灌区次生盐碱化需要增加用水压碱洗盐,而此部分灌水与作物生育期需水无关,灌区水价过低也是导致现状用水指标偏高的重要原因。

依据对黄河流域内蒙古河套灌区、宁夏青铜峡灌区水价调整与灌溉用水指标变化情况的调查统计,提高水价,农民节水意识会随之提高,用水指标同步下降(见表 2-22、表 2-23)。

表 2-22 内蒙古河套灌区水价调整与灌溉用水指标变化情况

| 年份 | 1988 年 | 1995 年 | 2001 年 |
|---|---|---|---|
| 水价/(元/m³) | 0.006 | 0.017 | 0.041 |
| 毛用水量/(m³/亩) | 676 | 580 | 576 |

表 2-23 宁夏青铜峡灌区水价调整与灌溉用水指标变化情况

| 年份 | 1991 年 | 1995 年 | 2000 年 |
|---|---|---|---|
| 水价/(元/m³) | 0.002 | 0.006 | 0.012 |
| 毛用水量/(m³/亩) | 1 616 | 1 568 | 1 345 |

此外,在黄河流域不同灌区的水价与用水指标的对比中也可以看到这种现象:宁夏灌区的水价最低,其用水指标最高;陕西关中灌区的水价最高,其用水指标最低(见表 2-24)。

表 2-24 黄河流域引水灌区水价与用水指标(2000 年)

| 灌区 | 水价/(元/m³) | 毛用水量/(m³/亩) |
|---|---|---|
| 青海黄丰渠 | 0.05 | 880 |
| 青海北山渠 | 0.10 | 540 |
| 宁夏美利—支渠 | 0.01 | 1 500 |
| 宁夏青铜峡军民渠 | 0.01 | 1 450 |
| 陕西宝鸡峡 | 0.14 | 290 |
| 陕西洛惠渠 | 0.26 | 181 |
| 河南洛南灌区 | 0.04 | 555 |
| 河南大沟口灌区 | 0.06 | 326 |

黄河流域宁蒙河套灌区的土壤盐渍化(soil salinization)较为严重。一般来讲,土壤盐渍化的成因有两个方面:一是由地质环境所决定的高盐分地层与其有关的高矿化水存在,构成盐渍化形成的盐分的主要来源;二是灌溉引水多而排水少,长期灌排失调,大量灌溉水的入渗补给,提高了地下水位,使地下水中盐分在干旱气候条件下强烈蒸发,通过毛细作用带入地表而积盐。宁蒙河套灌区的土壤盐渍化的诱因属于后者。

宁夏灌区的灌溉用水指标一直处于全流域乃至全国灌区的最高值,灌溉水利用系数一直处于全流域乃至全国的最小值,造成地表水资源管理粗放,地表水大量补给浅层地下水,再加上浅层地下水开发利用率极低(仅为地表水用量的 0.13‰),造成大量地下水以潜水蒸发形式垂直排向大气,加重了灌区排水负担,使土壤盐渍化问题突出。现状宁夏灌区的盐渍化面积占耕地面积的 40%,其中银北灌区的盐渍化比重更是高达 48%。

据内蒙古河套灌区引盐排盐的动态观测资料,20 世纪 90 年代年引进盐量平均 268 万 t,而排入黄河的盐量仅有 53 万 t,排入乌梁素海的盐量 88 万 t,排出盐量合计 141 万 t,仅为引进盐量的 53%,致使灌区长期处于积盐状态,导致灌区土壤次生盐渍化。近年来,全年平均有 2/3 的时间里地下水埋深小于临界深度,约有 60% 的耕地在作物生长期和秋浇后地下水埋深在临界深度以内,从而促使了土壤盐渍化的迅速发展。

由此可见,宁蒙河套灌区气候干旱、蒸发强烈、地下水径流不畅、灌溉用水量过大且排水不足、灌溉渠系渗漏量大及土地不平整、粗放耕作,以及不合理的灌溉及管理制度等诸多因素的相互作用、互相影响,加速了土壤次生盐渍化的发展。在这种情况下,现阶段宁蒙河套灌区的灌溉制度,无论是秋季的储水灌溉,还是夏季作物生育期灌溉,基本都是针对盐渍化土地压盐灌溉而制订的,并非是因为作物根层水分不足,因此,宁蒙河套灌区的灌水次数和灌水量都大大超过了非盐渍化土地正常灌溉的需要。

据对宁蒙河套灌区地下水观测井统测资料分析,该地区土壤基本不返盐的潜水埋深,灌溉期为 1.8~2.0 m,非灌溉期为 2.8~3.2 m。试验观测资料还证明,小麦、糜子的生长状况和产量,不论生长在黏土地或粉质壤土地,都是地下水埋深 1.8~2.0 m 时最好。宁蒙河套灌区的土壤中粉砂壤土占优势,单纯依靠明沟排水控制地下水埋深以保持土壤不返盐是难以做到的,应实施井渠双灌和竖井排水(盐)。如果不实施工程排水(盐),仅仅通过大量引用黄河水来洗盐、压盐、防盐,不仅会使灌溉用水指标长期居高不下,而且还使盐渍化呈加剧趋势,从而使其处于恶性循环之中。

### 2.6.3　作物需水过程

作物需水量的供给,最终要由水库调度来实现,而水库调度计划的制订,则是基于作物的需水量及其过程。

灌区各种作物一年内的总灌溉用水量,可由综合毛灌溉定额与灌区面积的乘积求得,但不能推求各阶段灌溉用水量及作物需水过程。

作物需水过程可通过灌水率求得。灌水率(irrigation rate)是指灌区单位面积上所需的灌水流量,可根据灌区范围内各种作物的各次灌水逐一进行计算,为避免各时期灌水率相差很大,需对初步灌水率图进行必要的修正,用修正后的灌水率图可以推求灌区灌溉用水流量过程。

黄河流域上中游灌区中作物种植结构及各种作物的灌溉制度存在较大差异,现状黄河流域灌溉面积在 10 万亩以上的灌区共有 70 处,灌溉面积 30~100 万亩的大型灌区 32 处,灌溉面积在 100 万亩以上的特大型灌区有 15 处,这些灌区内部的作物种植结构及各种作物的灌溉制度也存在着较大差异,因此,为准确推求灌区供水流量,应划小计算单元,分区计算其灌水率。如将花园口以下灌区分成两个计算区域,即花园口—高村(主要为河南省灌区)、高村—利津(主要为山东省灌区),求得每个区域的灌溉引水流量及其过程(见表 2-25)。

表 2-25　黄河下游灌区引水流量及其过程　　　　　　　单位:m³/s

| 区域 | 月份 | | | | | | | | | | | |
|---|---|---|---|---|---|---|---|---|---|---|---|---|
| | 1 | 2 | 3 | 4 | 5 | 6 | 7 | 8 | 9 | 10 | 11 | 12 |
| 花园口—高村 | 20 | 47 | 98 | 94 | 78 | 111 | 43 | 43 | 40 | 24 | 6 | 5 |
| 高村—利津 | 127 | 159 | 398 | 420 | 231 | 187 | 161 | 120 | 190 | 160 | 128 | 173 |
| 合计 | 147 | 206 | 496 | 514 | 309 | 298 | 204 | 163 | 230 | 184 | 134 | 178 |

特别指出,在本章 2.4.2 部分进行的流域主要作物生命活动的水分利用及其特点的分析中,已给出小麦、玉米、棉花、水稻生育期各阶段的需水量或需水量范围,从中可以看出,各种作物在其生育期内不同阶段对缺水的敏感性是有差异的,据此可确定黄河流域主要作物生育期内不同阶段灌水重要性次序,如小麦的拔节期、抽穗—灌浆期,玉米的拔节—抽穗期和抽穗—灌浆期,棉花的花铃期,水稻的拔节孕穗期均是对水分要求最为敏感的时期,也是关键灌水期。在确定作物需水过程中,对作物关键灌水期应予以高度重视,该时段的作物需水要求应给予满足,并要求尽可能不改变作物关键灌水期的需水过程。

本章以流域水资源兴利功能与流域农业需水为中心,回顾了黄河流域农业灌溉悠久的历史发展过程,针对流域农业灌溉的现状和未来发展的要求与趋势,对黄河流域的水资源潜能进行了分析,认为现状条件下,黄河流域地表水利用已基本达到极限状态,地下水开采除宁蒙局部地区外也已达到平衡,因此,黄河流域的农田灌溉若再进一步发展,必将受到水资源的严重制约。

维系粮食安全是国家的战略要求,黄河流域要实现这一目标,就优势条件分析,土地资源相对丰富;就劣势条件分析,水资源相对匮乏。现状灌区灌溉制度不合理,用水指标严重偏高,且灌溉水利用系数偏低,造成水资源的很大浪费。解决水资源供需矛盾,当前及今后一个时期,可走两条路:一条是现有灌区的节水工程改造,提高渠系水利用系数;另一条是推行科学、经济的节水灌溉制度,提高水资源利用效率和效益。灌区节水工程改造,具有一定的节水潜力,但同时应有巨额的投资支持。推行科学、经济的节水灌溉制度,无需巨额投入,但应深入研究作物生命活动与水分的关系,在把握各种作物水分利用及其特点的基础上,确定作物需水量及其过程,并用水库调节径流过程予以保障。

# 第 3 章　流域水资源除害功能与泥沙输送

## 3.1　泥沙的产生

黄河的泥沙,主要来自黄土高原的水土流失。

黄土高原,西起日月山,东至太行山,南界秦岭,北抵阴山,总面积 64 万 km²,大部分为黄土覆盖,是世界上黄土分布最集中、覆盖厚度最大的区域,平均厚度 50~100 m,局部厚度可达 250 m 以上。黄土的主要成分为粉粒,结构松散,孔隙度大,透水性强,遇水易崩解,抗冲蚀性弱。因此,黄土高原成为世界上水土流失最严重、生态系统最脆弱的地区。

### 3.1.1　自然水土流失

所谓自然水土流失(natural soil and water loss),是指在没有人类活动破坏植被和地貌的情况下,由于地形、降雨和黄土本身性质等自然因素所造成的一种侵蚀。从黄土高原的形成历史看,其水土流失主要形成于自然地质作用,早于人类活动时期。

#### 3.1.1.1　黄土高原地形地貌的形成

黄土高原区域地形地貌的发育特征,是受本区晚新生代以来新构造运动的控制形成的。晚第三纪强烈的剥蚀侵蚀作用,使大量的基岩山区剥蚀造成的泥、砂等碎屑物质堆积在山前低洼地带或一些盆地中,形成红色黏土、砂黏土及黏砂土为主的晚第三纪地层。在第三纪末塑造了黄土高原内残留的基岩山区、低山山前带盆地边缘区、盆地区三种类型的古地貌格局。进入第四纪时期以来,黄土高原全区处于不断的区域性上升活动中。从区域上升幅度来看,黄土高原的大部分区域为次强上升区,其中白于山区、鄂尔多斯高原以东区域为强上升区,六盘山区、吕梁山区为强烈上升区,属于强和次强上升的典型黄土分布区,第四纪以来抬升了约 300 m。黄土高原的南部渭河盆地为沉降盆地,自第三纪后期以来,至今一直呈下沉状,沉降的幅度很大。从盆地中堆积的第四纪沉积物厚度分析,沉降幅度在 1 000 m 以上(见图 3-1)。

黄土高原北部的上升与南部的沉降形成很大的差异性升降运动,这一运动趋势至今仍继续着。这一特殊的新构造运动控制了黄土高原水系发育的主导方向和河流的发育历史,它是塑造黄土高原地貌格局的基本动力。

黄土高原上的水系及其形成的沟谷,将黄土高原的厚层的黄土侵蚀、切割成支离破碎的黄土塬、黄土梁和黄土峁为主的侵蚀残留的丘陵地形,从而对黄土高原大的地貌格局和微地貌形态的形成、发展和演化产生了极为深刻的影响。

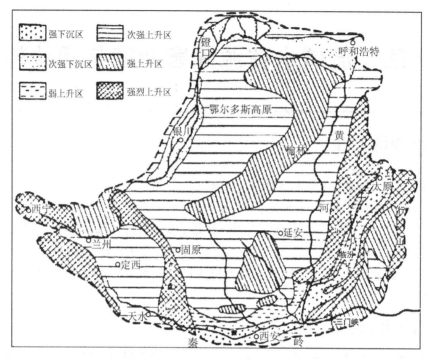

图 3-1　黄土高原新构造运动分区图

　　根据中国科学院黄土高原综合科学考察队的研究,黄土高原在地质历史上曾有过四次冲沟发育期:第一期发生在距今 30 万~25 万年,侵蚀沟深可达 40 m;第二期发生在距今 12 万~10 万年,侵蚀沟深可达 100 m;第三期发生在距今 2.5 万年,冲沟深切,且具有羽状支、毛沟发生,基本已奠定现代地貌轮廓;第四期发生在距今 6 000 年左右的历史时期,主要表现在冲沟沟头的进一步延伸。根据以上四期冲沟发育期和形成速度,进一步分析推断:黄土高原强烈的水土流失发生于距今 30 万~25 万年,进一步加剧发生在距今 5 万年左右,均系水系切割演变,早于人类频繁活动时期。以洛川老庄沟为例,其不同地质时期的沟谷发育如图 3-2 所示。

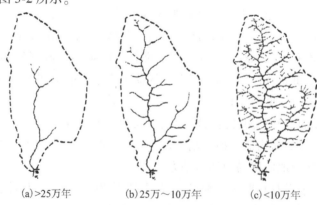

(a)>25万年　　　　(b)25万~10万年　　　(c)<10万年

图 3-2　洛川老庄沟不同地质时期的沟谷发育

#### 3.1.1.2　影响水土流失的自然因素

影响黄土高原水土流失的自然因素主要包括地面组成物质、地貌形态、气候(降雨和风)等。

地面组成物质包括成土母质和土壤,它们抵抗侵蚀的能力大小直接影响侵蚀的强弱。黄土高原有 70%地面覆盖了第四纪黄土,其余 30%为第三纪红黏土、基岩和其他松散堆积物。黄土的粉砂含量约占 60%,质地均匀,结构疏松,富含钙质,遇水极易崩解分散,抗蚀力极弱,这是导致黄土高原侵蚀十分强烈的重要因素。出露于谷底和基岩山地的物质,多属抗蚀力不强的砂页岩,尤其是分布在陕北北部和内蒙古南部的长石砂岩(砒砂岩)和泥质岩(羊肝岩)的抗蚀力极低,是导致其分布区侵蚀异常强烈的主要原因。六盘山以西沟谷中出露的第三纪甘肃系砂岩、泥岩,对滑坡和滑塌等重力侵蚀有重要影响。衡量土壤抗冲性强弱的重要指标为土壤的崩解性,即一定体积的土体在静水中(淹没土体)发生吸水分散、崩裂成碎块和碎粒的现象。以土体完全崩解所需时间确定土壤崩解性的强弱,崩解率(所用时间)愈低,土壤抗冲性愈弱,愈易被径流冲蚀和搬运。据黄土高原地区 130个代表性土样(4 cm×4 cm×4 cm 的原状土)的崩解率测定,崩解率在 2 以下者居优势,占总数的 63.1%,说明其抗冲性极差。

地貌形态是决定地表径流运动状态和方向的基本因素。当地表形成径流时,地貌形态就起着控制径流的作用,它能起到增强或减缓径流侵蚀的作用。地貌形态由坡度、坡长、沟谷密度等组成。坡面的坡度越陡,降雨入渗量越小,地表径流的冲刷力越大,因而水土流失量越大。在同样坡度下,坡面越长,汇集的径流越多,其下部的土壤冲刷越严重。黄土丘陵区许多坡面的浅沟,一般在分水岭以下 50 m 左右出现,由此向下,距分水岭越远,汇集的径流越多,浅沟的宽度、深度越大,水土流失也越严重。不同地貌类型区的沟谷面积占流域面积的比例(地面破裂度)、沟谷密度、地面坡度、坡长等地貌形态示量指标的差异是产生侵蚀强度区域差异的重要原因。陕北、晋西等地的黄土丘陵区,沟谷密度为4~6 km/km$^2$,破裂度 50%左右,≥25°的坡度面积占总面积 40%以上,侵蚀量多在 10 000t/(km$^2$·a)以上。陇中、宁南等地,沟谷密度小于 4 km/km$^2$,破裂度 40%左右,≥25°的坡度面积占总面积的 30%,侵蚀量多在 10 000 t/(km$^2$·a)以下。据调查量算,黄河中游河口镇至龙门区间,长度在 0.5~30 km 的沟道有 8 万多条,丘陵沟壑区破裂度 40%~50%,产沙量占小流域总沙量的 50%~70%;高塬区的破裂度 30%~40%,而产沙量占小流域总沙量的 80%~90%。其主要原因在于坡度、坡长的不同。

降雨是土壤侵蚀过程中起主导作用的一个气候因素,降雨对土壤侵蚀的影响力决定于降雨侵蚀力。降雨侵蚀力(rainfall erosivity)是降雨量、降雨强度、雨型和雨滴动能的函数。一般来说,年降雨总量大,侵蚀总能量越大,侵蚀因而增强。但年降雨量的区域分布和降雨量的年内分配及降雨强度,对侵蚀起着主导作用。特别对黄土高原这种超渗产流区,降雨强度是影响产流产沙的关键。据统计分析,造成黄土高原土壤侵蚀的降雨主要是短历时(1~4 h)、中雨量(20~50 mm)和高强度(平均强度 5~20 mm/h 和5 min 最大雨量超过 7 mm)的暴雨。黄土高原受季风气候影响大,虽然平均降雨量只有 200~650 mm(大部分地区 400~500 mm),但降雨量的年内分配极不均匀,7~9 月的降雨量占年降雨总量的 70%~80%,其中大部分又集中于几场强度较大的暴雨。如

1933年8月6~9日,100 mm雨量的笼罩面积11万km²,200 mm雨量的笼罩面积8 000多km²,吕梁山至六盘山之间发生强烈侵蚀,黄河三门峡站出现了有记录以来的最大年输沙量39.1亿t。1977年7月4~6日,陕北、陇东发生特大暴雨,暴雨中心(安塞县招安)24 h雨量215 mm,大于100 mm雨量的面积2.3万km²,延河甘谷驿水文站输沙量1.1亿t,占该站年沙量的78.3%。1994年吴堡、绥德、子洲一带发生暴雨,100 mm等雨量线覆盖面积2 216 km²,中心点6 h雨量175 mm,位于中心区的裴家明沟(面积39.5 km²)输沙模数高达44 530 t/km²。

### 3.1.1.3 黄土高原侵蚀类型

黄土高原的土壤侵蚀可分为三大类:一是水力侵蚀,二是重力侵蚀,三是风力侵蚀。

所谓水力侵蚀(water erosion),是由于降雨形成的地表径流产生的冲蚀作用,破坏土壤层的过程,它是黄河流域土壤侵蚀分布最广的一种形式,凡有暴雨径流的地方,都不同程度地产生了水力侵蚀。水力侵蚀地区的主要地形部位,一是坡面,二是沟壑。由于产生侵蚀的地形部位不同,水力侵蚀可分为面蚀和沟蚀。在面蚀与沟蚀内,又有各种不同的侵蚀形态。此外,还有产生在沟头、沟边的陷穴。在黄土高原各地,面蚀是土壤侵蚀中最普遍的一种形式,凡是裸露的土地表面,都有不同程度的面蚀存在。其具体形态有雨滴击溅侵蚀、片状侵蚀及细沟侵蚀等。黄土高原支离破碎的地貌主要是由沟蚀造成的。按其大小和分布位置有沟间地上的沟蚀(主要包括浅沟侵蚀与切沟侵蚀)、沟谷陡坡上的沟蚀(主要是悬沟侵蚀)和沟谷侵蚀(主要是冲沟侵蚀)三种情况。陷穴的产生是由于地表径流沿黄土中的缝隙渗入地下,进行地下潜蚀,黄土自重湿陷,造成碟状洼地,进一步发展为陷穴。

所谓重力侵蚀(gravity erosion),是由于土体的重力作用在不稳定状态下发生的坍塌滑动等破坏土壤的过程。重力侵蚀主要分布在沟壑内的沟头和沟岸。由于黄土本身的特性,沟头沟岸经常陡峭甚至壁立,当其下部遭受淘刷,或上部水分饱和等原因,由土体本身重力产生崩塌、滑塌等重力侵蚀,使沟壑向长、宽、深三个方面发展,成为沟壑发展的主要形式。沟壑的重力侵蚀在时间上和空间上一般不是连续出现,而是在某些部位、某些时间出现。但每产生一处,侵蚀量很大,一般数十立方米、数百立方米甚至数千立方米,有的几万立方米、几十万立方米,成为小流域泥沙的主要来源。有的地方,崩塌、滑塌的土体将沟道堵死,形成"聚湫"(天然水库)。

所谓风力侵蚀(wind erosion),是由于风的吹扬作用,搬运地表物质的过程。黄土高原受风力侵蚀的面积约有20万km²,主要分布在长城沿线以北、阴山以南、贺兰山以东、山西大同市至内蒙古呼和浩特市一线以西。黄土高原北部与风沙区相邻的丘陵区多数梁宽峁大,坡面较长,风力沿坡长累积,加剧了风蚀。梁峁被流沙覆盖后,地表径流减少,水蚀减弱,但风蚀加剧。据调查,黄土高原北部丘陵区的风蚀深度每年可达0.5~1.0 cm,内蒙古自治区伊金霍洛旗与准格尔旗年风蚀深度可达1 cm,地面布满砂粒,峁坡上风蚀残丘有的高达2 m左右。粗颗粒物质在风力推动下沿地面滚动,堆积在背风坡,有的直接进入沟谷,被洪水搬运进入黄河及其支流。

黄土高原土壤侵蚀类型及其形态特征见表3-1。

表 3-1　黄土高原土壤侵蚀类型及其形态特征

| 类别(以主导的侵蚀作用特点为依据) | | 侵蚀形态 | | 形态特征 |
|---|---|---|---|---|
| 水力侵蚀 | 面蚀类 | 细沟 | | 宽 1 cm 至数厘米,长十数米至数十米,深 20 cm 左右,呈直线延伸,局部弯曲,群体分布 |
| | | 浅沟 | | 宽 1~3 m,长 10~60 m,深 0.2~0.5 m,呈群体分布。个体间隔比细沟大,一般为 6~15 m,呈直线形 |
| | | 坡面冲沟 | | 宽 1~2 m,长 30~80 m,深 0.5~2 m,个体或群体分布,间隔较大,呈直线形 |
| | 潜蚀类 | 陷穴 | | 圆形或近圆形,直径一般为 2~5 m,深数米至十数米。底部有堆积物,洞壁垂直。个体分布或与同类其他形态共存 |
| | | 漏斗 | | 圆形或近圆形,漏斗状,直径 1 m 至数米,深 2~5 m。个体分布 |
| | | 盲沟 | | 入口为圆形或不规则形状,直径 1 m 至数米,隐伏于土层内呈断续状延伸,长达数十米或更多 |
| | | 潜蚀浅沟 | | 树叶状或半圆状,深一般为 1~3 m 或更多,宽数米至数十米,下部为浅凹缓坡,上部为陡坎,下部浅凹坡上有细沟或浅沟发生,呈树枝状 |
| | 沟蚀类 | 悬沟 | | 半圆形,长可达 30 m,深 3~5 m,沟壁一般为 45°~60°。个体或群体分布,平行排列,发生于谷坡上部,呈树枝状 |
| | | 谷坡切沟 | | 直线或折线形,其凹凸部均呈"V"形,宽一般 3~6 m,深 2~4 m,长 15~60 m。发生于 40°~60°以上谷坡,群体分布 |
| | 冲蚀类 | 谷底冲沟 | | 大部分顺谷底方向延伸的冲沟,断面一般呈"V"形,沿谷底近水平方向发展,沟头呈尖形凸向上游。多伴以崩塌,沟头多呈陡坎,向下游沟的宽度逐渐增加 |
| | | 跌水 | 土跌水 | 横断面呈马蹄形突向上游,陡坎高差十余米,陡壁坡度可达 80°以上 |
| | | | 石跌水 | 横断面形状较为平直。陡坎高度一般为 15 m 以下,个别的可达 20 m 左右,陡壁坡度不一,呈阶梯状或呈悬崖状 |
| 重力侵蚀 | 滑坡 | | | 半圆形或弧形,破裂壁呈陡坎,有较陡的滑动面,常发生于 40°~60°的黄土谷坡上部或谷坡最下部。滑坡发生之后,稳定坡面为 35°左右 |
| | 崩陷 | | | 破裂壁陡,形状不规则,但壁面凹凸不平,无滑动面,土体崩落,破碎的土体堆积。发生于陡的谷坡(大于 50°)上部。发生后,使原坡变得更陡 |
| | 泻溜 | | | 无显著破碎陡壁,边线形状不定,有半圆、长圆等形状。发生于大于 60°的谷坡上部的土壤层或植被层内 |
| 风力侵蚀 | 风蚀穴 | | | 形成于胶结程度较差的砂岩或砂层表面,孔穴大小不一 |
| | 风蚀残丘 | | | 常为被风侵蚀后残留的古沙丘,或黄土土体 |
| | 风蚀土柱 | | | 柱状个体,或群体,高可由数米至十数米,为风蚀后残留土体 |

#### 3.1.1.4 侵蚀强度及其地区分布

根据 1990 年全国土壤侵蚀遥感普查资料,黄土高原地区侵蚀模数大于 1 000 t/(km²·a)的水土流失面积为 45.4 万 km²。其中,侵蚀模数大于 5 000 t/(km²·a),粗沙(粒径>0.05 mm)侵蚀模数大于 1 300 t/(km²·a)的黄河中游多沙粗沙区面积为 7.86 万 km²,仅占黄土高原水土流失面积的 17%,但多年平均输沙量和粗沙量分别占黄土高原输沙量和粗沙量的 63% 和 73%。侵蚀模数大于 8 000 t/(km²·a)的水土流失面积为 8.51 万 km²,占全国同类面积的 64%;侵蚀模数大于 15 000 t/(km²·a)的水土流失面积为 3.67 万 km²,占全国同类面积的 89%。黄土高原侵蚀强度地区分布见图 3-3。

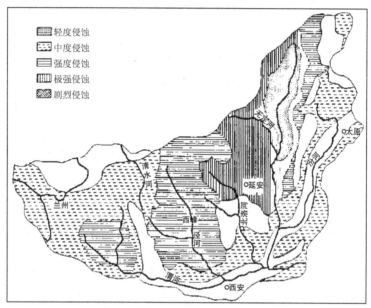

图 3-3 黄土高原侵蚀强度地区分布

从图 3-3 中可以明显地看出黄土高原侵蚀强度的空间分布的基本格局。

(1)六盘山是侵蚀强度的一条自然分界线。六盘山以西地区侵蚀强度小于以东地区,其侵蚀模数最大不超过 10 000 t/(km²·a),而六盘山以东大部分地区的侵蚀模数都超过 10 000 t/(km²·a),因此,黄土高原的主要产沙区分布在六盘山以东地区。

(2)六盘山以东地区的侵蚀强度南北方向的变化,比六盘山以西地区明显。东部以陕西省宜川、延安、志丹及甘肃省华池一线为界,分为南北两部分,北部侵蚀模数大部分地区大于 10 000 t/(km²·a),最大可达 38 000 t/(km²·a),而此线以南地区均小于 7 000 t/(km²·a)。六盘山以西以华家岭、定西一线分成南北两部分,侵蚀模数分布特点与东部恰好相反,即南部大于北部。如散渡河流域侵蚀模数达到 9 821 t/(km²·a),而祖厉河流域侵蚀模数仅为 5 840 t/(km²·a)。

(3)在皇甫川中下游、窟野河中下游、泾河上游、北洛河上游、渭河上游支流散渡河、洮河中下游分布着若干高强度侵蚀中心,这些中心的侵蚀量均高于周围地区。黄土高原的黄土粒径具有明显的分带性,从西北向东南,中值粒径由大于 0.045 mm 逐渐减小至 0.015 mm(见图 3-4)。

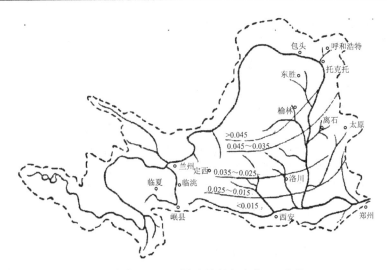

**图 3-4　黄土高原黄土颗粒中值粒径变化**　（单位：mm）

## 3.1.2　人为水土流失

在黄土高原水土流失的形成因素中,自然因素占主导地位,这是因为现代新构造运动的加剧,已经形成沟谷向源侵蚀的沟头与古代相比呈几何级数增加,现代地形地貌结构增加了坡度和坡长,在同样水力作用下,"动势"比古代大大加强,现代地形破裂度和沟谷面积的增大,大大增加了沟谷地区的汇流能力和冲蚀能力。尽管如此,仍然不可忽视人类活动干扰对土壤侵蚀的加剧因素。当今世界上大部分地区都不同程度地受到人类活动的干扰,现代侵蚀的产生是在自然与人为双重作用的结果,黄土高原尤为如此。

### 3.1.2.1　人地系统失调引发人为加速侵蚀

人类活动对土壤侵蚀的影响程度不仅取决于人口的多寡及其分布状况,还取决于人类活动的方式,即对土地的依赖程度和利用方式。

#### 1. 史前时期

黄土高原是中华文明的发祥地之一,迄今为止,已经考古发现的古人类和原始社会遗址达数百处(见图 3-5)。

**图 3-5　黄土高原地区古人类遗址分布**

已经发现的考古遗址表明,晋南汾河下游、关中东部、渭河谷地及豫西沿黄河谷地的交接地带,是最古老、最密集的人类诞生地。从180万年前旧石器时代的西侯度人到进入新石器时代的龙山文化时期(距今5 000~4 000年),具有完整的人类社会发展剖面,而黄土高原的北部、西部所发现的古遗址不仅数量少,而且年代晚。

通过对关中渭北高塬和陕北榆林的钻孔样品的孢粉及 $^{14}$C 测定,全新世早期(距今9 000年左右),渭河谷地以针叶混交林及森林草原为主,榆林地区为森林草原景观,反映当时温凉偏湿的气候;全新世中期(距今6 000年左右),渭河谷地以具有亚热带特点的阔叶林为主,榆林地区仍为森林草原,气温稍高;全新世后期,渭河谷地及榆林地区均为森林草原,气候温和偏干旱,尤其是榆林一带环境变化剧烈,降水较全新世早、中期偏少200 mm 左右,且这种干旱趋势一直延续至今。

2.先秦时期

这一时期,黄土高原的人口中心仍在汾渭谷地及豫西地区。据史料分析,本区人口密度为30~40人/km²,总人口占整个黄土高原地区的一半以上。夏、商、周时期,生产力不断发展,特别是中后期青铜器的出现,表明生产力已达到新的水平。但考古发掘表明,商代和西周时期石器和骨器被广泛使用,主要从事狩猎、采集业和畜牧业,且广及整个区域。因此,可以把夏、商、周时期看作是新石器时代的延续,基本保持了原始自然生态系统,人类对自然环境的影响较小。

春秋战国时期铁器的出现和使用,使生产力达到了一个新的水平,人类干扰大自然的能力有所增强,土地利用状况也有所改变。但因整个区域人口较少,牧业经济仍占主要地位。特别是黄土丘陵沟壑区,人口和放牧地多集中于沟岔河边,广大的梁峁区几乎无人涉足。当时虽然农业区的界限已向北、西移至太原、天水一线,但主要区域仍在关中、汾河谷地、洛阳盆地及天水谷地(见图3-6)。

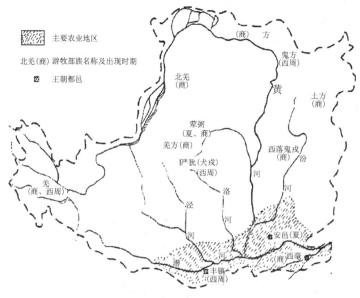

图 3-6　先秦时期黄土高原农业地区分布

3.西汉时期

西汉时期经济、文化空前发展,随着戍边屯田政策的实施,由河东向关中、鄂尔多斯、河套及宁夏地区移民达数百万之众,黄土高原地区的人口急剧增加,据《汉书·地理志》记载统计,元始二年(公元2年),黄土高原地区人口总数1 128万。

由于人口的增加和农业区域的扩展,一部分草地和耕地被开垦,自然环境开始受到人为的破坏和干扰。但总体来看,原始生态环境破坏较严重的是关中和河套地区,黄土高原的核心地区受影响不大。关中地区随着土地的开垦、经济的繁荣和密集城镇聚落的发展,大量的森林草地被阡陌纵横的农田所取代。关中地区的森林破坏始于秦代,到西汉时期已经大规模地消失,基本上奠定了现代关中以农田为主的土地利用格局(见图3-7)。

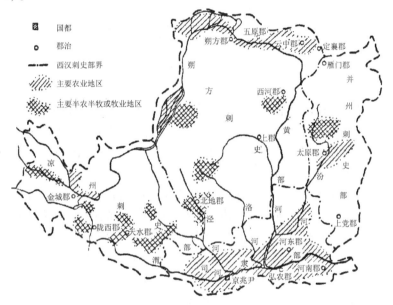

图 3-7　西汉时期黄土高原农业、牧业区分布

4.唐代时期

自东汉、三国至魏晋南北朝时期,黄土高原经历了长时期的动乱,人口数量逐渐减少,其中尤以东汉和西晋时期减少最为显著,有的地区甚至减少一半以上。

隋唐时期,黄土高原地区出现了历史上的第二个繁荣时期。国家由分裂到统一,社会实现了安定,经济得到了长期发展,人口呈现大幅度增长,到唐代天宝元年(公元742年),黄土高原地区人口达到1 016万。人口和经济的发展促进了农业和土地利用的变化。关中、汾河下游和豫西沿黄地区农田进一步扩大到地形较高的旱塬区,河套和银川平原几乎进行了全面的开垦。东部山西境内、晋东南、晋东的一些盆地几乎全部成为农业区。西部农业区的范围一直上溯至天水、陇西,甚至随着丝绸之路的进一步通达,陇右道(兰州—西宁)的河湟地区成为稳定的农业区(见图3-8)。

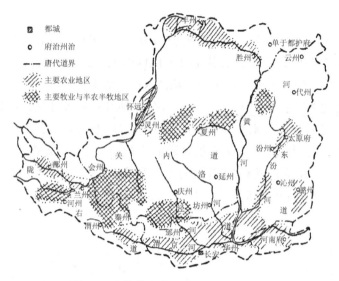

图 3-8  唐代黄土高原农业、牧业区分布

**5.明清时期**

唐代以后经历了五代十国的分裂以及后来北宋、西夏、辽(金)的军事对峙和元代的战争,黄土高原地区人口锐减,又一次进入人口低谷期。自明代中叶到清道光年间是黄土高原人口快速增长时期,从明嘉靖年间到清嘉庆二十五年(公元 1820 年)的 200 多年间,人口由 1 515 万增加到 2 995 万。

随着人口总量的增加,黄土分布核心区域人口增加很快,晋西、陕北黄土丘陵区的人口密度有较大幅度上升。这一时期,延安地区达 20~30 人/km²,榆林地区达 42 人/km²,保德地区达 51 人/km²,陇东地区达 50~100 人/km²,奠定了现代黄土高原地区人口分布的基本格局。与此同时,黄土丘陵区的土地利用也发生了由牧到农的变化。随着长城的修建,以农为主的区域扩展到了长城脚下,到清代,甚至长城以北的一些地区也变成了半农半牧区(见图 3-9)。

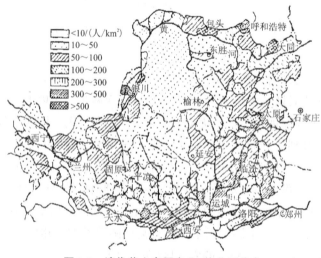

图 3-9  清代黄土高原农业、牧业区分布

　　黄土丘陵区的牧业区变农业区,导致土地被大量开垦,森林和草地受到严重破坏。如果说黄土高原地区关中平原和南部山塬地区的森林草地毁于汉唐,那么黄土丘陵区森林草地(主要是草地)的大规模破坏发生于明清时期。

　　6.近、现代时期

　　自清末至中华人民共和国成立前夕,由于历经战争和 20 世纪三四十年代的连年灾荒,黄土高原地区的人口数量增加不多,为 3 639 万,平均每平方千米 58 人。

　　1949 年以后,由于社会安定,生产力有了长足发展,人民生活改善,黄土高原地区人口增长极快,人口自然增长率一直高于全国平均水平(见表 3-2)。到 1990 年,人口已发展到 9 031 万人,平均每平方千米 144 人。1949～1990 年,42 年间人口增加了 5 392 万,是公元 2 年(西汉元始二年)至 1949 年长达 1 948 年间人口增加数的 2.1 倍(见表 3-3)。

表 3-2　1949～1990 年黄土高原地区人口增长与全国的比较

| 年份 | 黄土高原地区 | | 全国 | |
| --- | --- | --- | --- | --- |
| | 人口/万人 | 增长率/% | 人口/万人 | 增长率/% |
| 1949 | 3 639 | | 54 167 | |
| | | 3.53 | | 2.12 |
| 1955 | 4 482 | | 61 465 | |
| | | 1.86 | | 1.50 |
| 1960 | 4 913 | | 66 207 | |
| | | 1.90 | | 1.58 |
| 1964 | 5 298 | | 70 499 | |
| 1978 | 7 307 | | 96 259 | |
| | | 1.46 | | 1.26 |
| 1980 | 7 521 | | 98 705 | |
| | | 1.59 | | 1.15 |
| 1985 | 8 139 | | 104 532 | |
| | | 2.10 | | 1.64 |
| 1990 | 9 031 | | 113 368 | |

表 3-3　黄土高原地区人口增长

| 时期 | 年数 | 人口/万人 | 增加数/万人 |
| --- | --- | --- | --- |
| 西汉元始二年(公元 2 年) | | 1 128 | |
| | 138 | | −713 |
| 东汉永和五年(公元 140 年) | | 415 | |
| | 140 | | −106 |
| 西晋太康元年(公元 280 年) | | 309 | |
| | 462 | | 707 |
| 唐天宝元年(公元 742 年) | | 1 016 | |
| | 360 | | −366 |
| 宋崇宁元年(公元 1102 年) | | 650 | |
| | 455～469 | | 865 |
| 明嘉靖、隆庆年间(公元 1557～1571 年) | | 1 515 | |
| | 249～263 | | 1 480 |
| 清嘉庆二十五年(公元 1820 年) | | 2 995 | |
| | 129 | | 644 |
| 1949 年 | | 3 639 | |
| | 41 | | 5 392 |
| 1990 年 | | 9 031 | |

　　从现在人口分布的密度看,不仅汾渭谷地与豫西沿黄谷地的人口密度达到 300～500 人/km²,而且典型的黄土丘陵沟壑区和黄土高塬沟壑区的人口密度亦达到了 50～

100 人/km²(见图 3-10)。

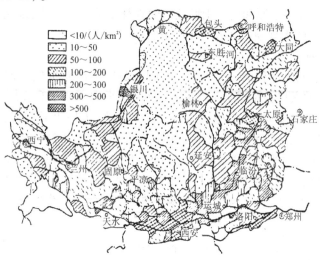

图 3-10 现代黄土高原人口密度分布

人口的大幅度增加,势必要大量开垦不适宜农耕的陡坡荒地。在黄土高原地区,每增加 1 人,要增加 0.21 hm² 耕地才能维持基本生活,而在黄土高原水土流失极严重的地区,每增加 1 人,至少要增加 0.33 hm² 耕地。据统计,仅 1949~1985 年的 37 年间,黄土高原地区耕地面积增加了 393.3 万 hm²,增长了 30.6%,其中黄土丘陵地区耕地面积增长最多,为 272.0 万 hm²,占黄土高原地区净增耕地面积的 69%。

图 3-11 是利用遥感方法,依据假彩色合成 TM 卫星影像上红色调与裸露基岩色调的比例关系及沟谷纹理的清晰程度,采用黄土高原地区 2 000 多个基本土地单元图斑和 100 多个水文测站流域的植被覆盖度资料,点绘的黄土高原地区产沙量与植被覆盖度的关系图。

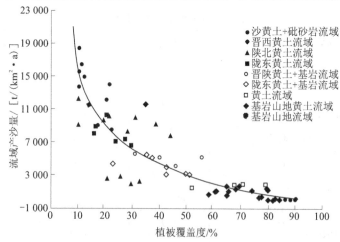

图 3-11 黄土高原不同类型流域产沙量与植被覆盖度的关系

从图 3-11 中可以看出,黄土高原不同类型流域产沙量与植被覆盖度之间具有相当好的负指数关系,随着植被覆盖度的增加,流域产沙量逐渐减少。其中,流域产沙量随植被覆盖度的变化存在着明显的临界现象,当流域植被覆盖度大于 70% 时,植被覆盖度对流域产沙量的影响不大。一旦流域植被覆盖度小于 70%,随着植被覆盖度的减少,流域产沙量明显增加。当流域植被覆盖度小于 30% 时,随着植被覆盖度的减少,流域产沙量的增加速度加剧。另根据实测资料统计,黄土高原地区的农田,其泥沙流失量相当于草地和林地的十几倍到一百多倍。

由于黄土高原的过度开垦,在黄土丘陵沟壑区及黄土高塬沟壑区,现状林草地面积一般都在 20% 以下,有些地方甚至不足 5%(见表 3-4)。

表 3-4　黄土高原典型县农林草结构(占总土地面积)　　　　　　%

| 区域 | 典型县 | 耕地 | 林地 | 草地 |
|---|---|---|---|---|
| 晋西黄土丘陵沟壑区 | 河曲、保德、偏关、兴县 | 39 | 13 | 4 |
| | 柳林 | 48 | 8 | 2 |
| | 临县 | 52 | 10 | 2 |
| 陕北黄土丘陵沟壑区 | 绥德 | 62 | 8 | 22 |
| | 米脂 | 45 | 10 | 18 |
| | 子长 | 44 | 10 | 29 |
| 陇东塬地区 | 平凉 | 58 | 11 | 18 |
| | 镇原 | 39 | 4 | 36 |
| 陇中宁南黄土丘陵沟壑区 | 甘谷 | 57 | 10 | 15 |
| | 秦安 | 72 | 4 | <1 |
| | 西吉 | 70 | 3 | 19 |

由此可见,随着黄土高原地区人口的不断增加,生存的压力造成对耕地的需求量也急剧增加,从而对黄土高原地区的林草植被造成了严重破坏,人地系统失调引发了人为加速侵蚀。

### 3.1.2.2　矿山开采、交通、城镇建设造成水土流失

人们在矿山开采、交通、城市建设过程中,因建设用地开发常常会破坏自然生态平衡,在对开挖面及尾矿、弃土、弃渣处理不当情况下,会引发水蚀、风蚀及滑坡、泥石流等灾害,这类侵蚀与上述农业土地开垦引发的侵蚀虽本质相同,但都是在人为因素影响下加速侵蚀。

#### 1.矿山开采

黄土高原地区,几项主要矿产资源占全国探明储量的百分比分别为:煤炭占 70%,铁矿占 50%,稀土矿占 97%,铌矿占 60%,铝矾土占 50%,钼矿占 40%,天然碱占 50%。石膏占全国首位,其他矿产资源,如铜、铅、锌、铬、硫黄、云母、磷矿、石棉、食盐、芒硝等,都具有相当的储量。山西、陕西、内蒙古接壤地区,包括陕西省的神木、府谷、榆林,内蒙古自治区的鄂尔多斯市、准格尔旗、清水河县,山西省的河曲、保德、偏关、兴县,约 5 万 km² 范围,已探明煤炭储量 2 656 亿 t,相当于全国探明储量的 1/3。黄河中游的陕北、陇东地区,还有

丰富的天然气资源,仅陕北榆林地区已探明天然气储量就达 1 000 亿 m³。这些矿产资源的开采,无疑将对我国国民经济发展产生重大影响,但如果在其开采过程中不注意做好水土保持工作,势必会加剧黄土高原地区的土壤侵蚀。

神府—东胜矿区位于晋陕蒙接壤区能源基地的核心,其地理位置处于长城沿线的水蚀风蚀交错的脆弱生态区。矿区一、二期工程的年生产原煤能力 1 000 万~3 000 万 t,设计远期年开采能力 1 亿 t。据对该矿区沿乌兰木伦河两岸 1 000 km² 范围调查,工程建设中各类松散固体废弃物约 1 392 万 m³,其中直接堆积于河道的 362 万 m³,均未采取任何固坡保护措施,在雨季极易诱发滑坡、泥石流灾害。在流域面积 4.3 km² 的王渠沟内,由于任意采石和就地堆放弃石渣,发育形成了 10 条人为泥石流沟。大柳塔—店塔 40 km 范围内发育形成 40 条人为泥石流沟,5 年间曾不同程度地发生过 200 多次泥石流下泄,冲毁农田、房屋、堵塞交通,清理时又多被直接推入河道,形成了大量的水土流失。

平朔安太堡露天煤矿位于山西省朔州市,占地面积 18.85 km²,1987 年正式投产,年产量 1 500 万 t。开采过程中大量岩石剥离物堆放的场地,构成了被称为岩土侵蚀形态的独特侵蚀方式,除普遍发生的面蚀、沟蚀外,还出现了黄土区少见的沉陷侵蚀、砂砾化面蚀、土沙流泻、坡面泥石流等侵蚀方式。排放场边坡多在 30° 以上,滑坡侵蚀危害极大。1991 年曾发生大型滑坡,造成平朔公路 1 000 m 堵塞,排洪沟埋没 600 m。

**2.交通设施建设**

由于黄土高原有丰富的矿产资源,随着各类矿产资源开发规模的扩大,伴随而行的交通设施建设迅速发展,大规模的铁路、公路建设全面展开,神包线、神朔线、宝中线、丰准线等相继建成并投入运行,贯穿黄土高原地区的高速公路也正在建设。由于黄土高原地形破碎,单位动土量非常大,这些都会引起周围环境的改变并将加剧地表的强烈侵蚀。

**3.城镇建设**

城镇建设土壤侵蚀是指城镇建设过程中人类活动引起的土壤侵蚀。这里的人类活动包括建设用地开发、筑路、架桥,以及就地采取沙石建筑材料、引水排水设施及城市垃圾处理等各项工程建设中由于处置不当而引发的面蚀、沟蚀、滑坡、泥石流等。

黄土高原地区的城镇建设产生的新的侵蚀十分惊人。1985 年黄土高原共有城镇 898 个,非农业人口 1 152 万,至 1994 年,建制市增加 50%,人口增加到 1 615 万,增加 40%,城镇面积大增,有的增加了 70% 以上。据对延安市的典型调查,因人类活动增加固体松散物 1 073 万 m³,这些堆积物一旦形成人为堆积地貌,其侵蚀强度比荒坡地高出 10~12 倍。

综上所述,虽然造成黄土高原水土流失的因素以自然因素为主,但人为因素叠加于已经变化了的环境之上,犹如"雪上加霜",后果非常严重。根据姚文艺等对无定河流域的调查,每年因修路、建房(挖窑洞)、开矿、采石、开荒等人为因素增加的泥沙占总侵蚀量的 14.3%,山西省全省每年人为因素增加的泥沙占总侵蚀量的 13.3%。另据黄河水利委员会西峰水土保持试验站调查,自 1949 年以来,马莲河流域因各种人类活动增加的泥沙占总侵蚀量的 14.0%。关于形成现代水土流失的自然因素和人为因素的比例,陆仲臣根据沟谷发育的产沙过程和人类活动(人口)的增加的关系曲线分析,得出目前人为因素加剧侵蚀量占总侵蚀量的 30%,自然侵蚀占 70%。

人为因素的作用主要体现在两个方面:一方面,人类活动(如采矿、修路、城镇建设等)自身作为一种侵蚀营力,直接对地表造成侵蚀而改变地表形态,其产生的侵蚀效应同自然因素外营力所起的作用完全一样,而强度与速率往往比自然因素的影响大得多。另一方面,人类的某些活动(如土地利用、破坏植被等)往往会激发活动区域内的自然侵蚀力,使自然过程中的"激励-响应"效果得以放大,从而产生了人为加速的侵蚀效应。

### 3.1.3　黄河泥沙

#### 3.1.3.1　年输沙量与平均含沙量

据 1919~1996 年 78 年系列统计,黄河流域天然年均输沙量约为 16 亿 t(见表 3-5),多年平均含沙量 35 kg/m³。长江多年平均径流量 9 616 亿 m³,年均输沙量 5.3 亿 t,黄河水量是长江的 1/17,而泥沙量却是长江的 3 倍。印度、孟加拉国的恒河,年输沙量为 14.51 亿 t,与黄河相近,但其水量较黄河大得多,约为 3 710 亿 m³,含沙量只有 3.92 kg/m³,远小于黄河的 35 kg/m³。美国科罗拉多河的含沙量为 27.5 kg/m³,略低于黄河,但年输沙量仅有 1.35 亿 t。因此,无论年输沙量还是平均含沙量,黄河在世界江河中都名列第一。

表 3-5　黄河长时期输沙量(龙门+华县+河津+洑头)　　　单位:亿 t

| 时段(年) | 1919~1949 | 1950~1959 | 1960~1969 | 1970~1979 | 1980~1989 | 1990~1996 | 1919~1969 | 1919~1996 |
|---|---|---|---|---|---|---|---|---|
| 实测沙量 | 15.8 | 17.8 | 17.1 | 13.5 | 8.0 | 8.9 | 16.4 | 14.3 |
| 天然沙量 | 15.8 | 17.8 | 17.1 | 17.5 | 12.2 | 12.8 | 16.4 | 15.7 |

#### 3.1.3.2　地区来源不平衡

黄河流经不同的自然地理单元,各自然地理单元的地形、地质、降雨、植被等存在着较大的差异,因此水和沙的地区来源不同,通常将其概括为"水沙异源"。比如,黄河上游地区的流域面积为 36 万 km²,占全流域面积的 45%,来水量占全流域来水总量的 53%,是流域的主要产水区,而来沙量仅为黄河泥沙总量的 9%,多年平均含沙量只有 5.7 kg/m³。黄河中游的河口镇至龙门区间,流域面积仅为 13 万 km²,占全流域面积的 16%,来水量占全流域来水总量的 15%,而来沙量却占全流域来沙量的 56%,多年平均含沙量高达 128.0 kg/m³,是全流域的主要产沙区。龙门至潼关区间,流域面积为 19 万 km²,占全流域面积的 24%,来水量占全流域来水总量的 22%,来沙量占全流域来沙量的 33%。三门峡以下的伊洛河和沁河,来水量占全流域来水总量的 11%,来沙量仅占全流域的 2%,多年平均含沙量为 6.4 kg/m³,是仅次于黄河上游的第二个相对清水来源区(见表 3-6)。

表 3-6　黄河泥沙地区来源(1919 年 7 月至 1969 年 6 月)

| 区间 | 河口镇以上 | 河口镇—龙门 | 泾、渭、洛、汾 | 黑石关、小董 | 花园口 |
|---|---|---|---|---|---|
| 来沙量/亿 t | 1.5 | 9.3 | 5.6 | 0.3 | 16.7 |
| 所占比例/% | 9 | 56 | 33 | 2 | 100 |

#### 3.1.3.3　时间分配不均衡

1.年际分配

黄河泥沙的年际变化是丰枯交替出现的,但又存在连续的丰枯沙系列,如 1922~1931

年的枯沙系列和 1932～1934 年的丰沙系列(见图 3-12)。

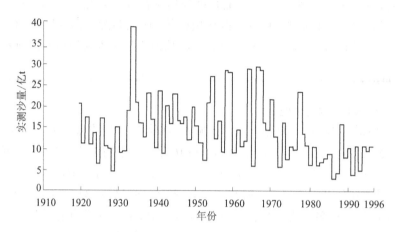

图 3-12　黄河长时期逐年沙量过程(1919～1996 年)

黄河沙量的变差系数高达 0.55,年最大沙量与最小沙量之比为 4～10。实测 1933 年的沙量最大,为 39.1 亿 t;实测 1961 年的沙量最小,仅为 1.9 亿 t。支流变幅更大,窟野河温家川站最大年沙量 3.03 亿 t(1959 年),最小年沙量 0.05 亿 t(1965 年),最大年沙量是最小年沙量的 61 倍。

2.年内分配

黄河流域泥沙的年内分配极不均匀,主要集中在汛期 7～10 月,汛期沙量占全年的89.4%,其中 7 月、8 月来沙尤为集中,占全年的 71%,而且沙量多来自汛期的一二场大洪水或高含沙洪水,干支流最大沙量(5～10 d)可占到全年沙量的 50%～98%。相反,非汛期输沙量很小,尤其是冬季的 12 月至次年 2 月,来沙量仅占全年的 0.7%(见表 3-7)。

表 3-7　黄河多年平均沙量的年内分配

| 月份 | 7 | 8 | 9 | 10 | 11 | 12 | 1 | 2 | 3 | 4 | 5 | 6 | 7～10 | 全年 |
|---|---|---|---|---|---|---|---|---|---|---|---|---|---|---|
| 量值/亿 t | 4.94 | 6.68 | 2.23 | 0.83 | 0.22 | 0.05 | 0.03 | 0.04 | 0.13 | 0.21 | 0.30 | 0.76 | 14.68 | 16.42 |
| 比例/% | 30.1 | 40.7 | 13.6 | 5.0 | 1.3 | 0.3 | 0.2 | 0.2 | 0.8 | 1.3 | 1.8 | 4.7 | 89.4 | 100 |

## 3.1.4　河道泥沙的作用及生态学意义

据测定,黄河泥沙富含碳酸钙,其含量为 9.85%～13.87%,比其他非黄土母质上发育的土壤碳酸钙含量要高得多。黄河泥沙有机质含量很低,一般为 0.4%～0.8%,极少超过1%;pH 值为 7.5～8.6,呈微碱性。这些特点决定了黄河泥沙在对水质影响方面所起的作用,与其他河流泥沙不完全相同,具有独特的环境特性。黄河河道中的泥沙对重金属有较高的饱和吸附量,未达到饱和吸附量的泥沙,具有较强的吸附势,只要水沙充分混合接触,泥沙吸附趋向达到饱和吸附量。当泥沙吸附平衡后,水相溶解态测定结果表明,水中浓度明显低于实际污染物浓度,说明受重金属污染的河水,经泥沙吸附可降低水中重金属浓度,泥沙的这种吸附功能,使其具有增大水环境重金属容量的作用。例如:在《地表水环境质量标准》(GB 3838—2002)基本项目标准限值中,对重金属汞含量的允许值是最低的,就Ⅲ类水质来讲,允许含量≤0.000 1 mg/L,比其他重金属允许含量低一个数量级。据实测资料统计,汞含量在黄河龙门至三门峡段均超标(Ⅲ类),但进入下游河道后,由于泥沙的吸附作用,花园口以下水质汞含量均达到标准。

　　经过长期的自然调整和相互适应过程,泥沙运动与自然生态环境以及自然生态环境与生物群落之间维持一定的协调关系。河流是海陆、水沙联系的纽带,河床与一定的水沙条件相适应,水沙条件变化将引起河床的自动调整,这种河床冲淤的调整,在一定程度上会改变生物的生存环境。对黄河而言,一定的入海水沙条件对保持河口和近岸带的生态环境具有重要的意义,近岸带的海水水温、盐度、浑浊度、营养成分都受黄河水沙条件的影响,因此,一旦其水沙条件发生改变,将会全局性地引起河口地区生态环境的改变或调整。

　　生物群落的一切特征都是由其所处的环境决定的,环境变化将会引起天然生物群落的种类组成、个体数量及分布等状况的调整。黄河河口及其附近海域的生态环境极为丰富,初级生产力高,饵料生物基础雄厚,经济无脊椎动物(虾、蟹等)、潮间带生物以及贝类资源十分丰富,之所以如此丰富,主要源于黄河泥沙陆源性生物营养物质的大量输入。

　　黄河挟带的泥沙,输送到河口地区后大部分淤积在滨海区,少部分被输往深海区。据对现行清水沟流路 1976~2001 年的淤积分布统计,滨海区淤积泥沙占 80%,输往深海的比例只有 20%。现代黄河三角洲从宁海(顶点)到三角洲前缘约 100 km,1855~2001 年净淤积面积 2 500 km²,平均每年淤积面积 22.5 km²,形成了黄河三角洲最完整的原生湿地生态系统(native wet land ecosystem),成为维系河口生态系统发育和演替、构成河口生物多样性和生态完整性的重要基础。

# 3.2　泥沙淤积的形式及重点

## 3.2.1　黄河泥沙淤积特点

　　据对实际测验结果的分析,黄河河道在长时间内总体上呈淤积状态,但并非单项淤积,而是有些年份冲刷,有些年份淤积。究其原因,与来水来沙条件密切相关。

### 3.2.1.1　淤积与平均含沙量的关系

　　凡是水多沙少的年份,黄河下游河道淤积不大或发生冲刷,如 1952 年,进入下游河道的水量为 396 亿 m³,沙量为 8.2 亿 t,平均含沙量为 20.7 kg/m³,下游河道仅淤积 0.35 亿 t。1955 年,水量为 581 亿 m³,沙量为 14.1 亿 t,平均含沙量为 24.3 kg/m³,下游河道冲刷 1.0 亿 t。1961 年,水量为 554 亿 m³,沙量仅为 1.9 亿 t,平均含沙量为 3.4 kg/m³,下游河道冲刷 8.1 亿 t。相反,凡是水少沙多的年份,黄河下游河道则发生严重淤积。如 1969 年,水量为 310 亿 m³,沙量为 14.0 亿 t,平均含沙量为 45.1 kg/m³,下游河道淤积 7.0 亿 t。1970 年,水量为 355 亿 m³,沙量为 20.9 亿 t,平均含沙量为 58.9 kg/m³,下游河道淤积 8.2 亿 t。1977 年,水量仅为 301 亿 m³,沙量却高达 20.7 亿 t,平均含沙量更是高达 68.8 kg/m³,下游河道淤积 9.6 亿 t(见图 3-13)。

　　对某一特定的长河段长时期而言,由于包含水、沙、边界等因素在内的参数值较大,河道淤积量必将主要与该时段的含沙量有关,即淤积量与含沙量近似地呈线性关系。从黄河下游的多年平均情况看,相应于单位体积径流量的河道冲淤量与年平均含沙量确实存在这样的相关关系(见图3-14)。

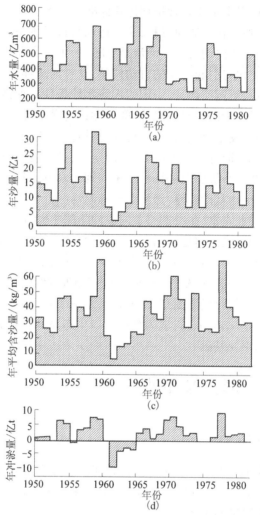

图 3-13　黄河下游历年来水、来沙、平均含沙量与冲淤变化

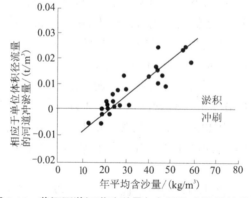

图 3-14　黄河下游河道冲淤量与年平均含沙量的关系

从图 3-14 中可以明显地看出,当冲淤量为 0,即河段冲淤平衡时,平均含沙量约为 25 kg/m³,此即黄河下游河道冲淤变化的临界平均含沙量。黄河下游的多年平均含沙量为 35 kg/m³,大于临界含沙量 25 kg/m³,多年平均情况下下游河道一直处于淤积状态。

### 3.2.1.2　淤积与平均流量的关系

不论汛期还是非汛期,流量较小时河床就淤积抬高,流量较大时,河床就冲刷下切。这里,流量较小、流量较大的比较基础为临界流量(critical flow)。指当流量小于临界流量时河道表现为淤积,当流量大于临界流量时河道表现为冲刷。

黄河下游河道输沙率与流量的关系可由下式表达:

$$Q_s = kQ^m \tag{3-1}$$

式中　$Q_s$——河道输沙率;

　　　$k$——系数;

　　　$Q$——流量;

　　　$m$——指数。

据式(3-1),可绘制河道冲淤率与流量的关系(见图 3-15)。

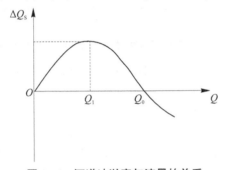

**图 3-15　河道冲淤率与流量的关系**

由图 3-15 可以清晰地看出,$Q_0$ 为临界流量,若 $Q < Q_0$,$\Delta Q_s > 0$ 表示淤积;若 $Q > Q_0$,则 $\Delta Q_s < 0$,表示冲刷。

图 3-16 是黄河下游实测资料点绘河道冲淤量与流量之间的关系。从图中可以看出,黄河下游河道冲淤的临界流量约为 1 500 m³/s,当小于该流量时,河道呈淤积状态,当大于该流量时,河道呈冲刷状态。

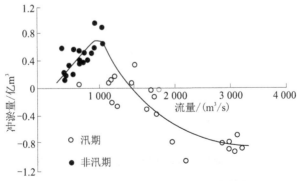

**图 3-16　黄河下游河道冲淤量与流量的关系**

### 3.2.1.3 淤积与来沙系数的关系

所谓来沙系数(coefficient of incoming sediments),即平均含沙量与平均流量的比值。对于黄河下游场次洪水而言,淤积量不仅取决于平均流量和平均含沙量,而且还与来沙系数有密切关系。钱宁等对黄河下游1952~1974年间80次洪水资料分析的结果表明,点群(见图3-17)遵循钱宁关系式。

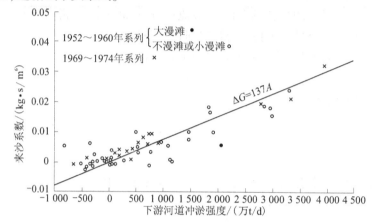

图 3-17 黄河下游冲淤强度与来沙系数的关系

下游河道的冲淤强度为黄河下游河道冲淤临界值,当洪水来沙系数小于该值时,河道冲刷;而当来沙系数大于该值时,河道淤积。

### 3.2.1.4 淤积与洪水历时的关系

相同平均流量、平均含沙量的两场洪水,对河道的冲淤影响度往往不同。一般而论,洪水持续的时间越长,对河床的冲刷作用越大,冲刷外移的沙量会越多,冲刷效率越高。

将40年洪水资料按洪水持续时间的不同进行统计,并绘制黄河下游冲淤效率与洪水历时的关系(见图3-18),发现二者有较好的相关关系。

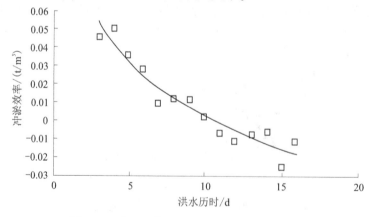

图 3-18 黄河下游洪水历时与冲淤效率的关系

洪水历时的长短,实际上还隐含着洪水过程所挟带沙量的多寡。持续时间短的洪水,往往来源于多泥沙、洪水陡涨陡落的区域;而持续时间长的洪水,往往来源于少沙、洪水涨落相对平缓的区域。从图 3-19 可以看出,洪水历时 3~6 d 的平均含沙量约为 70 kg/m³,洪水历时 7~10 d 的平均含沙量约为 50 kg/m³,洪水历时 11 d 以上的平均含沙量约为 25 kg/m³。这说明,随着洪水持续时间的延长,含沙量总是越来越小,也是使河道发生冲刷的一个重要原因。

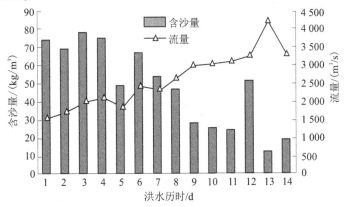

图 3-19　黄河下游洪水含沙量、流量与洪水历时的关系

#### 3.2.1.5　淤积与泥沙粗细的关系

根据黄河下游出现的 100 多次洪峰的来水来沙及河道冲淤情况,采用 6 种组合分析了两者间的关系(见表 3-8)。

表 3-8　黄河流域不同洪水来源区洪水组合对下游河道冲淤影响

| 洪峰来源组合 | 洪峰出现次数/次 | 出现洪峰频率/% | 花园口洪峰特征 | | 下游河道冲淤强度/(万 t/d) | 淤积占总淤积比例/% |
|---|---|---|---|---|---|---|
| | | | 最大流量/(m³/s) | 来沙系数/(kg·s/m⁶) | | |
| (1)各区普遍有雨,强度不大 | 7 | 6.8 | 3 680 | 0.021 6 | +341 | 4.0 |
| (2)粗沙区有较大洪水 | 13 | 12.6 | 6 830 | 0.051 6 | +3 100 | 59.8 |
| (3)粗沙区中等洪水,少沙区补给 | 22 | 21.4 | 4 280 | 0.036 0 | +545 | 13.6 |
| (4)粗沙区、少沙区洪水相遇 | 10 | 9.7 | 11 742 | 0.013 1 | +1 898 | 28.2 |
| (5)少沙区洪水,粗沙区洪水不大 | 47 | 45.6 | 4 609 | 0.010 6 | −100 | −9.0 |
| (6)细沙区洪水 | 4 | 3.9 | 5 730 | 0.021 0 | +932 | 3.4 |
| 平均 | | | 5 500 | 0.022 6 | +706 | |

注:+为淤积,−为冲刷。

从表 3-8 可以看出,若洪水主要来自粗泥沙来源区,洪峰来沙系数达 0.051 6 kg·s/m⁶,下游河道淤积强度最大,平均淤积强度达 3 100 万 t/d,这类洪水出现的频率虽然只有12.6%,但所造成的河道淤积量却占全部洪峰的59.8%,而且淤积在主槽内。当各地遭遇洪水时,洪峰流量较大,水流一般漫滩,此时河道淤积强度虽也较大,但却表现为淤滩刷槽,与粗泥沙来源区来水河道以淤槽为主截然不同。若洪水来自少沙区,来沙系数只有0.010 6 kg·s/m⁶,河道则处于冲刷状态。若洪水来自细泥沙来源区,河道虽也淤积,但淤积强度较小。图3-20是点绘黄河下游洪峰期不同洪水来源区河道冲淤量与平均含沙量的关系。

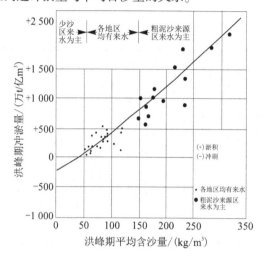

图 3-20    黄河下游洪峰期不同洪水来源区河道冲淤量与平均含沙量的关系

粗泥沙来源区的洪水,平均含沙量一般都大于 120 kg/m³,下游河道淤积特别严重;来自少沙区的洪水,平均含沙量都小于 50 kg/m³,下游河道发生冲刷或略有淤积;当各地都有来水时,平均含沙量为 50~120 kg/m³,河道也发生淤积,但强度较小。由此可见,粗泥沙来源区的洪水是造成黄河下游河道淤积的主要因素。这与河道的淤积主要是粗泥沙的认识是一致的。因此,减少黄河来沙量,应该首先减少粗泥沙来量,加快黄土高原治理,应该集中力量加速治理对下游危害最严重的粗泥沙来源区。

### 3.2.1.6    黄河下游河道泥沙淤积的基本规律

通过对 1960~1996 年 397 场进入黄河下游河道的洪水因子与河道冲淤变化的效果分析,可得出以下规律性的认识:

(1)当含沙量为 20 kg/m³,流量 2 600 m³/s,历时 6 d(用水量 13.5 亿 m³)时,下游河道不淤积。

(2)当含沙量为 20~40 kg/m³,流量 2 900 m³/s,历时 10 d(用水量 25 亿 m³)时,下游河道不淤积。

(3)当含沙量为 40~60 kg/m³,流量 4 000 m³/s,历时 11 d(用水量 38 亿 m³)时,下游河道不淤积。

(4)当含沙量为 60~80 kg/m³,且高村以上不漫滩,流量 4 400 m³/s,历时 12 d(用水量 46 亿 m³)时,下游河道不淤积。

(5)当含沙量为 80~150 kg/m³,若高村以上不漫滩,流量 5 600 m³/s,历时 12 d(用水量 58 亿 m³)时,下游河道不淤积;若高村以上漫滩,流量 7 000 m³/s,历时 11 d(用水量 67 亿 m³),下游河道不淤积。

(6)当含沙量大于 150 kg/m³ 或高含沙洪水,一般情况下下游河道均发生严重淤积,下游河道呈现"多来、多排、多淤"特点,来水流量越大、沙量越多,下游河道淤积就越多,找不出河道不淤积的临界流量和水量。

黄河下游河道的淤积物主要由三部分组成,第一部分为颗粒直径大于 0.05 mm 的粗沙,第二部分为颗粒直径大于 0.025 mm、小于 0.05 mm 的中沙,第三部分为颗粒直径小于 0.025 mm 的细沙。据统计,1960~1996 年,进入黄河下游河道的泥沙为 385.56 亿 t,其中粗沙 89.07 亿 t,中沙 95.36 亿 t,细沙 201.13 亿 t。黄河下游河道共淤积 36.32 亿 t,其中粗沙淤积 29.35 亿 t,中沙淤积 9.31 亿 t,细沙冲刷 2.34 亿 t,粗沙淤积量占全部淤积量的 81%。由此可见,粗沙是下游河道淤积的主体。因此,从更有效地减少下游河道淤积的角度出发,既要考虑减少进入下游河道的泥沙数量,同时也要考虑尽量减少进入下游河道的颗粒直径大于 0.05 mm 粗泥沙的数量。

### 3.2.2　水库淤积

#### 3.2.2.1　淤积成因

黄河及其主要支流都建设了许多水库,它们与天然河流的淤积成因还有所不同,有必要加以专门讨论。天然河流经过长期的水流与河床相互作用,塑造出与来水来沙相适应的河床纵剖面和横断面,在长时段内,河床一般处于冲淤相对平衡状态。在河上筑坝修建水库之后,抬高了侵蚀基准面,因此,库区回水所及范围挟沙水流的流速减缓,输沙能力下降,泥沙逐渐沉积。

水流的挟沙能力与断面流速的高次方成正比。对水库而言,只要水库有所蓄水,坝前水位有所升高,过水面积加大,流速减缓,势必导致水流挟沙能力急剧降低。如果泥沙组成均匀,若横断面为梯形,边坡 1:5,原河道水深 $h$ 与底宽 $b$ 之比为 1/100,则当水深加大 1 倍时,挟沙能力只有原来的 1/18,而当水深加大至 2 倍时,则挟沙能力只有原来的 1/99。可见,由于水位的壅高,水力因素的减弱幅度是很大的,这便是只要水库有所蓄水,库内即产生大量淤积的原因。

#### 3.2.2.2　淤积形态

水库淤积形态,基本上可分为三角洲淤积、锥体淤积和带状淤积三种类型。其中,带状淤积主要发生在少沙河流上,黄河干支流含沙量均较高,因此,在黄河流域修建的水库,其淤积形态主要是三角洲淤积和锥体淤积两种。

三角洲淤积(delta deposition)形态发生在水头高、库容大、库容与年输沙量比值大的水库,如黄河上游刘家峡水库。形成三角洲淤积形态的水库,一般为年调节水库,大都承担防洪任务。为了预留防洪库容,水库在进入汛期前都要将水库水位降至汛限水位,7 月、8 月是主汛期,进库的输沙量占全年沙量的 60%~80%。这期间,除大洪水进库引起库水位升降幅度相对较大外,大部分时间水库水位较为稳定,所形成的三角洲形态比较规整。三角洲淤积形态可分为尾部段、顶坡段、前坡段、异重流淤积段和坝前淤积段(见图 3-21)。

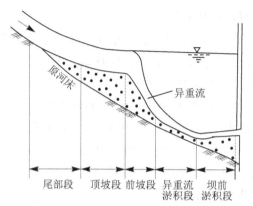

**图 3-21　水库三角洲淤积形态示意图**

锥体淤积(cone deposition)形态发生在低水头水库、多沙河流的支流中小型水库和高含沙河流上的大中型水库。大型水库三角洲淤积发展到最后,也会演变成锥体淤积形态。黄河流域内处在黄土高原地区的支流,其特点是河道坡度陡,水库回水长度短,有80%以上的输沙量集中在洪水期。当洪水挟带泥沙进库后,尚未来得及分选,粗颗粒泥沙已被输送到坝前,形成锥体淤积形态。无定河左岸支沟韭园沟水库就是其典型,淤积形态见图3-22。从图中可以看出,锥体淤积形态的特征是淤积上延幅度很小,其淤积过程基本上是平行抬高。在含沙量较大的洪水期,淤积末端还会发生冲刷,进而制约了淤积上延。

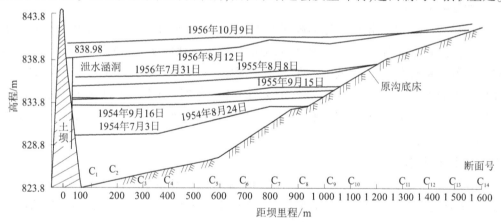

**图 3-22　韭园沟水库淤积形态图**

根据对发生三角洲淤积和锥体淤积水库的实测资料分析统计,归纳出判别淤积形态的指标如下:

三角洲淤积形态指标:汛期平均水位相应库容与汛期进库总输沙量比值不小于2.0,汛期水位变幅与汛期坝前平均水深比值不大于0.15。

锥体淤积形态指标:汛期平均水位相应库容与汛期进库总输沙量比值不大于2.0,汛期水位变幅与汛期坝前平均水深比值不小于0.15。

### 3.2.2.3　淤积状况

1.支流水库

在黄河支流上修建的小(1)型以上水库有700多座,分布在不同的土壤侵蚀区,在侵蚀模数较大的地区,库容损失率现已超过了 50%(见表 3-9)。

表 3-9　黄河流域支流水库淤积情况

| 侵蚀模数/[t/(km²·a)] | 总库容/亿 m³ | 淤积库容/亿 m³ | 库容损失率/% |
|---|---|---|---|
| 20 000~30 000 | 2.11 | 1.11 | 52.6 |
| 15 000~20 000 | 2.87 | 1.47 | 51.2 |
| 10 000~15 000 | 5.67 | 2.33 | 41.1 |
| 5 000~10 000 | 18.06 | 7.78 | 43.1 |
| 2 000~5 000 | 13.24 | 5.43 | 41.0 |
| 1 000~2 000 | 25.39 | 5.11 | 20.1 |
| 500~1 000 | 23.63 | 3.64 | 15.4 |
| 200~500 | 10.05 | 1.41 | 14.0 |
| 100~200 | 5.29 | 0.62 | 11.7 |
| <100 | 3.40 | 0.13 | 3.8 |

**2.干流水库**

目前,黄河干流现有 5 个大型水库和 1 个水利枢纽工程。

(1)三门峡水库。位于河南省三门峡市境内,是黄河流域修建的第一座大型水利枢纽。1919~1959 年,三门峡站多年平均径流量 426.8 亿 m³,输沙量 16.04 亿 t。1957 年 4 月 13 日开工建设,1960 年 9 月 15 日下闸蓄水,1960 年 9 月至 1962 年 3 月,水库"蓄水拦沙"运用。其间,1961 年 2 月 9 日,坝前蓄水位达到最高,为 332.58 m,蓄水量达 72.3 亿 m³,回水超过潼关,在 1 年零 6 个月的时间内,库区 330 m 高程以下淤积泥沙 15.3 亿 m³,有 93%的来沙淤积在水库内,淤积速度和部位均超出预计,潼关河底平均高程抬高了 4.3 m,在渭河口形成拦门沙,渭河下游过洪能力降低,两岸地下水位抬高,农田浸没,盐碱化面积增大,严重影响了该地区农业生产和群众生活。1962 年 3 月,三门峡水库运用方式由"蓄水拦沙"改为"滞洪排沙",汛前尽量泄空水库,汛期拦洪水位控制在 335 m。水库改变运用方式后,库区淤积有所减缓,但由于库水位 315 m 时泄量只有 3 084 m³/s,入库泥沙仍有 60%淤在库内,潼关高程并未降低,库区淤积"翘尾巴"现象仍在继续向上游发展。此后,为增大水库泄流规模,先后实施了两次改建。第一次改建于 1965 年 1 月开始,增建 2 条泄水隧洞,改造 4 条发电引水钢管,1968 年 8 月完成,水库水位 315 m 时泄量由原来的 3 084 m³/s 增大至 6 102 m³/s。潼关以下库区开始从长期淤积变为冲刷,水库年均淤积率由改建前的 60%降至 20%。因泄流规模仍然偏小,一般洪水仍在库内滞留,潼关以上库区和渭河仍继续淤积。为此,从 1969 年 12 月开始,对三门峡水利枢纽进行了第二次改建,打开 8 个施工导流底孔,将 1~5 号发电引水钢管进水口高程由 300 m 降低至 287 m,安装 5 台机组,总装机容量 25 万 kW,第一台机组于 1973 年 12 月发电。两次改建完成后,库水位 315 m 时的泄量增至 9 460 m³/s,泄流排沙能力有了较大提高。水库自 1973 年 11 月按"蓄清排浑"方式运用,即在非汛期来沙少时适当蓄水,用于灌溉和发电;汛期,除防御特大洪水外,不拦蓄一般洪水,降低水位排沙。据统计,三门峡水库自 1960 年 9 月下闸蓄水至 1994 年,共淤积泥沙 71 亿 m³,占总库容的 74%。

(2)刘家峡水库。位于甘肃省永靖县境内的刘家峡峡谷的出口。库区由黄河干流和支流大夏河、洪河组成。大夏河在距坝址上游 26 km 处汇入黄河,洪河在坝址处上游 1.5 km 处汇入黄河。水库于 1968 年 10 月下闸蓄水,总库容 57 亿 m³。进入水库的多年平均径流量为 272.7 亿 m³,输沙量为 0.66 亿 t。刘家峡水库进库的径流量和输沙量来自干支流,其洪峰与沙峰不对应。洪水主要来自黄河干流,沙峰主要来自洪河。刘家峡水库在黄河干流库区呈三角洲淤积形态,支流洪河和大夏河的库区为锥体淤积形态,在洪河口附近的干流段出现拦门沙坎淤积形态。干流三角洲淤积的顶坡段在寺沟峡谷中,1985 年后,三角洲顶点已经达到黄淤 20 断面以下,三角洲前坡段已经推进到永靖川地,三角洲顶坡段淤积量占库区总淤积量的 6.1%,主要是因其处在寺沟峡谷中,断面宽度在 200 m 范围内,淤积空间太小。而三角洲的前坡段地处永靖川地,其淤积量占总淤积量的 56% 以上。洮河多年平均输沙量 0.26 亿 t(0.2 亿 m³),而洪河库区的库容仅有 1.15 亿 m³,不足 6 年全部淤满。1968~1971 年,洪河来沙量主要淤积在洪河库区上、中段,部分泥沙形成异重流进入刘家峡峡谷段,1972 年汛后,拦门沙坎开始形成。1986 年 10 月,龙羊峡水库关闸蓄水,刘家峡水库上游断流 124 d,库水位下降 36 m,促使洮河库区发生强烈溯源冲刷,大量泥沙进入库区,将泄洪洞进口底板以上淤厚 11 m。1988 年 5 月,开启排沙洞闸门,经过 65 d,才冲开门前淤堵的泥沙,既影响了水电站的正常运行,又威胁着水库的度汛安全。据统计,1968~1994 年,刘家峡库区淤积泥沙 16.1 亿 m³,占总库容的 28%。

(3)青铜峡水库。位于宁夏青铜峡市境内青铜峡出口处,水库长度 46 km,总库容 7.35 亿 m³。坝址处 1919~1998 年年平均径流量 306.8 亿 m³,输沙量 1.71 亿 t。水库 1967 年 4 月蓄水运用,1967 年 4 月至 1971 年 9 月为蓄水运用期,由于蓄水位较高,库区淤积十分严重,淤积量达 5.28 亿 m³。1971 年 10 月至 1976 年 9 月,水库改为"蓄清排浑"运用,使库容恢复了 14.8%,这种运用方式,虽然保持了库容,但汛期的来水全部敞泄出库,降低了综合利用效益。因此,1976 年 10 月后,改为汛期洪水时降低水位排沙,遇大水大沙时,迅速降低库水位,适时排沙或强行排沙。据统计,1967~1994 年共淤积泥沙 5.83 亿 m³,占总库容的 79%。

(4)三盛公水利枢纽,位于内蒙古巴彦淖尔市磴口县巴彦高勒镇,1959 年动工,1961 年建成。多年平均入库径流量 255.6 亿 m³,输沙量 1.41 亿 t,三盛公水利枢纽建成后,1969~1998 年平均输沙量 0.59 亿 t。该枢纽为一低水头灌溉引水工程,壅水高度不足 6.0 m,总库容 0.8 亿 m³。库区长度 50 km,距坝 15 km 范围内由于壅水影响而淤积严重。为了减少淤积,采取了非灌溉引水期敞泄冲沙和夏季洪峰期停灌排沙、灌溉引水期利用停灌时敞泄排沙措施,恢复了部分槽库容。据统计,1961~1994 年淤积泥沙 0.44 亿 m³,占总库容的 55%。

(5)万家寨水库。位于黄河北干流的顶端,左岸为山西省偏关县,右岸为内蒙古准格尔旗。坝址处 1919~1998 年年平均径流量 240.8 亿 m³,输沙量 1.71 亿 t。水库总库容 8.96 亿 m³,长期可用库容 4.45 亿 m³。水库自 1998 年 10 月运用至 2006 年汛前,7 年间库区共淤积泥沙 2.55 亿 m³,年均淤积 0.37 亿 m³。

(6)小浪底水库。位于河南省洛阳市以北 40 km 处的黄河干流上,上距三门峡 130 km,下距郑州花园口站 128 km。坝址处 1950~1975 年年平均径流量 345.6 亿 m³,输沙量 13.48 亿 t,水库总库容 126.5 亿 m³,其中拦沙库容 75.5 亿 m³,长期有效库容 51 亿

m³。水库于 1999 年 10 月 25 日下闸蓄水,截至 2008 年汛前,库区共淤积泥沙 23.15 亿 m³,占拦沙库容的 31%。

### 3.2.3　河道淤积

#### 3.2.3.1　淤积情况

##### 1.黄河下游河道

黄河下游河道自桃花峪至河口,河道长度 786 km。据实测资料统计,1950~1997 年,黄河下游河道已淤积泥沙 91.24 亿 t,河床普遍抬高了 2~4 m。现状黄河下游河床普遍高出背河地面 4~6 m,最高达 12 m,成为淮河流域和海河流域的分水岭。形成了沿黄地区城市地面均低于黄河河床的局面。

20 世纪 90 年代,黄河下游河道年均淤积 2.2 亿 t,持续的枯水系列,长期的小流量过程,致使黄河下游河道主河槽淤积严重。据统计分析,黄河下游主河槽淤积占全断面淤积量的比例为 90%,局部河段(如花园口—高村)则高达 93%。河槽的严重淤积,造成过水断面严重萎缩,其结果是同流量水位升高,升高值用全槽过水且一般不漫滩的 3 000 m³/s 水位表示。主要断面的水位变化见图 3-23。

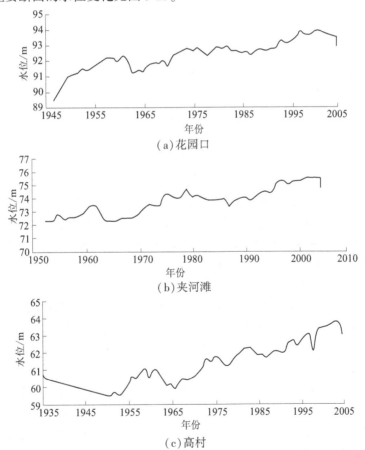

(a)花园口

(b)夹河滩

(c)高村

**图 3-23　黄河下游河道主要断面 3 000 m³/s 水位变化**

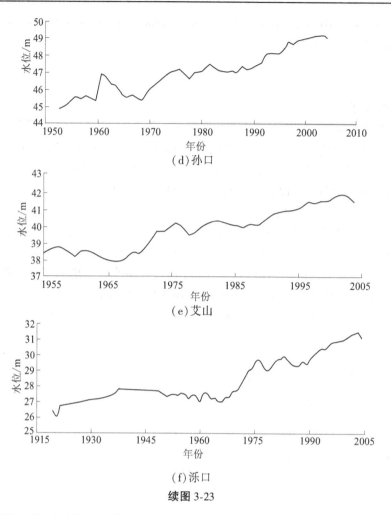

(d)孙口

(e)艾山

(f)泺口

续图 3-23

黄河下游河槽严重淤积,导致了平滩流量大幅度减小。1996 年 8 月的洪水(简称 "96·8"洪水),集中地暴露了这一问题,花园口断面洪峰流量仅有 7 600 m³/s,水位高达 94.73 m,比 1958 年该断面 22 300 m³/s 洪水的水位还高出 0.91 m。局部河段平滩流量从 20 世纪 80 年代的 6 000 m³/s 降至 1 800 m³/s。

2.黄河上游宁蒙河段

黄河上游宁蒙河段的河床冲淤变化主要取决于天然的来水来沙条件。从长时段看, 该河段基本上冲淤平衡。干流水利枢纽的修建,改变了天然的水沙条件,破坏了原有的相 对平衡,致使宁蒙河段冲淤发生了新的变化,主要表现为河道淤积严重,行洪能力降低,内 蒙古河道也已成为"地上悬河"。

1986 年以来,龙羊峡、刘家峡水库对天然径流过程进行控制。据统计,1987~1993 年,若没有龙羊峡、刘家峡水库的控制,头道拐站大于 2 500 m³/s 流量的天数可达 64 d,龙 羊峡、刘家峡两个水库控制后,仅有 20 d;1 500~2 500 m³/s 流量的天数也由天然情况的 175 d 减少为被控制后的 40 d;而小于 1 500 m³/s 流量的天数由天然情况下的 622 d 增大 为被控制后的 801 d(见表 3-10)。

表 3-10　龙羊峡、刘家峡水库控制前后头道拐各级流量及天数

| 时段(年) | 条件 | 各级流量(m³/s)出现的天数/d | | | | |
| --- | --- | --- | --- | --- | --- | --- |
| | | <500 | 500~1 000 | 1 000~1 500 | 1 500~2000 | 2 000~2 500 |
| 1987~1993 | 水库控制 | 424 | 275 | 102 | 15 | 25 |
| | 天然状态 | 175 | 260 | 187 | 110 | 65 |

　　龙羊峡、刘家峡两个水库的控制使天然状态下进入宁蒙河段的洪峰流量骤减,相应中小流量作用时间加长。造床流量的锐减加重了宁蒙河段的淤积,河床纵比降减小,输水输沙能力降低。据对 1986 年、2003 年宁蒙河段在相同流量(2 000 m³/s)下的水位观测资料统计,各断面都有明显提升,如石嘴山断面上升了 0.42 m,巴彦高勒断面上升了 0.61 m,三湖河口断面上升了 1.68 m,昭君坟断面上升了 1.33 m。

　　3.渭河下游河道

　　渭河下游河道通常是指咸阳至入黄口段,全长 208 km。据实测资料统计,1974~1990年间,渭河华县站每年都发生一次流量大于 3 000 m³/s 的洪水。然而,自 1991 年后,每3~4 年才发生一次。在大洪水发生频次大为减少的同时,高含沙小洪水发生的频次增多(见表 3-11)。

表 3-11　渭河华县站洪水统计

| 时段(年) | 最大洪峰/(m³/s) | 洪峰大于 3 000 m³/s | | 高含沙小洪水 | |
| --- | --- | --- | --- | --- | --- |
| | | 场次 | 年均场次 | 年均场次 | 占年沙量/% |
| 1974~1990 | 5 380 | 17 | 1.0 | 1.2 | 22 |
| 1991~2001 | 3 950 | 3 | 0.27 | 2.5 | 53 |

　　上述洪水情况导致了渭河下游河道的严重萎缩。据对渭河下游渭淤 9 断面的观测资料点绘发现,从 1973 年 10 月至 2001 年 10 月,29 年间该断面平均抬高了 1 m 以上(见图 3-24)。

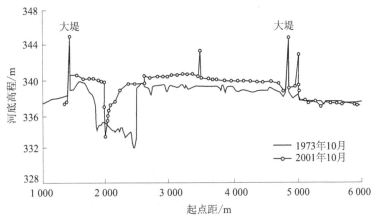

图 3-24　渭河下游渭淤 9 断面(华县下)河道形态

由于河床不断抬高,河槽日渐萎缩,渭河下游也已成为"地上悬河",平滩流量一直处于衰减状态。据统计,1994 年以前,渭河华县站的平滩流量一直为 4 000~5 000 m³/s,1995 年迅速衰减至 1 400 m³/s,其变化过程与来水量变化过程在趋势上呈一致性(见图 3-25)。

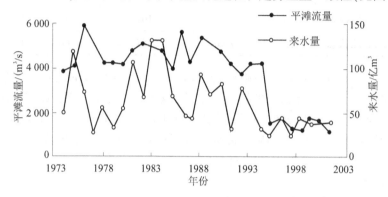

图 3-25　华县站来水量及平滩流量变化过程

### 3.2.3.2　河道冲淤随水沙条件变化的数学表达

根据黄河下游 1950~2004 年汛期实际测验资料,点绘汛期河道冲淤比随来水来沙因子变化的关系呈逐渐递增的线性关系。河道淤积量与来沙量成正比,与来水量及粒径小于 0.025 mm 的细沙含量成反比。在其他因子不变的情况下,来沙多淤积就多,来水多淤积就少,泥沙细淤积少。

在来沙量和泥沙组成不变的条件下,假定水量、沙量及泥沙组成均为独立变量,用还原公式对两边分别对水量力微分,假定来沙量分别为 8 亿 t、10 亿 t、12 亿 t,泥沙组成粒径小于 0.025 mm 的泥沙占 52%(多年汛期来沙平均值),根据通用计算式可以计算不同来沙量条件下增减水量所引起的减淤量或增淤量(见图 3-26)。

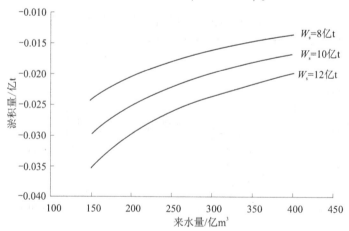

图 3-26　不同来沙量条件下淤积量与来水量的关系

从图 3-26 中可以看出,当来沙量一定时,开始时随着来水量增加,减淤效果明显,随着来水量的继续增加,减淤幅度会逐渐减小。

在来水量和泥沙组成不变的条件下,用还原公式对两边分别对水量力微分,假定来水量分别为 150 亿 m³、200 亿 m³、250 亿 m³,泥沙组成 $P=0.52$(多年汛期来沙平均值),根据通用计算式可以计算不同来水条件下增减沙量所引起的减淤量或增淤量(见图 3-27)。

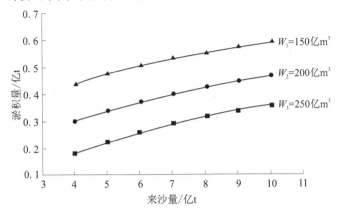

**图 3-27　不同来水量条件下淤积量与来沙量的关系**

从图 3-27 可看出,当来水量一定时,来沙量越大淤积增幅越大,由此可以得出的结论是:来沙量对淤积的敏感度要高于来水量对淤积的敏感度。

在来水量和来沙量不变的条件下,用还原公式分别对泥沙组成 $P$ 微分,假定来水量为 180 亿 m³,来沙量为 8 亿 t,根据通用公式可以计算不同 $P$ 所对应的淤积量,点绘如图 3-28 所示。

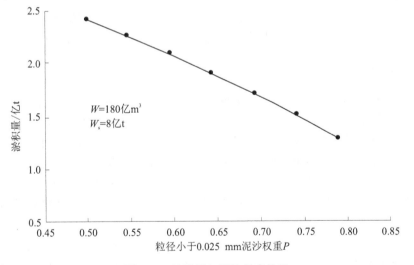

**图 3-28　冲淤量与泥沙组成关系**

图 3-28 表明,随着泥沙颗粒组成的变细,其曲线斜率也在不断增加,说明在来水量和来沙量一定的情况下,来沙组成越细,淤积越少。

# 3.3 流域泥沙的输送

## 3.3.1 输送机制

天然河道中单位重量水体的唯一能源是它相对于某一基准面的势能。单位水流功率（unit stream power），是指在冲积河道中单位质量水体的热能耗损对时间的变化率。单位水流功率在数学上可以用平均流速和能坡两项予以表示。对恒定均匀流，可用水面坡降代替。

在恒定均匀流情况下，动能变化为 0。假定在给定的水流和泥沙条件下，既不冲刷也不淤积，并假定床面形态得到充分调整，则一部分单位水流功率消耗在泥沙输移上，其余的单位水流功率则由于紊动时水体相互摩擦生热而消耗掉。为此，杨志达研究所建立了全沙浓度与单位水流功率的关系。

可以得出，当单位水流功率较小时，输送泥沙的有效单位水流功率小于 0 时，水流能量不足以将泥沙起动，也就无法实现泥沙输移，而只有输送泥沙的有效单位水流功率大于 0 时，单位水流功率不仅克服了阻止泥沙运动的摩擦，而且尚有富余的能量将泥沙输移。

单位水流功率是用平均流速来计算的。由于水深不同，同一个平均流速可以有不同的流速分布。在同样的平均流速和平均浓度情况下，浅水的局部流速和局部浓度分布要比深水的局部流速和局部浓度分布更均匀。假设两种水流都具有相同的能坡，不同水深的实际输沙量应与局部流速和局部浓度的乘积成正比，在这种情况下，浅水比深水能输移更高的全沙浓度。

泥沙颗粒对绕流紊动和水流条件的反应随着粒径的增大而减小。因此，在同样的单位水流功率和水深条件下，细颗粒泥沙的床沙浓度要高于粗颗粒泥沙的床沙浓度。

## 3.3.2 水流挟沙力

水流挟沙力又称水流挟沙能力（sediment carrying capacity），是在一定的河床边界和水流条件下，能够通过河流断面下泄的床沙质数量（包括推移质和悬移质部分中的床沙质数量）。它一般用单宽输沙率表示，单位为 kg/(s·m)；或用饱和含沙量表示，单位为 kg/m³。

推移质和悬移质中的床沙质在输移过程中，与河床上的泥沙不断交换。因此，水流挟带床沙质的数量，经过一段距离后，必定达到饱和，即等于水流挟沙能力。已知某一河段的水流条件和河床上的泥沙组成，理论上可分别计算推移质输沙率和悬移质输沙率，两部分相加，即得到水流挟沙能力。

从理论上讲，可以通过力学关系来建立床沙质挟沙力公式，但由于所研究的问题极为复杂，在很多情况下理论研究的结果还难以满足生产实际的需要，所以一般采用经验或半经验性的方法来确定水流的挟沙力。

从分析影响挟沙能力的因素出发，通过因次分析方法得到了以无因次表示的基本函数关系式。

用饱和含沙量 S 表示的关系式为挟沙力关系的基本表达形式，一般的挟沙能力公式都可归纳为这两种类型。F.恩格隆和 V.E.汉森（1972）挟沙能力公式，考虑了推移质和悬移质两部分泥沙。

在平原河流中,输沙量以悬移质为主,推移质一般可以忽略不计,这样就可以用悬移质输沙率公式近似计算水流的挟沙力,这类计算以张瑞瑾(1989)的公式为代表,应用较为广泛。

在含沙量较高及冲淤多变的河流中,水流输沙有多来多排的特点。同时在高含沙水流中,因悬移质的沉降速度减小,含沙量显著增大。

在黄河下游的河床变形计算中,为了充分反映多沙河流多来多排的特点,可采用如下形式的挟沙力公式:

$$Q_s = kQ^\alpha S_{\text{上}}^\beta \tag{3-2}$$

式中　　$Q_s$——水流挟沙力;

　　　　$Q$——经过某一断面的流量;

　　　　$S_{\text{上}}$——上一断面含沙量;

　　　　$k$、$\alpha$、$\beta$——系数、指数。

经多年研究,式(3-2)中指数 $\alpha > 1$,说明水流挟沙力 $Q_s$ 与流量 $Q$ 的高次方成正比,即流量越大,水流的挟沙力也越大,从而对河床特别是河槽的冲刷力就越大。

在式(3-2)中,挟沙能力只与流量有联系,因此,在进行河道冲淤计算时,不需要知道各河段的水流条件,可以省去繁杂的水力计算。当研究的问题处于实测资料的范围之内时,这种计算方法可以提供具有一定精度的成果。但当所研究的问题超出了赖以建立挟沙力公式的资料范围时,计算结果就不够可靠了。

### 3.3.3　调水调沙

黄河具有大水输大沙的泥沙输移规律,调水调沙就是在充分利用河道输沙能力的前提下,利用水库的可调节库容,对来水来沙进行合理的调节控制,适时蓄存或泄放水沙,变不协调的水沙过程为协调的水沙过程,可实现减轻下游河道淤积甚至冲刷下游河槽的目的。

黄河下游河道具有泥沙"多来、多排、多淤""少来、少排、少淤"的输沙特点。在一定的河床边界条件下,其输沙能力与来水流量的高次方成正比。在来水量不大时,若将水库前期蓄水加载于水体之上,混合水体将会产生显著大于两部分独立水体输沙能力之和的输沙效益。黄河虽然水沙关系严重不协调,但只要能找到一种合理的水沙搭配,水流就可以将所挟带的泥沙输送入海,同时又不对下游河道造成淤积,还可显著节省输沙用水量。根据进入黄河下游的水沙来源及水库工程分布情况,作者对黄河调水调沙设计了以下三种模式。

#### 3.3.3.1　基于小浪底水库单库运行的调水调沙(模式一)

小浪底水库位于控制进入黄河下游河道水沙的关键部位,该水库控制了黄河径流的91.2%,控制了近100%的黄河泥沙。水库总库容126.5亿 m³,长期有效库容51亿 m³。在水库运用初期,也就是蓄水拦沙期,水库有足够的调水调沙库容。30年后,拦沙库容淤满,水库转入正常运用期,在51亿 m³的有效库容中,有10.5亿 m³是作为调水调沙库容而设计的。

此种模式所对应的来水来沙条件是,洪水和泥沙只来自于水库的上游,而水库的下游地区没有发生洪水,同时,水库蓄有部分水量且须为腾空防洪库容在进入汛期之际泄至汛限水位。

小浪底水库排泄水沙的孔洞有 3 条排沙洞、3 条明流洞、6 条发电洞。其中,明流洞一般是清水;发电洞下泄水流含沙量较低,一般不超过 60 kg/m³;排沙洞下泄水流含沙量较大,一般可达 300~400 kg/m³。对小浪底水库不同高程泄流设施进行泄流组合,可对水库出流要素进行控制,人为塑造一种适合下游河道输沙特性的水沙关系,充分发挥使下游河道不淤积或冲刷条件下单位水体的输沙效能。

### 3.3.3.2 基于不同来源区水沙过程对接的调水调沙(模式二)

此种模式所对应的来水来沙条件是小浪底水库上游发生洪水并挟带泥沙入库,与此同时,小浪底水库下游伊洛河、沁河也发生洪水,因小浪底水库下游支流均未经过黄土高原,故其来水挟带泥沙数量很少,基本上可以认为是"清水"。所对应的工程条件,除小浪底水库外,伊河上有陆浑水库,洛河上有故县水库。其中,陆浑水库位于伊河的中游,控制流域面积占伊河流域面积的 58%,设计总库容 13.2 亿 m³,前汛期(7 月 1 日至 8 月 31 日)汛限水位 317 m,相应库容 5.7 亿 m³,后汛期(9 月 1 日至 10 月 31 日)汛限水位 317.5 m,相应库容 5.8 亿 m³;洛河故县水库位于洛河的中游,控制流域面积占洛河流域面积的 45%,设计总库容 11.8 亿 m³,前汛期汛限水位 527.3 m,相应库容 5.2 亿 m³,后汛期汛限水位 534.3 m,相应库容 6.4 亿 m³。

此种模式的调节机制可设计为:利用小浪底水库不同泄水孔洞组合塑造一定历时和大小的流量、含沙量及泥沙颗粒级配过程,加载于小浪底水库下游伊洛河、沁河的"清水"之上,并使之在花园口站准确对接,形成花园口站协调的水沙关系,实现既排出小浪底水库的库区泥沙,又使小浪底至花园口区间"清水"不空载运行,同时使黄河下游河道不淤积的目标。

此种模式的调水调沙要着重解决好三大关键问题。一是确定小浪底水库不同泄水孔洞组合;二是小浪底至花园口区间洪水、泥沙的准确预报;三是准确对接(黄河干流)小浪底、(伊洛河)黑石关、(沁河)武陟三站在花园口站的水沙过程。

小浪底水库不同泄水孔洞组合同模式一。

小浪底至花园口区间的水沙主要来源于伊洛河、沁河,两者均为"清水"河流。据 1960~1996 年实测资料统计,沁河武陟站多年平均水量 7.68 亿 m³(汛期占 71%),沙量 0.039 亿 t(汛期占 90%),汛期平均含沙量仅为 6.48 kg/m³。伊洛河黑石关站多年平均水量 26.28 亿 m³(汛期占 57%),沙量 0.092 亿 t(汛期占 84%),汛期平均含沙量仅为 5.11 kg/m³。

小浪底至花园口区间的"清水"演进至花园口站时水流能量明显过剩,水流含沙量远小于其挟沙能力,致使黄河下游河道发生冲刷。根据 1960~1996 年该区间发生的超过 1 000 m³/s(日平均流量)的洪水资料,分别统计沙偏多($S/Q \geq 0.011$)、水沙平衡($S/Q = 0.009~0.011$)和沙少水多($S/Q < 0.009$)的情况,结果是:演进到花园口站沙偏多的情况占 22.1%,水沙平衡的情况仅有 8.7%,其余 69.2%属于沙少水多、水流含沙量小于水流挟沙能力的情况(见表 3-12)。

表 3-12  小浪底至花园口区间发生 1 000 m³/s 以上洪水时各站水沙情况

| 水沙适应情况 | 黑石关+武陟 | | 小浪底 | | 花园口 | |
|---|---|---|---|---|---|---|
| | 天数/d | 所占比例/% | 天数/d | 所占比例/% | 天数/d | 所占比例/% |
| 沙偏多 | 13 | 12.5 | 45 | 43.3 | 23 | 22.1 |
| 水沙平衡 | 7 | 6.7 | 8 | 7.7 | 9 | 8.7 |
| 沙偏少 | 84 | 80.8 | 51 | 49.0 | 72 | 69.2 |
| 合计 | 104 | 100 | 104 | 100 | 104 | 100 |

通过进一步分析 1960~1996 年小浪底至花园口区间的场次洪水,发现发生一定历时的较大洪水只有 10 次,其中 8 次洪水的水流能量过剩,从而使黄河下游河道发生了冲刷(见表 3-13)。

表 3-13  小浪底至花园口区间洪水及下游河道冲淤情况

| 起始时间(年-月-日) | 历时/d | 平均流量/(m³/s) | | | 平均含沙量/(kg/m³) | | | 花园口细沙比例/% | 花园口以下冲淤量/亿t | 全下游冲淤量/亿t |
|---|---|---|---|---|---|---|---|---|---|---|
| | | 黑石关+武陟 | 小浪底 | 花园口 | 黑石关+武陟 | 小浪底 | 花园口 | | | |
| 1963-09-18 | 11 | 849 | 3 589 | 4 638 | 6.80 | 5.12 | 15.6 | 62 | -0.719 | -1.176 |
| 1965-07-09 | 11 | 678 | 1 685 | 2 502 | 7.20 | 53.4 | 39.9 | 38 | 0.240 | 0.192 |
| 1965-07-20 | 10 | 810 | 2 651 | 3 604 | 9.70 | 31.7 | 37.7 | 52 | -0.035 | -0.416 |
| 1975-08-06 | 11 | 1 230 | 2 632 | 4 085 | 4.10 | 39.3 | 31.2 | 61 | -0.355 | -0.543 |
| 1975-09-29 | 12 | 1 113 | 4 126 | 5 602 | 4.00 | 23.3 | 37.1 | 43 | 0.802 | -0.314 |
| 1982-07-31 | 10 | 2 396 | 2 837 | 6 939 | 14.60 | 75.4 | 33.4 | 70 | -0.448 | -0.309 |
| 1982-08-10 | 10 | 856 | 2 216 | 3 825 | 8.60 | 44.0 | 30.9 | 71 | -0.604 | -0.722 |
| 1984-09-18 | 10 | 948 | 2 255 | 3 734 | 5.50 | 17.6 | 23.8 | 43 | -0.243 | -0.627 |
| 1985-09-11 | 14 | 598 | 3 499 | 4 489 | 6.10 | 42.8 | 44.4 | 44 | -0.422 | -0.979 |
| 1996-08-03 | 8 | 1 392 | 2 339 | 4 319 | 6.40 | 137.4 | 64.1 | 70 | 1.057 | 1.425 |
| 平均 | 11 | 1 087 | 2 783 | 4 374 | 8.11 | 43.6 | 35.6 | 57 | -0.073 | -0.347 |

注:-表示冲刷。

分析以上 10 场小浪底至花园口区间洪水特点,该区间平均流量 1 087 m³/s,平均含沙量 8.11 kg/m³,平均历时 11 d,加上干流水沙演进到花园口,花园口站平均流量 4 374 m³/s,平均含沙量 35.6 kg/m³,细沙占全沙比例为 57%,$S/Q = 0.008 < 0.009$,属于沙少水多情况,因此,黄河下游河道发生了冲刷,平均冲刷了 0.347 亿 t。

根据小浪底至花园口区间黄河干流、伊洛河、沁河的水沙演进规律,实现伊洛河黑石关站流量过程传播至花园口站、沁河武陟站流量过程传播至花园口站、小浪底至花园口区间干流产生的洪水传播至花园口站三部分洪水在花园口站的叠加,使之在花园口站形成一定历时的水沙过程,其流量、含沙量、泥沙颗粒级配满足下游河道的输沙要求。

具体对接按输沙量平衡原理并按式(3-3)和式(3-4)进行分析确定。

$$S_* = \frac{Q_1 S_1 + Q_2 S_2}{Q_1 + Q_2}$$ (3-3)

式中 $S_*$——要求的花园口站调控含沙量；

$Q_1 + Q_2$——要求的花园口站调控流量；

$Q_1$——预报的小浪底至花园口区间水沙在花园口站的流量；

$Q_2$——要求的小浪底水库出库在花园口站的流量；

$S_1$——预报的小浪底至花园口区间水沙在花园口站的含沙量；

$S_2$——计算的小浪底水库出库在花园口站的含沙量。

根据式(3-3)求出 $S_2$，并按式(3-4)计算小浪底水库出库含沙量。

$$S_小 = S_2 - kS_2$$ (3-4)

式中 $S_小$——最终采用的小浪底水库出库含沙量，并据此调控小浪底水库不同泄水孔洞组合；

$k$——模型计算的小浪底水库出库水沙引起小浪底至花园口区间冲刷量与小浪底出库沙量之比。

花园口站水沙的具体对接过程见图3-29。

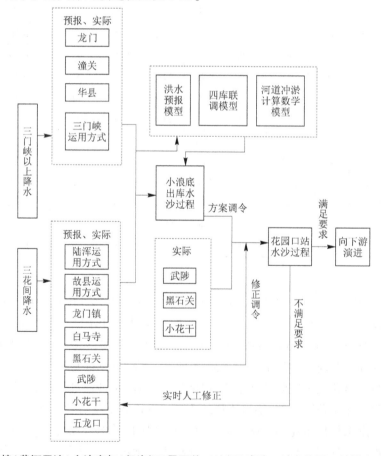

**图 3-29　对接(黄河干流)小浪底与(伊洛河)黑石关、(沁河)武陟三站在花园口站的水沙过程示意图**

### 3.3.3.3　基于干流多库联合调度和人工扰动的调水调沙(模式三)

此种模式所对应的水沙条件是小浪底水库上游没有发生洪水,小浪底水库下游也没有发生洪水,可利用的水资源只是水库中在进入汛期之际须泄放至汛限水位的水量。所对应的工程条件为,黄河干流上除小浪底水库外,尚有三门峡水库和万家寨水库。其中,三门峡水库下距小浪底水库 130 km,坝址以上控制流域面积 68.8 万 km²,占全河流域面积的 91.5%,防洪运用水位 335 m,相应库容 57.33 亿 m³,汛限水位 305 m,相应库容 0.40 亿 m³,非汛期蓄水位 318 m,相应库容 5.8 亿 m³。万家寨水库位于黄河北干流上段,坝址控制流域面积 39.5 万 km²,占流域面积的 49.7%,水库总库容 8.96 亿 m³,调节库容 4.45 亿 m³,排沙期运用水位 952~957 m,水库运用初期,正常蓄水位 975 m。

此种模式的设计思路是:利用水库蓄水,充分借助自然力量,通过联合调度黄河干流万家寨、三门峡、小浪底三个水库,辅以人工扰动措施,在小浪底库区塑造人工异重流,调整其库尾段淤积形态,并加大小浪底水库排沙量。同时,利用进入下游河道水流富余的挟沙能力,在黄河下游"二级悬河"及主槽淤积最为严重的卡口河段实施河床泥沙扰动,扩大主槽过洪能力。

此种模式的关键在于小浪底库区塑造异重流并实现排沙出库。

所谓异重流(density current),是指两种密度相差不大可以相混的流体,因为密度的差异而发生的相对运动。在多沙河流的水库中,当河道挟沙水流与库区"清水"相遇时,由于前者的密度比后者大,在条件合适时,挟沙水流就会潜入清水底部继续向坝前流动。

异重流的形成与入库流量、含沙量、泥沙颗粒级配、潜入点断面特征、水库地形坡降等因素有关。异重流发生的标志是在水库清水表面有明显的潜入点,潜入点的水流泥沙条件即是异重流的形成条件。据分析,当坝前清水水位维持一定时,单宽流量的增大会使异重流潜入点位置下移,入库含沙量的增大可使潜入点上移,只有在合适的位置才能满足异重流稳定形成和持续运动的条件。

要使异重流形成后向坝前推进,这需要有稳定的、足以克服沿程阻力的动力,即要有源源不断的后续异重流补充,一旦后续异重流停止,前面运动的异重流也会很快停止运动,并逐渐消失。同时,泥沙颗粒级配对异重流持续运动影响极大,在异重流形成后,较粗的泥沙就地落淤,而只有较细部分继续保持悬浮状态。因此,充足的细沙(粒径小于 0.025 mm)含量是异重流持续运动的基本保障。

根据小浪底水库自然发生的异重流资料,可分析出小浪底水库形成异重流并持续运动的临界条件,即在满足洪水历时且入库细泥沙的沙重百分数约 50%的条件下,还要满足下列条件之一:

(1)入库流量大于 2 000 m³/s 且含沙量大于 40 kg/m³;

(2)入库流量小于 500 m³/s 且含沙量大于 220 kg/m³;

(3)入库流量为 500~2 000 m³/s 时,相应的含沙量满足:

$$S \geqslant 280 - 0.12Q \tag{3-5}$$

式中　$S$——入库含沙量,kg/m³;

　　　　$Q$——入库流量,m³/s。

根据上述分析,可对三门峡水库出库流量、异重流形成沙源以及万家寨水库与三门峡水库泄流的对接进行如下设计。

三门峡水库下泄的目标是塑造小浪底水库异重流,根据小浪底水库异重流形成条件,在满足历时和细沙含量的前提下,还应满足流量和含沙量要求,有大流量与小含沙量、小流量与大含沙量和一般流量与一般含沙量等不同组合。选择三门峡水库下泄流量及时机,需要考虑四个条件:一是小浪底库尾淤积三角洲的冲刷需要较大入库流量,要求三门峡水库出库流量足够大;二是中游没有发生高含沙洪水,小浪底水库异重流形成所需的沙源并不充足,要求三门峡水库出库水流具有一定的含沙量,特别要有细泥沙含量;三是万家寨水库泄流到三门峡水库时该库水位不能太高,要在 310 m 以下,否则三门峡水库拉沙效果不明显;四是三门峡水库泄流时小浪底水库水位不能太高,否则三门峡水库下泄水流的能量被消杀,同时小浪底水库水位太高,人工扰沙效果不明显,向水流补充泥沙较少。因此,要求三门峡水库泄流时,小浪底水库水位必须降至一定程度以适宜库尾段泥沙扰动和三门峡水库水流冲刷泥沙。

小浪底水库人工异重流的沙源有两个:一个是小浪底库尾段的淤积三角洲,要靠三门峡水库下泄较大清水流量进行冲刷,并辅以人工扰动措施使之进入水流;另一个是三门峡水库槽库容里的细泥沙要靠万家寨水库泄流在三门峡水库低水位时冲刷排出。

万家寨水库泄流与三门峡水库水位对接的目标,是万家寨水库泄流在三门峡水位下降至 310 m 及其以下时演进至三门峡水库,以最大程度冲刷三门峡水库泥沙,为小浪底水库异重流提供连续的水源动力和充足的细泥沙来源。为实现准确对接,需要确定以下参数:一是根据三门峡水库拉沙效果确定万家寨水库下泄流量大小;二是根据小浪底水库人工异重流向坝前推进直至出库需要的时间,确定万家寨水库泄流历时;三是根据万家寨至三门峡河道情况,准确计算水流演进时间;四是计算三门峡水库水位降至 310 m 的时间,并根据万家寨至三门峡的水流演进时间,确定万家寨水库泄流时机。

### 3.3.4 输沙水量及其过程

#### 3.3.4.1 输沙水量的确定

多泥沙河流的输沙用水量是流域水资源配置不可或缺的且更为重要的内容,也是减轻泥沙灾害、趋利避害的重要研究内容。

对于黄河而言,进入其下游的泥沙有三条出路,一是输送入渤海(其中一部分进入深海,一部分沉积在浅海海域);二是引水引沙堆积在大堤背后(淤筑相对地下河,加培堤防,延长渗径,或淤填坑塘洼地造出良田);三是淤积在河床上。从黄河下游多年泥沙输送和淤积情况看,当流域来沙大于一定量水流所能够输送值的时候,部分泥沙必将淤积在河道内;反之,若流域来沙小于水流挟沙能力,在充分补给条件下河床上的泥沙将被冲刷带走,输送出去的泥沙将大于入口边界泥沙量。从除害兴利的角度出发,本书所言输沙是指直接输送入海的泥沙,相应地,输沙水量也就是将泥沙输送入海的水量,它不再具有生产用水的功能。

黄河下游一年之内河道水流变化幅度较大,并不是每一个时期都可以安排输沙水量,同时也无必要全年都考虑安排输沙水量,其原因如下:

一是黄河流域的来沙绝大部分来自汛期,非汛期来沙所占比重很小。以进入小浪底断面的泥沙量分汛期和非汛期进行统计,在 1971～1990 年间,进入小浪底断面的多年平均来沙量为 10.25 亿 t,其中,汛期 9.67 亿 t,占 94%;非汛期 0.58 亿 t,仅占 6%(见表 3-14)。

表 3-14 黄河小浪底断面 1971～1990 年来水来沙情况

| 月份 | 径流量/亿 m³ | 来沙量/亿 t |
|---|---|---|
| 1 | 14.11 | 0.04 |
| 2 | 13.14 | 0.02 |
| 3 | 24.86 | 0.04 |
| 4 | 23.29 | 0.02 |
| 5 | 23.66 | 0.04 |
| 6 | 19.87 | 0.17 |
| 7 | 41.01 | 2.94 |
| 8 | 54.53 | 3.74 |
| 9 | 56.12 | 2.00 |
| 10 | 47.85 | 0.99 |
| 11 | 24.72 | 0.22 |
| 12 | 17.39 | 0.03 |
| 全年 | 360.55 | 10.25 |
| 汛期 | 199.51 | 9.67 |
| 非汛期 | 161.04 | 0.58 |

二是非汛期黄河下游的供水主要目的在于供给工农业用水和少部分生活用水,尤其是在小浪底水库投入运用后更是如此。同时,非汛期的来沙量由于是在含沙量较低的水平下输送的,与非汛期下游的其他功能用水可以兼顾,以输沙用水量是以单一输沙为目的定义考虑,非汛期部分沙量属于自然输送,从水资源的计算角度,非汛期下泄水量不宜计入输沙用水量。

鉴于上述原因,本书所指输沙水量是汛期的输沙水量。

黄河下游不同场次洪水的来沙组成有所差异,但从一个较长时段来看,来沙粗细并无实质性的变化,如三门峡水库运用以来,1965～1973 年、1974～1985 年和 1986～1999 年,不同阶段汛期粒径小于 0.025 mm 泥沙含量分别为 53.2%、51.0% 和 51.3%,因此,本书研究来沙组成采用的是多年平均情况。

1.花园口站汛期输沙量

根据 1950 年以来黄河下游历年汛期来水量、来沙量及河道冲淤量资料,以来沙量为参数,点绘的河道冲淤与来水来沙间的关系见图 3-30。

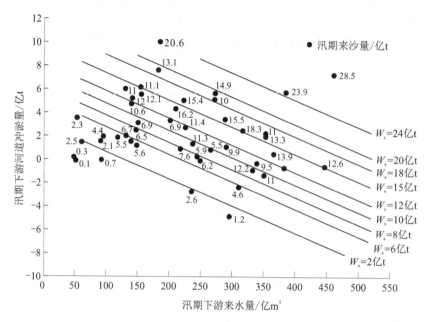

**图 3-30　黄河下游汛期河道冲淤与来水来沙间的关系**

根据对上述点群关系的回归分析,得到花园口站汛期输沙水量与来沙量及其允许淤积量的关系:

$$W = 22W_s - 42.3Y_s + 86.8 \qquad (3-6)$$

式中　　$W$——汛期输沙水量,亿 $m^3$;

　　　　$W_s$——来沙量,亿 t;

　　　　$Y_s$——下游河道允许淤积量,亿 t。

据式(3-6)计算了花园口、利津站不同来沙条件下汛期输沙水量,计算结果见表 3-15。

**表 3-15　花园口、利津站不同来沙条件下汛期输沙水量计算结果**

| 进入下游的沙量/亿 t | 4 | 6 | 8 | 10 | 12 | 15 |
|---|---|---|---|---|---|---|
| 下游河道允许淤积量/亿 t | 0 | 1.5 | 2.0 | 3.0 | 3.5 | 5.0 |
| 花园口站汛期输沙水量/亿 $m^3$ | 175 | 155 | 178 | 180 | 203 | 205 |
| 花园口站单位泥沙输沙水量/($m^3$/t) | 44 | 34 | 30 | 26 | 24 | 21 |
| 利津站汛期输沙水量/亿 $m^3$ | 143 | 122 | 150 | 157 | 183 | 193 |

2.利津站汛期输沙水量

利津站汛期输沙水量与进入下游的来沙量、来水量、河道淤积量及引沙量等因素有关。根据 1950 年以来的实测资料,点绘利津站单位输沙水量与下游来水来沙量的关系可见图 3-31。

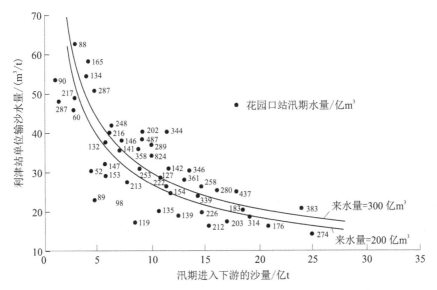

图 3-31　黄河下游汛期利津站单位输沙水量与下游来水来沙量间的关系

据对上述点群关系的回归分析,得到利津站输沙水量和来水来沙量间的关系:

$$\frac{W_{利}}{W_{s利}} = 21.84 W_s^{-0.517\,9} W^{0.264\,3} \qquad (3\text{-}7)$$

式中　$W_{利}$——汛期利津站输沙水量,亿 m³;

　　　$W_{s利}$——汛期利津站沙量,亿 t,可以通过来沙量、河道淤积量及汛期引沙量由沙量
　　　　　　平衡求得;

　　　$W_s$——汛期下游来沙量,亿 t;

　　　$W$——花园口站汛期输沙水量,亿 m³。

对应于下游来沙和花园口站输沙水量,用式(3-7)求得了利津站不同来沙条件下汛期的输沙水量(见表 3-15)。

根据小浪底水库运用方式及水库淤积情况判断,2000~2014 年,黄河下游河道为连续冲刷期;2015~2020 年,下游河道回淤至冲淤平衡。2020~2030 年,小浪底水库为高滩深槽形成时期,该时期进入黄河下游的泥沙量约 6 亿 t。2030 年之后,小浪底水库进行"蓄清排浑"运用,进入黄河下游的泥沙量约 8 亿 t。每个时期的允许淤积量与当时该河道的排洪能力和来沙量多少等因素有关,如在小浪底拦沙初期,黄河下游为获取较大的主槽排洪能力,不允许河道主槽淤积。当小浪底水库转入正常运用期后,进入下游的泥沙量开始增多,此时若仍不允许淤积可能不现实。若 2030 年后进入黄河下游的泥沙量按 8 亿 t 考虑,下游河道允许淤积量按 2 亿 t 考虑,则利津站的汛期输沙水量应保持在 150 亿 m³左右。

### 3.3.4.2　输沙过程

对输沙过程的确定,主要是取决于输沙流量和输沙时间,对输沙流量的要求,一定是在该流量级时能够获取最高的输沙效率。本书前述在对水流挟沙能力的分析中,已得出水流挟沙能力与断面平均流速的高次方成正比的结果,因此,分析高效输沙流量又可转化为分析何种流量级下的流速最高。

单位重量水体克服水流阻力而消耗的机械能($h_f$)可由达西-韦斯巴哈公式表示:

$$h_f = \lambda \frac{L}{4R} \frac{v^2}{2g} \tag{3-8}$$

式中　$\lambda$——阻力系数;

　　　$L$——河段长度;

　　　$R$——水力半径;

　　　$v$——平均流速。

由式(3-8)可得知,在河段长度和水力半径一定的情况下,平均流速$v$越大,则单位重量水体克服水流阻力而消耗的机械能$h_f$就越多。随着$h_f$值的增大,水流的动能就逐渐减小,反过来平均流速也会随之减小。实际上,河床阻力随流速增大而增大,河床断面随流量增大而导致湿周和糙率变化,水流动能在河床塑造和泥沙搬运等做功过程中的损耗,其结果必然是水流速度并非与流量成正比。利用实测资料点绘黄河下游利津站流量与断面平均流速之间的关系参见图3-32。

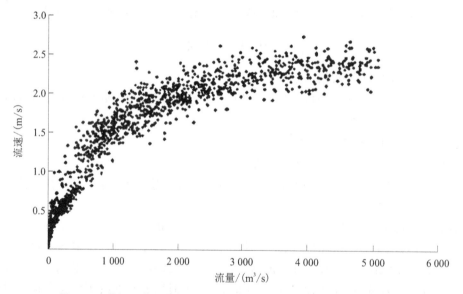

**图 3-32　黄河下游流量与断面平均流速的关系(利津 1971~1990 年)**

从图 3-32 可以看出,当利津断面流量为 4 000 m³/s 时,其平均流速达到最大值,即$v_{max} = 2.5$ m/s。

分析花园口断面 42 场洪水资料,点绘其流量与含沙量的关系,如图 3-33 所示。从中可以看出,流量 4 000 m³/s 时对应的含沙量最高,为 40 kg/m³。说明流量 4 000 m³/s 时输沙能力最大。

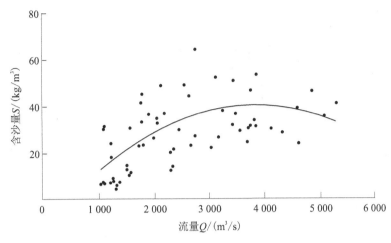

**图 3-33　花园口断面流量与含沙量的关系**

一般来说,水流的挟沙力与流速的 3 次方成正比,与水深的 1 次方成反比。根据 1986~1997 年黄河下游艾山站实测资料,点绘该断面流量与水流挟沙能力因子$(v^3/h)$的关系见图 3-34,从图中可以看出,当艾山站主槽流量为 4 000 $\text{m}^3/\text{s}$ 时,水流挟沙能力因子$(v^3/h)$达到最大值。

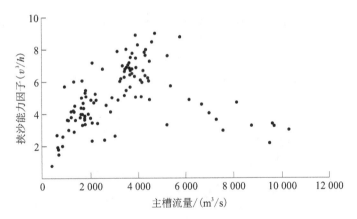

**图 3-34　1986~1997 年艾山站实测流量与水流挟沙能力因子$(v^3/h)$的关系**

根据 1986 年以来的非漫滩洪水资料,分别点绘了三黑小平均流量与排沙比的关系和艾山平均流量与排沙比的关系(见图 3-35),从图中可以看出,黄河下游随着流量的增加,排沙比呈增加之势,但流量大于 4 000 $\text{m}^3/\text{s}$ 后,排沙比基本不再增加,甚至有所降低。

点绘三门峡水库蓄水拦沙运用期和小浪底水库拦沙初期运用场次洪水平均流量与下游全沙冲刷效率(单位水量冲刷量)的关系见图 3-36。

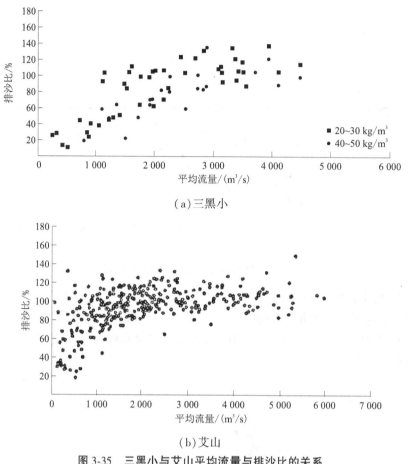

（a）三黑小

（b）艾山

图 3-35　三黑小与艾山平均流量与排沙比的关系

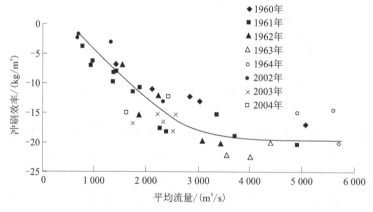

图 3-36　三门峡水库蓄水拦沙运用期和小浪底水库拦沙初期运用场次
洪水平均流量与下游全沙冲刷效率（单位水量冲刷量）的关系

　　图 3-36 显示,冲刷效率随洪水期平均流量的增加呈明显增加之势,但流量小于 4 000 m³/s 时,冲刷效率增加幅度较大;流量超过 4 000 m³/s 后,冲刷效率基本不再增加。由此表明,对于黄河下游河道而言,4 000 m³/s 是冲刷效率最大的一个流量级。

　　综合以上分析,可以得出如下的结论:黄河下游的输沙流量应尽可能选择 4 000 m³/s。由于进入黄河下游的洪水基本上可由干流小浪底水库、支流伊洛河陆浑水库、故县水库所控制,因此,可通过水库调度与控制塑造 4 000 m³/s 流量级洪水,以便获取最高效率的输沙过程。

　　图 3-37 是点绘的黄河下游(三门峡—利津段)洪水平均流量与平均含沙量的关系。可以看出,冲淤临界值与洪水平均流量、洪水平均含沙量以及洪水历时有关,洪水历时越长,同样含沙量条件下相应的冲淤临界流量越小,如平均含沙量为 50 kg/m³ 时,洪水历时 3 d的冲淤临界流量为 5 830 m³/s,洪水历时 10 d 的冲淤临界流量为 4 500 m³/s。

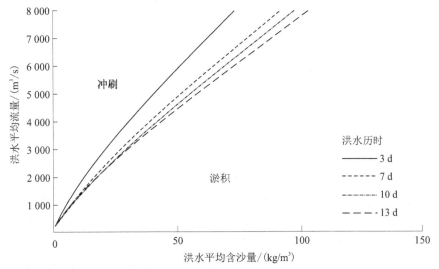

**图 3-37　黄河下游(三门峡—利津段)洪水平均流量与平均含沙量的关系**

　　在确定输沙过程时,根据河道内来水来沙和水库里的蓄水,如果选择以流量 4 000 m³/s 下泄,若控制其含沙量在 30 kg/m³ 左右,则历时可维持 3 d。若控制其含沙量在 40 kg/m³ 左右,则历时可维持 7 d。若控制其含沙量在 45 kg/m³ 左右,则历时可维持 10 d。

　　黄河不同于其他河流的特殊性在于其泥沙含量的问题,本章在对黄河泥沙的来源地——黄土高原的水土流失成因进行分析的基础上,对泥沙输移过程中的淤积形式及特点进行了研究,明确了黄河下游河道泥沙淤积的基本规律。

　　当泥沙进入河道后,依自然状态不协调的水沙关系进行演进,势必造成水库和河床的淤积,致使水库库容淤废,扼制其防洪功能、兴利效益的发挥,河床抬高使洪水泛滥的可能性增加。因此,为趋利避害,应想方设法利用水流势能及其挟沙能力将泥沙输送至大海。

　　立足于黄河泥沙淤积和输移规律,本章提出须对自然状态的水沙关系进行人工干预,使不协调的水沙关系变为协调的水沙关系,实现途径为调水调沙。根据黄河不同来源区洪水泥沙特点和现有工程条件,将调水调沙设计为三种模式:一是基于小浪底水库单库运行;二是基于不同来源区水沙过程对接;三是基于干流多库联合调度和人工扰动。

　　根据对黄河泥沙未来水平的预测,小浪底水库进入正常运用期后进入黄河下游的泥沙量在 8 亿 t 左右,输送其至渤海,汛期至少要有 150 亿 m³ 的水资源量予以保障。为提高水流输沙效率,本章详细分析了输送泥沙的流量级,认为利用水库塑造 4 000 m³/s 流量进行泥沙输送可获得最高效率。

# 第4章 黄河河道及河口生态系统需水量

## 4.1 黄河河道生态系统

### 4.1.1 河道生态系统的基本要素

河道生态系统(river ecosystem)是指由陆域河岸生态系统、水生生态系统、湿地及沼泽生态系统等一系列子系统组合而成的复合系统。河道生态系统具有四维结构特征,即纵向(上游—下游)、横向(河床—河岸带)、垂直方向(河川径流—地下水)和时间变化(河岸形态变化及生物群落演替)。该生态系统具有输水、输沙、泄洪、提供生物栖息地、接纳污染物等功能。

河道生态系统不仅是动态的,而且具有周期性的自然变化特征,具有抗干扰能力以及维持其生存能力或恢复力等。水流在发生时间和速率上的变化对本地植物和动物种群的大小及其年龄结构、稀有或者特种物种的存在、物种之间以及物种与环境之间的相互关系,以及多个生态系统过程等,均具有较大影响。大多数河流需要季节或年际变化的水流来支撑植物或动物群落以及维持自然栖息地的动态性,从而维持物种的生产和生存。定期的和临时的水流类型也会对水质、物理栖息地状况,以及水生生态系统的能量来源产生影响。

一般地,河道生态系统的基本要素为四大部分,即水体、生物、河道湿地和河岸带。

#### 4.1.1.1 水体

在河道生态系统中,水体是最为重要的基本要素。水体又分为动水水体和静水水体两部分。所谓动水水体(moving water),是指河道内在势能作用下流动的水体,衡量其大小的单位是流量。流动水体的大小、间隔、发生频率的变化等对河滨植物(如芦苇、草类等水生植物)的类型和丰度等均产生影响。如河道基流、洪水发生的频率、流量的季节性及年际间的变化,对于调节生物生产力(即构成水生食物网的基础)和生物多样性起着十分重要的作用。此外,一条河流的特征性流量类型与藻类的生产力有着密切的关系,是决定来自陆地营养流(氮和磷)可接受水平所必须考虑的一个重要因素。所谓静水水体(static water),是指河道内分布于动水水体左右岸、上下游区域内的静态集水区。集水区的深度和水化学方面都与动水水体不同。如果说动水水体是有机物生产的主要场所,那么集水区就是有机物分解的工厂。集水区的水流或没有流速或流速较慢,可使水中的有机质沉淀下来。集水区是夏秋两季中二氧化碳的主要产生场所,这对于保持溶解态重碳酸盐的稳定供应是必不可少的。如果没有集水区,动水植物的光合作用就会把重碳酸盐耗尽,使下游能够利用的二氧化碳越来越少(动水中的二氧化碳大都是以碳酸盐和重碳酸盐的形式存在的)。

水流流速是描述流体质点位置随时间变化规律的矢量,流速值的大小是水流质点的位移对时间的变化率,它是影响河流特征和结构的重要因素。河流自上而下流动,随着比降的变缓、河床的加深加宽和水容量的增加,河底就会累积一些淤积物和有机物质。当水流速度逐渐变缓时,河流中的生物组成也随之发生变化。

水体 pH 值反映着河流中的二氧化碳、有机酸的存在和水污染状况。一般地,与酸性的贫营养水质河流相比,水的 pH 值越高,表明水中碳酸盐、重碳酸盐和其他相关盐类的含量也就越多,水生生物的数量和鱼类的数量也就越多。

### 4.1.1.2  生物

河流生态系统的显著特征就是河流水体为许多生物提供适宜的栖息环境,水体中有许多溶解态的无机、有机化合物能够被生物直接利用。水体温度状况比陆地稳定,有利于水生生物的生长。河流生态系统中复杂的景观结构,产生多种类型的景观斑块,有利于不同类型的种群生存,而水流为不同群落的物质交流提供通道。在河流生态系统中,浮游植物、浮游动物、高等水生植物、底栖动物、鱼类等互为依存,互相制约,互为作用,形成河流生态系统中复杂的食物结构。河流生态系统中的生产者主要是浮游植物(包括藻类),其生产力远比陆地植物高,同时在河流较浅区域(缓冲区域)分布有高等水生生物,其生长状况取决于河流的水文状况、水深以及底泥等特性。河流生态系统中的大型消费者,包括浮游动物、底栖动物、鱼类等,根据其在食物链中的位置不同,其分布区域和活动范围差别较大,而许多食草性或杂食性的水生动物以河流中大量存在的有机碎屑作为食物。河流生态系统中的微型消费者分布区域广泛,但通常以河流底部沉积物表面数量最多,尤其是累积大量有机物质的区域。

在长期进化过程中,河流生态系统形成同种生物种群间、异种生物种群间在数量上的调控,通过食物链存在着上行效应和下行效应,保持着一种协调关系——动态平衡。生物群落与生境在长期进化过程中形成了相互间的适应能力,生境的变化不可避免地影响生物群落的分布和构成,如洪积平原的湿地生物群落,适应干旱与洪涝两种生境的交替变化,但是河流径流的过度调节,将导致湿地生物群落向陆地生物群落转变。

### 4.1.1.3  河道湿地

河道湿地(river wet lands)通常位于水生生态系统和陆地生态系统之间,具有较高的水位、独特的植被和土壤特征,以及丰富的物种多样性,较高的物种密度和生产力。在河道湿地、水生生态系统和陆地生态系统之间通过能量、养分和物种的交换发生着连续的相互作用。

由于独特的水文条件,河道湿地通常比周边高地生态系统具有更高的生产力。周期性的洪水通过至少三个方面对较高的生产力做出贡献。一是洪水为植被提供了足够的水分供应,这对于干旱的滨岸湿地是特别重要的。二是提供养分,且由于周期性的漫滩洪水,土壤的化学特征发生有利的变化,这种变化包括硝化作用、硫酸盐还原作用和营养物矿化等。三是流水比静止的水能更多地给根系区提供氧。周期性的冲刷也运走了许多土壤和根系新陈代谢产生的废物,如二氧化碳和甲烷。一般而言,河道湿地每年不变的干湿周期循环产生的地上净生物量(枯落叶和茎增长量)大于 $1\,000\ g/(m^2 \cdot a)$。这一生产力水平通常大于永久积水或有缓流的森林湿地的生产力。通常情况下,永久积水的地区和很少有洪水淹没的区域的生产力都小于干湿条件经常交替的区域的生产力。

河道湿地生态系统为许多动物物种提供有价值的复杂生境。一些研究表明,与周围的高地相比,冲积平原具有更多的野生动物。这主要是因为河流生态系统是介于水生生态系统和陆地生态系统之间,具有明显的边缘效应。

#### 4.1.1.4 河岸带

河岸带(riparian zone)是指高低水位之间的河床及高水位之上直至河水影响完全消失的地带,也可泛指一切邻近河流、湖泊、池塘、湿地以及其他特殊水体并且具有显著资源价值的地带。一般来讲,河岸带包括非永久被水淹没的河床及其周围新生的或残余的洪泛平原。河岸带生态系统具有明显的边缘效应,作为重要的自然资源,河岸带蕴藏着丰富的野生动植物资源、地表水和地下水资源、气候资源以及休闲、娱乐和观光旅游资源等。

### 4.1.2 河道生态系统的生态结构与功能

河道生态系统内的生物群落与非生物环境相互作用,通过物质流和能量流在其内部构成生物-环境统一体,系统内的生物与非生物环境具有统一性,从而维持系统的平衡。

#### 4.1.2.1 河道生态系统的生态结构

河道生态系统是具有一定结构和功能的统一体。其结构主要由六部分组成:一是参加物质循环的无机物质;二是联系生物和非生物的有机化合物;三是气候条件,如湿度、光照,以及其他物理因素;四是生产者——自养生物,利用简单的无机物生产有机物;五是大型消费者或吞噬者,主要是食用其他生物或颗粒有机物的动物;六是微型消费者、腐食者或分解者,主要是细菌和真菌,利用或者分解死亡原生质中的有机化合物,吸收某些分解产物和释放可被生产者利用的无机营养物,同时释放可供其他生物作为能源的有机物质,或者是对其他生物的生长具有抑制或促进作用的有机物质。一~三是生态系统的非生物成分或非生物环境,四~六是生态系统的生物成分或生物环境,其中非生物环境决定生物环境的结构和功能,即河道生态系统是在流域物理环境的作用下,逐步演替形成的生态系统,并且受控于物理环境。人类对河道生态系统的影响主要是通过改变系统的物理环境,包括水文、物理、化学等特征,进而影响或改变河道生态系统的生物环境。

#### 4.1.2.2 河道生态系统的生态功能

河道生态系统是由一系列不同级别的河流以连续、流动特性形成的完整系统,河流物理参数的连续变化梯度形成系统的连贯结构和相应功能,同时,河道物理结构、水文循环和能量输入,在河道生态系统中产生一系列响应:产生连续的生物学调整,以及沿河有机质、养分、悬浮物等的运动、搬运、利用和储蓄。河道生态系统的连续性包括地理的、空间的连续,注重河道生态系统中生物因素及其物理环境的连续性和系统景观的空间异质性、斑块动态变化,即河流在流域时间、空间尺度内具有连续变化梯度的特性。

河道生态系统由非生物环境和生物环境两部分构成。河道生态系统功能的驱动力是非生物环境,主要通过水文、地形和水质特性体现,系统的功能是在非生物环境的作用下经过长期演替而形成的。河道生态系统的功能特性主要侧重于养分(氮、磷、硅元素以及有机质等)在系统中的循环,影响养分循环过程的主要因素是输入源头、滞留等。河流中有机质主要来自缓冲区域(植物落叶、碎屑等)、河流初级生产力以及冲积平原的养分、矿物质、生物体等。河道生态系统对养分具有两种不同的滞留机制:一是河道系统中的物理滞留结构和过程,如缓冲区域植被、树木碎屑等,主要是降低流速导致养分随泥沙沉降,以及河底层与地表水体的交换作用,主要是河底层处于厌氧状态,发生脱氮、脱硫过程,使得河底层和地表水体中存在明显的浓度梯度,从而导致养分的扩散和稀释,降低养分向下游的输送量。二是食物链对养分和有机质的吸收作用引起的生物滞留,将养分储蓄在生态系统内部,包括缓冲区域植物对养分的吸收。

## 4.1.3 黄河河道湿地生态系统

黄河地跨三个气候带,穿越高原、山地、丘陵、平原等多种地貌单元,各单元地形、气候条件差异较大,因此黄河河道湿地也就成为具有较高的生物多样性和多种生态系统类型的地区。从源头至上游地区,再由上游至下游地区,不同生态构架和不同生态景观、生态功能的黄河河道湿地构成了黄河生态系统的多样组成,黄河河道的连通作用构成了流域生态系统的完整性。

### 4.1.3.1 黄河河道湿地类型及其分布

黄河河道湿地涵盖多种湿地类型,它不仅有河流湿地的特征,而且还具有库塘湿地和沼泽湿地的特征,包括河道水域生态系统、背河洼地生态系统、河滩生态系统、沼泽生态系统、林地生态系统、农田生态系统等。因此,黄河湿地具有生态系统多样性和生物多样性富集的特点。

黄河河道湿地类型可分为三大类:一是河源区湖泊或草甸湿地,二是水库库区湿地,三是和黄河河道有紧密联系的河道湿地。其主要分布见表4-1。

表4-1 黄河河道主要湿地分布

| 序号 | 湿地名称 | 地理位置 | 级别 |
|---|---|---|---|
| 1 | 鄂陵湖、扎陵湖自然保护区 | 青海省果洛州玛多县 | 国家级 |
| 2 | 玛曲湿地候鸟自然保护区 | 甘肃省玛曲县 | 省级 |
| 3 | 若尔盖湿地自然保护区 | 四川省若尔盖县 | 国家级 |
| 4 | 青铜峡库区湿地保护区 | 宁夏青铜峡市 | 国家级 |
| 5 | 乌梁素海自然保护区 | 内蒙古乌拉特前旗 | 省级 |
| 6 | 河南黄河湿地自然保护区 | 河南省三门峡市、洛阳市 | 国家级 |
| 7 | 河南开封柳园口自然保护区 | 河南省开封市 | 省级 |

### 4.1.3.2 河道湿地生态系统保护目标

湿地生态系统保护目标的确立,取决于湿地的生态功能。保护目标的确立应能够使湿地应有的功能得以发挥。一般来讲,湿地的生态功能(ecological functions of wet lands)主要指湿地在建立生态系统可持续性和食物链维持力方面发挥的作用。主要包括三个方面的内容:一是维持食物链;二是为重要物种提供栖息地(鸟类栖息地和鱼类丰富多样的产卵、索饵场,高度丰富的物种多样性,重要的物种基因库);三是成为区域生态环境变化的缓冲场区。

在湿地生态系统中,物质和能量通过绿色植物的光合作用进入植物体内,然后沿食物链从绿色植物转移到昆虫、小型鱼虾等食草动物,再进入水禽、两栖、哺乳类等食肉动物。最后,部分有机物被微生物分解进入再循环,部分积累起来;而能量由于各营养级的呼吸作用及最后的分解作用,大部分转化为热量消失。由于湿地生态系统特殊的水、光、热条件,其初级生产力高,能量积累快。一般情况下,每年每平方米湿地平均生产 9 g 蛋白质,是陆地生态系统的 3~4 倍。反而观之,由于保护不当,一旦植物群落受到破坏,恢复能力的降低,动物种群的改变,湿地的丧失将直接导致物种多样性降低。尤其是植物的丧失对一个生态系统是极具破坏性的。因为初级生产者(湿地植物)是生态系统的基础,这些植物的丧失或者恢复能力的下降,将使湿地生态系统的整个营养结构发生改变。一些湿地动物依赖于这些湿地植物,将湿地植物作为食物"源"或掩蔽场所,而这些湿地动物的灭亡或移居也导致肉食动物的丧失。因此,维持湿地食物链的稳定成为湿地生态系统保护的主要目标之一。

由于湿地具有的巨大食物链及其所支撑的丰富的生物多样性,为众多的野生动植物提供了独特的生境,具有丰富的遗传物质,所以湿地拥有丰富的野生动植物资源,是众多野生动物,特别是珍稀水禽的繁殖和越冬地。据统计,在湿地生活、繁殖的鸟类有 300 多种,占全国鸟类总数的 1/3 左右,我国的 40 多种国家一类保护的珍稀鸟类约有 50% 在湿地生活。湿地中有鱼类 1 040 种,约占全国已知鱼类总数的 37%。湿地还是许多珍稀、濒危动物和植物的栖息与生存环境。由此可见,湿地具有丰富的生物多样性,或被认为是生物多样性的关键地区。湿地生物多样性( wet land biodiversity)是所有湿地生物种类、种内遗传变异和它们的生存环境的总称,包括所有不同种类动物、植物和微生物,以及所拥有的基因和它们与环境所组成的生态系统。河道湿地生态系统保护的目标应将生物多样性列入其中。

湿地不仅提供了维持食物链和生物多样性的基础条件,而且从客观视角分析,还应强调其巨大的环境功能和环境效益。研究和观测表明,湿地作为重要的水源,它通过热量和水汽交换,使其上空和周围附近的地带上空空气的温度下降,湿度增加,降低地温。湿地的冷湿效应具有一定的空间影响范围,能够形成局部冷湿场。毋庸置疑,湿地的环境功能及环境效益的发挥,与其面积和水源涵养量有极大关系。因此,河道湿地生态系统的保护目标,必须考虑湿地面积和水源涵养量的维持。

根据上述分析,黄河河道不同类型生态保护区的生态保护目标见表4-2。

**表 4-2　黄河河道不同类型生态保护区的生态保护目标**

| 生态系统类别 | 生态保护区名称 | 保护目标 |
| --- | --- | --- |
| 水生态系统 | 鄂陵湖、扎陵湖自然保护区,乌梁素海自然保护区 | 维持水面面积和水量;<br>保护珍贵经济鱼类、北方铜鱼、经济鱼类鲤鱼 |
| 鱼类产卵场 | 乌梁素海鱼类产卵场<br>汾河河口鱼类产卵场<br>渭河河口鱼类产卵场<br>伊洛河口鱼类产卵场 | 维持湿地面积;<br>保护鱼类产卵场及珍贵经济鱼类、北方铜鱼、经济鱼类鲤鱼 |

续表 4-2

| 生态系统类别 | 生态保护区名称 | 保护目标 |
|---|---|---|
| 库区湿地 | 青铜峡库区湿地<br>三门峡库区湿地 | 维持湿地面积；<br>鸟类主要保护的优势种群为大天鹅、小天鹅；<br>水生态系统中主要保护黄河鲤鱼等经济鱼种 |
| 河道湿地 | 河南孟津黄河湿地 | 维持湿地面积；<br>保护主要优势种群为国家重点保护鸟类 |
| | 洛阳吉利黄河湿地 | 维持湿地面积；<br>保护主要优势种群为国家重点保护鸟类 |
| | 开封柳园口黄河湿地 | 维持湿地面积；<br>保护主要优势种群为国家重点保护鸟类；<br>水生态系统中主要保护经济鱼种 |

#### 4.1.3.3　黄河下游沿岸湿地

黄河自孟津进入平原,河宽流缓,泥沙淤积,为防御洪水危害,沿河修筑了黄河堤防。黄河两岸堤距从几千米到 24 km 不等,在堤防等边界条件的约束下,沿河塑造了 3 544 km$^2$ 的滩地,耕地 25 万 hm$^2$,其中有许多附属水体,如开封北郊的黑池和柳池等。黄河主河道在宽阔的滩地上游荡摆动,成为典型的游荡性河道。由于主河道的游荡摆动及汛期大洪水时的漫滩行洪,造成黄河滩区此起彼伏,水流分支在河床上留下许多夹河滩,一些低洼地常年积水,因此在耕地与河道水域之间的过渡地带,土壤常年处于过湿状态。

黄河下游沿岸湿地因其有利的地貌特征和优良的水热条件,较大面积的浅水范围内水草茂盛,丰富的水生生物,是水禽理想的生活栖息地。过渡性的气候,使得此地的物种多样;优越的地理位置,使其成为多种候鸟迁徙的"中转站";离居民点较远,人类活动相对稀少,有利于保护生活和栖息于此的珍稀濒危鸟类。因此,黄河下游沿岸湿地在保护生态系统和生物多样性方面有着重要作用。

在黄河下游两岸大堤的内侧,分布着面积约 1 000 km$^2$ 的黄河滩地沼泽湿地。自上而下集中分布在灵宝至三门峡库区河段和孟津至兰考河段。上述两个河段河曲发育,河道主河槽两侧滩地宽窄不一,凸岸滩地宽阔,凹岸滩地狭窄。汛期洪水过后,低滩及新形成的嫩滩出露水面,沼泽广布,植物丛生,水质好,气候适宜,是众多鸟禽的良好栖息地,每年秋冬季节都有大批候鸟来此越冬。目前,在孟津县北部河段建立了"孟津黄河滩自然保护区(省级)",保护面积 195 km$^2$,保护对象是天鹅、鹤等珍稀鸟类及其生态环境。在三门峡库区河段建立了"三门峡库区自然保护区(省级)",保护面积 62 km$^2$,保护对象是湿地及珍稀鸟类。开封市北部柳园口河段,黄河滩地东西长约 4 km,枯水季节,河槽南岸出露宽 1~2 km 的低滩,北部出露宽 6~7 km 的低滩和嫩滩,其两端是鸟类聚集活动的地方,浅水地区和附近的稻麦农田则是鸟类栖息和觅食的地方。据专业部门调查统计,在黄河滩地沼泽湿地中有国家级一类保护动物 2 种,即丹顶鹤和白鹤,有国家级二类保护动物 8 种,包括水獭、大天鹅、小天鹅、灰鹤、黄嘴白鹭、鹊鹤、白尾鸥、纵纹腹小鸮等。有 98 种鸟类在这里栖息、活动、觅食。

在黄河下游两岸大堤的外侧,分布着面积约 4 700 km² 的临黄背河洼地沼泽湿地,其中郑州至开封河段为集中分布区。此段黄河为著名的"地上悬河",河床高出背河地面 4~6 m,最高达 12 m。大堤外侧宽 2~8 km 的范围内,地势低洼,排水不畅,黄河侧渗水出露地表,地面常年积水,形成大面积的背河洼地。黄河滩地和背河洼地沼泽湿地,植物茂盛,沼泽面积较大,水质较好,气候适宜,是许多珍稀水禽的重要栖息地,每年都有大批的候鸟来此越冬。开封市北部柳园口一带的背河洼地十分典型,沿黄大堤外侧平行于大堤呈条带状分布,地势低洼,地下水埋深小,沼泽、稻田、鱼塘广布,在此发现的国家一、二级重点保护鸟类有丹顶鹤、白鹤、灰鹤、蓑羽鹤、大天鹅、小天鹅等。1994 年在此建立了"开封柳园口自然保护区",1999 年升格为国家级自然保护区,保护面积 200 km²,主要保护对象为湿地和野生动植物。

### 4.1.4 河道生态系统需水量

#### 4.1.4.1 基本概念

迄今为止,国内外对生态系统需水量(water demand of ecosystem)尚未形成一个系统的、科学的理论体系和公认的定义,对其计算评价也存在许多问题,基本处于研究的初级阶段。

倪晋仁等认为,生态需水量应该是特定区域内生态系统需水量的总称,包括生物体自身的需水量和生物体赖以生存的环境需水量,其实质就是维持生态系统生物群落和栖息环境动态稳定所需的用水量。环境需水量实质上就是为满足生态系统的各种功能健康所需的用水,只有在明确目标功能的前提下,环境需水量才能被赋予具体的含义。河流生态环境需水量是在特定时间和空间内,为满足特定服务目标的变量,它是能够在特定水平下满足河流系统诸项功能所需水量的总称。具体包括:河流水污染防治用水、河流生态用水、河流输沙用水、河口区生态环境用水以及景观与娱乐环境用水。

杨志峰等认为,生态需水(ecological water demand)是指维持生态系统中具有生命的生物体水分平衡所需的水量。主要有下列几个方面:①维护天然植被所需要的水量,如森林、草地、湿地植被、荒漠植被等;②水土保持及水保范围之外的林草植被建设所需要的水量,如绿洲、生态防护林等;③保护水生生物所需要的水量,如维持湖泊、河流中鱼类和浮游植物等生存的用水。河道生态需水是指维持水生生物正常生长及保护特殊生物和珍稀物种生存所需要的水量。河道最小生态需水是指为维系和保护河流的最基本生态功能不受破坏,所必须在河道内保留的最小流量,其理论上由河流的基流量组成。河道最小生态需水量所要满足的生态功能主要包括:①维持水生生物栖息地;②维持河流生态系统平衡。

李丽娟等认为,河流系统包括河流、湖泊及其邻近土地,河流系统生态环境需水是指为维持地表水特定的生态环境功能,天然水体必须蓄存和消耗的最小水量。从这一概念出发,在实际计算中,生态环境需水量可分解为三个部分:①河流基本生态环境需水量;②河流输沙排盐需水量;③湖泊洼地生态环境需水量。

崔树彬等认为,生态需水量应该是指一个特定区域内的生态系统的需水量,而不是单单的生物体的需水量或者耗水量,是一个工程学的概念,重在生物体所在环境的整体需水量。"生态需(用)水量"与"生态环境需(用)水量"的含义及计算方法应当一致,计算生态需水量,实质上就是要计算维持生态保护区生物群落稳定和可再生维持的栖息地的环境需水量,也即"生态环境需水量"。

在美国,环境用水指服务于鱼类和野生动物、娱乐及其他美学价值类的水资源需求。主要包括:①联邦和州确定的自然和景观河流的基本流量;②河道内用水,指用于航运、娱乐、鱼类和野生动物保护以及景观用水;③湿地需水;④海湾和三角洲用水。

我国 2004 年出版的《中国水利百科全书》将生态环境用水(eco-environmental water use)定义为:"自然界依附于水而生存和发展的所有动植物和环境用水的总称。水既是人类生存和发展的重要物质基础,也是动植物生长的基本要素,同时又是环境的重要组成部分"。生态环境用水应包括四个方面的内容:①河道生态基流量;②生态环境保护用水;③维持地下水生态水位用水;④人居环境用水。

中国工程院组织 43 位院士和近 300 位院外专家参加完成的《21 世纪中国可持续发展水资源战略研究》认为:广义的生态环境用水,是指"维持全球生物地理生态系统水分平衡所需要的水,包括水热平衡、水沙平衡、水盐平衡等,都是生态环境用水"。狭义的生态环境用水,是指"维护生态环境不再恶化并逐渐改善所需要的水资源总量"。与之相应的"生态环境用水计算的区域应当是水资源供需矛盾突出以及生态环境相对脆弱和问题严重的干旱、半干旱和季节性干旱的半湿润区"。狭义的生态环境用水主要包括"保护和恢复内陆河下游的天然植被及生态环境;水土保持及水保范围之外的林草植被建设;维持河流水沙平衡及湿地、水域等生态环境的基流;回补黄淮海平原及其他地方的超采地下水"等方面。其含义均已超过了美国和《中国水利百科全书》所定义的"生态环境用水量"的范围。

由此可见,对生态环境需水量概念和内涵的理解,许多学者有不同的见解,对生态环境需水量的组成观点也不尽一致,这与学者对生态环境需水研究尺度理解不同有关。按照一般意义上对"生态"和"环境"的理解,生态需水应侧重于生物维持其自身发展及保护生物多样性方面,环境需水则侧重于环境改善方面,两者之间存在很大程度上的交叉和重合。随着生态学理论和环境科学的发展,生态与环境范畴交叉增多。生态学研究领域已从单纯的植物生态、动物生态,扩展到河流生态、森林生态、草原生态、城市生态系统的研究。而环境科学源于对生物与非生物因子环境关系的研究,环境科学的进展也进一步推动了生态学的发展,如建立了污染生态学、恢复生态学、景观生态学等。因此,可以说目前的生态学和环境学虽然研究领域各有重点,但愈加趋同。两者的本质和含义应当是一致的,"生态"本身就包含了一种环境状态的意思,一般意义上理解的"生态"应该是"环境"的一部分,难以从范围和内涵上严格界定。作者认为,在实际研究中,可根据研究目的和研究所考虑的需水保证内容选用合适的提法。例如:计算一个区域的生态需水量,实质上就是要计算维持这一区域生物群落稳定和可再生维持的栖息地的环境需水量,也就是"生态环境需水量",不应是单单的生物群落机体的"耗水量",而单单的生物群落机体的耗水量也不能算作生态需水量或环境需水量,因为任何生物群落都不可能离开它所赖以生存的环境而独立存在。

综上所述,作者认为,河道生态系统需水量可定义为维护地表水体特定的生态环境功能所需要的水量,主要包括以下两方面的内容:①河道内(范围包括河道及连通的湖泊、湿地、洪泛区)生态环境需水量,主要考虑保证枯水期的最小流量,使其满足一定的水体功能目标;保护鱼类及其他水生生物生存环境不被破坏并进一步好转;维持河流水沙平衡及湿地、河口需水。②河道外生态环境需水量,流域或区域陆地生态系统维系一定功能消耗的水量,包括生态恢复需水量。

### 4.1.4.2 河道生态系统需水量计算方法

河道生态系统需水量是河道生态系统健康最为关键的影响因子。一般认为,河道生态系统需水量与河道生态系统健康状态目标之间存在着相互影响和相互适应的复杂关系。河道生态系统健康与不健康的临界点和河道生态系统需水量的阈值相对应。当河道生态需水量能够满足某一范围值时,河道生态系统状况达到健康且稳定状态,该范围即为河道生态系统需水量的适应范围(见图4-1)。

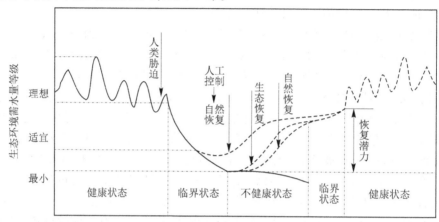

**图 4-1 河道生态系统健康等级**

关于河道生态需水量与河道生态系统健康等级之间的量化关系,国内外不少研究机构都进行了长期的研究,迄今为止,全世界约有 207 种计算河道生态系统需水量的方法。虽然计算方法繁杂,但大体上可归纳为水文学法、水力学法、栖息地法、整体法、综合法和其他方法共 6 类,图4-2 是各类方法的使用情况。

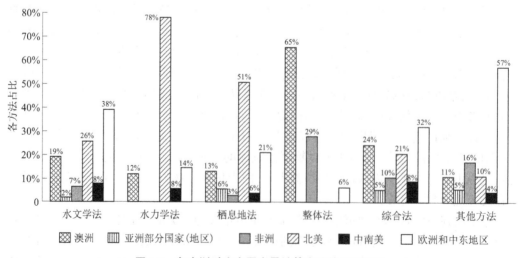

**图 4-2 各大洲对生态需水量计算方法的使用情况**

1.水文学法

水文学法(hydrology method)是以河道历史流量为基础确定河道生态需水,主要依据为水文测验数据,如日流量或月流量等。该方法的优点在于简便易行,只要某一河流有足够且准确的水文测验资料,就可以很快得出计算结果。由于这样的优点,其在流域尺度上的规划或对某一河流提供最初的评价时被广泛使用。但此种方法最大的缺点是脱离了特定用途,因此,其物理意义不明确,如不考虑栖息地、水质和水温等因素。正是这样的缺点,决定了此种方法的使用对象多为战略性管理领域,或使用于优先度不高的河段研究河道流量推荐值,也可作为其他方法的一种检验。

水文学法的代表者为 Tennant 法,也称为 Montana 法,以年平均流量的百分比作为推荐流量,在不同的月份采用不同的百分比。

1964~1974 年,Tennant 等对美国的 11 条河流进行了长达 10 年的且详细的野外研究,研究河段长度共计 315.4 km,研究断面 58 个,共 38 个流量状态。Tennant 等用观测到的数据建立了河宽、水深和流速等栖息地参数和流量的关系,研究在不同地区、不同河流、不同断面和不同流量状态下,物理的、化学的和生物的信息对冷水和暖水渔业的影响(见表 4-3)。

表 4-3 Tennant 法建立的栖息地质量和流量百分数之间的关系

| 流量及相应栖息地的定性描述 | 推荐基流标准(平均流量百分数) | |
| --- | --- | --- |
| | 一般用水期(10 月至次年 3 月) | 鱼类产卵育幼期(4~9 月) |
| 最大 | 200 | 200 |
| 最佳范围 | 60~100 | 60~100 |
| 很好 | 40 | 60 |
| 好 | 30 | 50 |
| 较好 | 20 | 40 |
| 一般或较差 | 10 | 30 |
| 差或最小 | 10 | 10 |
| 严重退化 | <10 | <10 |

Tennant 等认为,10%的平均流量对大多数水生生命体来说,是建议的支撑短期生存栖息地的最小瞬时流量(minimum instantaneous flow)。野外观测表明,当河道流量占平均流量的 10%时,河槽宽度、水深、流速等显著减少,河道湿周有近一半暴露,水生栖息地已经退化。而当河道流量占平均流量的 30%~60%时,河槽宽度、水深、流速等对鱼类觅食影响不大。当河道流量占平均流量的 60%~100%时,大部分河道与浅滩被淹没,只有少数卵石、沙洲露出水面,岸边滩地成为鱼类能够游及的地带,岸边植物有充足的水量,为水生生物提供优良的生长环境。

瑞士的河道最小剩余流量法也属于水文学法的一种。该方法以维护人类、动物和植物的健康生存,维持自然生态中的动植物群落,维持自然生态中鱼类对水的需求,确保水文循环的自然运行等为目标,提出河道里应维持合适的最小流量。在确定河道最小流量时,应首先计算 $Q_{347}$ 流量值,然后计算与 $Q_{347}$ 流量值相应的原则上必须保证的最小流量值。这里,$Q_{347}$ 是指超过 10 年平均的、每年有 347 d 达到或超过的流量平均值,且此流量应为未明显受到水库调蓄、供(引)水影响的天然流量。该方法对引水后河道里的最小剩余流量提出了规定(见表4-4)。

表4-4　瑞士对河道最小剩余流量的规定　　　　　　　　　　单位：m³/s

| $Q_{347}$ | 河道最小剩余流量 | 引水每增加流量 | 与引水相应增加的河道最小剩余流量 |
|---|---|---|---|
| 60 | 50 | 10 | 8 |
| 160 | 130 | 10 | 4.4 |
| 500 | 280 | 100 | 31 |
| 2 500 | 900 | 100 | 21.3 |
| 10 000 | 2 500 | 1 000 | 150 |

2.水力学法

与水文学法相比,水力学法(hydraulics method)将河道生物区的栖息地要求以及在不同流量水平下栖息地的变化给予了考虑,因而又被称为"栖息地法"或"生境法"(habitat method)。指利用生境与流量的关系,以确定能够提供最大生境的流量,或者低于某一流量时,适宜的生境面积就会急剧减少,其目标是为生活在河流中的水生生物提供或维持适宜的自然环境。这类方法一般基于两种假设:一是保护水生生物指示种(indicator species of aquaticorganisms)所需水量与保护整个水生生境所需的水量相同;二是保护水生生物栖息地、产卵场或育幼场所需水量与保护其他水域生态所需水量相同。

水力学法的代表者为湿周法、R2-CROSS 法等。

所谓湿周,是指河道过流断面上流体与固体壁面接触的周长。湿周法利用湿周作为栖息地的质量指标来估算期望的河道生态需水流量。通过在临界的栖息地区域(通常大部分为浅滩)现场搜集河道的几何尺寸和流量数据,并以临界的栖息地类型作为河流的其余部分的栖息地指标。该法需要确定湿周与流量之间的关系,河道内流量推荐值依据湿周-流量关系图中影响点的位置而确定,见图4-3。

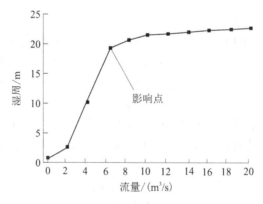

图4-3　湿周-流量的关系

湿周法存在的主要问题是对于湿周–流量关系中突变点选择上的主观性,因此,该方法的关键是需要选择一种确定突变点的方法。澳大利亚对这种方法进行了优化,利用详细的地形浅滩调查数据和 GIS 对自然栖息地面积(湿周)随流量的变化进行建模,与传统的横切面调查相比,其模型提供了更多有关可用栖息地的空间分布信息,同时也可证实多种低流量情景对生物栖息地的影响阈。湿周法受到河道形状的影响,适用于抛物线型河道,同时要求河床形态稳定,该法是目前国内外最常使用的方法。

R2-CROSS 法由美国林业部开发,以河道平均水深、湿周长百分数和平均流速作为冷水鱼栖息地指数,平均水深与湿周长百分数分别是河流顶宽和河床总长与湿周之比的函数,如能在浅滩类型栖息地保持这些参数稳定在某一值,将足以维护冷水鱼类与水生无脊椎动物在河道中的生境。生物学家根据鱼类的生物学需要和河流的季节性变化分季节制订了相应的标准(见表 4-5)。但该法采用一个河道断面水力参数代表整条河流,其误差较大。

表 4-5  R2-CROSS 法确定最小流量的标准

| 河流顶宽/m | 平均水深/m | 湿周率/% | 平均流速/(m/s) |
| --- | --- | --- | --- |
| 0.30~6.10 | 0.06 | 50 | 0.30 |
| 6.40~14.94 | 0.06~0.12 | 50 | 0.30 |
| 12.50~18.29 | 0.12~0.18 | 50~60 | 0.30 |
| 18.59~30.48 | 0.18~0.30 | ≥70 | 0.30 |

3.栖息地法

栖息地法(habitat method)不仅考虑自然栖息地随河道流量变化而变化的动态机制,而且还将这些信息与给定物种的栖息地偏好结合起来,确定在一定的河流流量范围内可用的栖息地的数量。其结果通常是以一个曲线的形式表明可用的栖息地面积与河流流量之间的关系,在此曲线上,可以确定大量特定物种的最优河流流量,作为推荐的河道生态需水流量。

最具代表性的栖息地法当属河道内流量增加法,即通常简化的 IFIM(instream flow incremental methodology)。该法是根据现场数据如水深、河流基质类型、流速等,采用 PHABSIM(physical habitat simulation)模型模拟流速变化和栖息地类型的关系,通过水力学数据和生物学信息的有机结合,决定适合于一定流量的主要的水生生物及栖息地。

4.整体法

整体法(integral method)注重对于整个生态系统的考虑,它将流量相关数据和知识组合起来,包括很多独立过程的连接,产生一种任何独立过程所不能产生的结果。该法是以天然水文状况为基础的,而且旨在提供包括河道、河滨地带、洪泛区、地下水、湿地以及河口在内的整个生态系统所需的水体。此法在南半球应用较多,主要因为北半球的很多方法是针对特殊种群的,对于整个河流生态健康的管理不是很多。澳大利亚的整体法和南非的建筑版地法(BBM)原理和前提相同,两法都要求提前评估未来河流被期待的情景,环境流量的模拟建立于月到月的基础上,通过不同部分的考虑来获得整体情况。

5.综合法

综合法(synthesis method)的代表者为专家模式,由一组专家人员来判断不同的生态物种的流量需求,专家的成员组成取决于河流的具体环境和社会特征及问题,但至少应包括水文学家、地理学家、水生生物学家、鱼类学家等,专家的经历用于参考其对环境流量评估的可靠性,将这些专家组成专家组,意在形成一个统一的环境流量的评估结果。此法在澳大利亚东部的很多河流得到了广泛应用,并且取得了成功。其特点是快速、灵活,且综合不同专家的知识,不依靠模型,但其结论只能针对具体的河流。

6.其他方法

除上述5种方法外,国内外以不同生态需求为目标而开发的河道生态需水量计算方法还有不少,如我国学者针对河流污染的问题提出的自净需水计算方法,针对北方河流具有明显季节性特点而提出的枯水季节最小流量法、月(年)保证率法等,国外学者针对满足地下水支撑的生态系统环境需求为目标提出了地下水位法、河滨湿地生态需水确定方法等。

#### 4.1.4.3 黄河河道生态系统需水量的确定

根据多年的研究,作者认为,黄河河道生态系统需水量的确定,应是以下三方面需水量的耦合:一是河道生态系统净需水量;二是河道损失水量;三是防凌安全水量。

1.河道生态系统净需水量

该部分水量可通过选择前述河道生态系统需水量计算方法进行计算。前述6类方法存在着明显的差异,但并不意味着哪一类正确哪一类错误,而是某种方法可能在某种条件下更为适用。选择适用方法的关键,是要了解此种方法适用的基本前提和内涵,以及方法适用的前提对流量评价的影响度。考虑黄河水生态、水环境特点,以及缺乏有关生物信息和水量影响关系的基础研究等因素,本书对黄河河道生态系统净需水量的计算分别采用水文学法、水力学法和其他方法中的自净需水计算法进行计算,在此基础上,取三者计算结果的外包线(见表4-6)。

表4-6 黄河河道生态系统净需水流量 单位:m³/s

| 断面 | 1月 | 2月 | 3月 | 4月 | 5月 | 6月 | 7~10月 | 11月 | 12月 |
|---|---|---|---|---|---|---|---|---|---|
| 兰州 | 350 | 350 | 350 | 350 | 350 | 350 | 350 | 350 | 350 |
| 下河沿 | 340 | 340 | 340 | 340 | 340 | 340 | 340 | 340 | 340 |
| 石嘴山 | 330 | 330 | 330 | 330 | 330 | 330 | 330 | 330 | 330 |
| 头道拐 | 120 | 120 | 120 | 120 | 200 | 200 | 300 | 120 | 120 |
| 龙门 | 240 | 240 | 240 | 240 | 240 | 240 | 400 | 240 | 240 |
| 潼关 | 300 | 300 | 300 | 300 | 300 | 300 | 500 | 300 | 300 |
| 花园口 | 320 | 320 | 320 | 320 | 320 | 320 | 400 | 320 | 320 |
| 利津 | 120 | 120 | 120 | 120 | 250 | 250 | 300 | 120 | 120 |

注:7~10月为黄河汛期。

2.河道损失水量

水流在河道演进过程中的蒸发和渗漏损失是河流水循环的重要环节,也是在对环境流量进行上、下断面平衡时所必须考虑的重要因素。

河道水面蒸发量可根据河道水面降水量、平均气温、河道水面面积等参数进行计算。其中,河道水面宽度采用12个月中每月1日水面宽度的平均值。计算结果为:黄河河道年平均水面蒸发量为 23.34 亿 $m^3$,折合平均流量为 74 $m^3/s$。

用水库水面蒸发量计算式对黄河干流龙羊峡、刘家峡、青铜峡、万家寨、三门峡、小浪底等水库蒸发量的计算结果是:年平均蒸发量 8.62 亿 $m^3$,折合平均流量 27 $m^3/s$。用黄河河道及水库渗漏量计算式对黄河干流河道和水库的渗漏量的计算结果为:年平均渗漏量 21.75 亿 $m^3$,折合平均流量 69 $m^3/s$。河道损失水量为河道及水库水面蒸发量与河道及水库渗漏量之和,两者共计 53.73 亿 $m^3$,在黄河干流各河段的分配见表 4-7。

表 4-7　黄河河道损失水量　　　　　　　　　　　单位:亿 $m^3$

| 河段 | 蒸发损失 | | 渗漏损失 | | 合计 |
|---|---|---|---|---|---|
| | 河道 | 水库 | 河道 | 水库 | |
| 兰州以上 | 2.89 | 2.84 | 0.17 | 1.70 | 7.60 |
| 兰州—头道拐 | 12.27 | 1.17 | — | 0.70 | 14.14 |
| 头道拐—龙门 | 2.32 | 0.86 | — | 0.51 | 3.69 |
| 龙门—三门峡 | 0.63 | 1.78 | 4.54 | 1.06 | 8.01 |
| 三门峡—花园口 | 0.57 | 1.97 | 0.91 | 1.18 | 4.63 |
| 花园口以下 | 4.66 | — | 11.00 | — | 15.66 |
| 合计 | 23.34 | 8.62 | 16.62 | 5.15 | 53.73 |

河道损失水量折合年平均流量为 170 $m^3/s$,根据对典型河段和典型水库蒸发与渗漏的原型观测与统计,汛期 7~10 月占 27%,非汛期 11 月至次年 6 月占 73%,依此比例将河道损失量折合为平均流量后可分配至一年的各月中(见表 4-8)。

表 4-8　黄河河道损失水量(流量)月分配　　　　　　　　单位: $m^3/s$

| 河段 | 1 月 | 2 月 | 3 月 | 4 月 | 5 月 | 6 月 | 7 月 | 8 月 | 9 月 | 10 月 | 11 月 | 12 月 |
|---|---|---|---|---|---|---|---|---|---|---|---|---|
| 兰州以上 | 29 | 42 | 61 | 89 | 74 | 33 | 20 | 20 | 6 | 35 | 43 | 31 |
| 兰州—头道拐 | 13 | 20 | 38 | 72 | 93 | 86 | 61 | 41 | 43 | 35 | 22 | 14 |
| 头道拐—龙门 | 5 | 7 | 11 | 21 | 27 | 23 | 12 | 7 | 10 | 10 | 7 | 6 |
| 龙门—三门峡 | 23 | 26 | 27 | 33 | 34 | 32 | 18 | 19 | 18 | 20 | 23 | 24 |
| 三门峡—花园口 | 14 | 17 | 17 | 23 | 25 | 24 | 7 | 9 | 13 | 15 | 16 | 16 |
| 花园口以下 | 44 | 51 | 54 | 64 | 68 | 65 | 35 | 35 | 35 | 53 | 49 | 47 |
| 合计 | 128 | 163 | 208 | 302 | 321 | 263 | 153 | 131 | 125 | 168 | 160 | 138 |

**3.防凌安全水量**

在黄河干流河道的走势中,有两段河道是从低纬度流向高纬度的,一段是位于上游的宁蒙河段,另一段是位于下游的山东河段。进入冬季后,位于高纬度的河段先结冰,位于低纬度的河段后结冰;进入春季后,位于低纬度的河段先开河,位于高纬度的河段后开河。若在封河、开河时段对上、下游流量控制不当,则会发生凌汛灾害。发生冰凌卡塞或冰坝引发凌汛决口的因素有三类:一是不利的地形条件,如河道多弯、束窄以及有犬牙交错的边滩;二是动力因素,如前期河槽蓄水量等;三是热力因素,如不同河段的水温等。研究和实践都表明,在一定的气温、冰情、水情条件下,若要保证凌汛安全,冰期河道内不产生冰凌堵塞,创造"文开河"的条件,利用水库调节水量和水温是非常有效的。如在高纬度河段封冻前,水库适当加大泄量,一方面可以推迟封河时间,另一方面也可抬高冰盖。封河后减小水库的流量,也即减少河道槽蓄水量,为安全开河创造条件。例如:根据研究与观测,若要确保宁蒙河段的防凌安全,须利用刘家峡水库对其下泄流量进行控制,一般情况下,12月封河时控制兰州河段流量为500 m³/s,1~3月递减,分别为450 m³/s、400 m³/s、350 m³/s。

综合考虑以上河道生态系统净需水量、河道损失水量和防凌安全水量三方面的因素,得到黄河河道生态系统需水量及其时间分配(见表4-9)。

表4-9　黄河河道生态系统需水过程　　　　　单位：m³/s

| 断面 | 1月 | 2月 | 3月 | 4月 | 5月 | 6月 | 7~10月 | 11月 | 12月 |
|---|---|---|---|---|---|---|---|---|---|
| 兰州 | 450 | 400 | 350 | 350 | 350 | 350 | 350 | 350 | 500 |
| 下河沿 | 445 | 395 | 340 | 340 | 340 | 340 | 340 | 340 | 495 |
| 石嘴山 | 440 | 390 | 330 | 330 | 330 | 330 | 330 | 330 | 490 |
| 头道拐 | 430 | 380 | 310 | 220 | 220 | 220 | 300 | 220 | 480 |
| 龙门 | 240 | 240 | 240 | 240 | 240 | 240 | 400 | 240 | 240 |
| 潼关 | 300 | 300 | 300 | 300 | 300 | 300 | 500 | 300 | 300 |
| 花园口 | 320 | 320 | 320 | 320 | 320 | 320 | 400 | 320 | 320 |

注:7~10月为黄河汛期。

## 4.2　黄河河口生态系统

### 4.2.1　河口生态系统的基本要素

黄河入海口位于渤海湾和莱州湾之间。黄河大量的泥沙输送到河口,填海造陆,形成了辽阔的河口三角洲。近代黄河三角洲,一般指以宁海为扇面顶点,北起徒骇河口,南至支脉沟口,面积约6 000 km²的扇形地区,大致包括1855年黄河在兰考铜瓦厢决口改道夺大清河入渤海以来,入海流路改道摆动的范围。黄河三角洲涉及山东省东营市大部分地区和滨州市少部分地区(见图4-4)。

黄河河口属弱潮陆相河口,大量的泥沙进入河口地区以后,河海交界处水流挟沙力骤然降低,海洋动力又不足以输送如此巨量的泥沙,因此,入海泥沙除少部分由海流、潮流、余流等直接或间接输往深海区外,大部分泥沙淤积在滨海,填海造陆,使黄河河口不断淤积延伸。随着延伸长度的增加,侵蚀基准面外移,河道比降变平,溯源淤积加剧,河床不断抬高,当河床抬高到一定程度后,水流必将自动寻找低洼地区另辟捷径入海。此后,沙嘴延伸、河床抬高的过程又在新的基础上重新开始。黄河三角洲的演变过程,体现在尾闾河道的"淤积—延伸—摆动—改道"的周期性变化上。

·112·

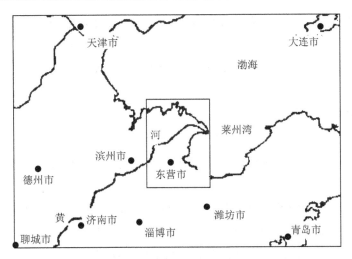

**图 4-4　黄河三角洲位置图**

在黄河独特水沙条件和渤海弱潮动力环境的共同作用下,黄河三角洲形成了我国暖温带最广阔、最完整的原生湿地生态系统。黄河三角洲湿地面积广阔,湿地类型多样,既有河流湿地,也有浅海湿地,河流与海洋交互形成的滨海湿地、滩涂湿地,还有大量人工建造的湿地,如平原水库、坑塘、水田等,湿地面积共计 15.51 万 hm²(见表 4-10)。

**表 4-10　黄河三角洲湿地面积统计表**

| 湿地类型 | | 面积/万 hm² | 比例/% |
|---|---|---|---|
| 天然湿地 | 芦苇 | 2.76 | 17.8 |
| | 灌丛 | 1.31 | 8.4 |
| | 河滩地 | 2.92 | 18.8 |
| | 河流 | 0.29 | 1.9 |
| | 其他水域 | 0.28 | 1.8 |
| | 盐碱滩 | 2.41 | 15.5 |
| | 高潮滩 | 0.88 | 5.7 |
| | 中潮滩 | 0.84 | 5.4 |
| | 低潮滩 | 0.58 | 3.8 |
| 人工湿地 | 人工盐沼 | 2.08 | 13.4 |
| | 水田 | 0.46 | 3.0 |
| | 水库 | 0.70 | 4.5 |
| 总计 | | 15.51 | 100 |

河口生态系统位于流域生态系统与海洋生态系统的交会处,来自于陆地的河水径流与海水在河口地区相互混合,水的盐度从河水的接近于零连续增加到正常海水的数值,水体中的生物群落也处于陆地与海洋生态系统之间的过渡状态,由此形成了河口地区独特的环境和生物组成特征。

#### 4.2.1.1 湿地植物

湿地植物是生长在土壤过湿、周期性积水或常年浅层积水生境的植物,由湿生植物、沼生植物和水生植物组成。湿地植被是湿地生态系统的基本组成部分,是湿地结构功能的核心。

黄河河口生态系统中的植物分布,取决于河口湿地生态系统的演替规律。

黄河河口湿地演替从空间上分为纵向与横向两个演替方向。纵向上,主要是滨海湿地随着陆进海退的过程从盐生植被逐渐演替为中生植被,最后演替为顶极群落落叶阔叶林。横向上,表现为以黄河河床为轴,受淡水资源分布和补给的限制,沿着河床向两侧展开,自水生植被向沼生植被演替,直至落叶阔叶林。

黄河河口湿地植被的对称分布,反映了由海洋向陆地土壤盐分含量逐渐减小的过程,也说明黄河河口湿地演替受人为的影响还较少,还处于原生湿地的环境中。同时,由黄河河滩地向两岸也依次分布着芦苇、林草地、柽柳和翅碱蓬,反映了黄河淡水资源的生态效益,越靠近黄河河道,土壤含盐量就越低。

从具体演替过程上看,纵向上,滨海湿地常受海潮浸渍,或受高盐度地下水影响,加上新生湿地成陆时间短,土壤成土年幼,高度耐盐、生命力较强的盐地碱蓬[ *Suaeda salsa* (L.) Pall ]、獐茅( *Aeluropus sinensis* )、柽柳( *Tamarix chinensis* Lour.)群落首先侵入定居、竞争,逐渐发展到郁闭群落。这些植被的生长,增加了土壤有机质,降低了土壤的盐碱度,随着陆进海退过程、地势的逐渐抬高,土壤养分的积累,盐生植被逐渐被中度耐盐和轻度耐盐的植物群落所代替。当土壤含盐量降至0.1%~0.2%时,则分别生长以白茅[ *Imperata cylindrica* (L.) Beauv.]、拂子茅[ *Calamagrostis epigeios* (L.) Roth ]、野大豆( *Glycine soja* Sieb.et Zucc.)等旱生植物为主的群落,最后向顶极群落落叶林发展。横向上,在河流水面,首先出现水生植被。在河道两侧的低洼地上,长年或季节性有积水,土壤含盐量一般为0.3%~0.6%,土壤多发育为沼泽性盐土,适宜芦苇( *Phragmites communis* Trin.)、荻[ *Triarrhena sacchariflora* (Maxim.) Nakai ]的生长。在黄河的滩地上,潜水埋深在2 m以下,土壤含盐量低,土壤类型为潮土,土质肥沃,分布着天然柳林。可见,在以黄河河道为轴的横向演替方向上,随着淡水资源的减少,自河床依次是水生植被、芦苇+荻群落、白茅等杂草群落、天然柽柳群落,表现为从水生植被向中生植被直至旱生植被的演替规律。

黄河河口湿地优势植被群落主要如下:

(1)翅碱蓬群落。翅碱蓬群落分布面积较大,平均高潮线以上的滩涂是该群落的理想生境。由于经常受到海潮浸渍,土壤含水量和含盐量都很高。群落盖度在 30% 左右,翅碱蓬高 50~100 cm,春夏季节为暗红色,秋季为显红色。

(2)柽柳群落。在黄河河口潮间带、潮上带以及内陆盐渍地均有分布,盖度高者可达 30%,平均高度 100 cm。柽柳属泌盐型灌木,因而含盐高的潮间带可以形成纯丛。

(3)杞柳群落。以杞柳(*Salix integra* Thunb.)为优势种,伴生有旱柳(*Salix matsudana* Koidz.)、垂柳(*Salixbaby kmica* L.)、芦苇、野大豆等。杞柳是黄河三角洲天然灌丛的主要群落,约占灌丛面积的 40%,是构成三角洲生态系统的主要成分。在黄河河口新淤土地上,杞柳是湿地成林的先锋树种,1~2 年就可发育成盖度较高的原生植被。杞柳耐盐碱,在地下水 1.0~1.5 m、矿化度 5~10 g/L、全盐 0.38%~1.17%、pH = 7.5~8.0 的滨海潮土上,也可形成盖度较高的群丛。

(4)白茅群落。该群落分布在黄河近期新淤积地带,以及弃耕地时间较短的地段。群落盖度一般为 30%~50%,白茅的建群作用明显。

(5)芦苇群落。芦苇群落是黄河河口湿地的主要植物群落,有芦苇草甸和芦苇沼泽。芦苇草甸分布在芦苇沼泽的外围,地势较高,没有积水和季节性变化,土壤为盐化草甸土,芦苇高度 100~150 cm,群落盖度 70%~80%。芦苇沼泽分布在常年积水或季节性积水的淡水湿地。

(6)水生群落。主要类型有挺水植被香蒲(*Typha angustata* Bory et Chaub)群落、沉水植被狐尾藻(*Myriophyllum verticillatum* L.)+眼子菜(*Potamogeton distinctus* A.Bennett)+金鱼藻(*Ceratophyllum demersum* L.)群落。香蒲群落分布在水深 50 cm 左右的生境,往往镶嵌在以芦苇沼泽为基质的景观中,群落上层由香蒲构成,盖度 50%~60%。狐尾藻+眼子菜+金鱼藻群落分布在水深 50 cm 以上的积水区,盖度可达 40%~50%。

#### 4.2.1.2 湿地动物

黄河河口湿地中广泛大量存在着从原生动物、海绵动物等到脊索动物等各种动物种群,体现了陆栖动物漫长的登陆演化过程。湿地中各种类型的动物分布交互混杂,但在各自的领域又有独特的特点(见表 4-11)。

根据《国家重点保护野生动物名录》,黄河三角洲湿地中属于国家一级重点保护动物的有 7 种,分别是白鹳(*Ciconia ciconia*)、中华秋沙鸭(*Mergus squamatus*)、金雕(*Aquila chrysaetos*)、白尾海雕(*Haliaeetus albicilla*)、丹顶鹤(*Grus japonensis*)、白头鹤(*Grus monacha*)、大鸨(*Otis tarda*)。属于国家二级重点保护动物的有 39 种,其中,主要是棱皮龟(*Dermochelys coriacea*)、斑嘴鹈鹕(*Pelecanus philippensis*)、海鸬鹚(*Phalacrocorax pelagicus*)、白额雁(*Anser albifrons*)、大天鹅(*Cygnus cygnus*)、黑鸢(*Milvus migrans*)、灰鹤(*Grus grus*)、小杓鹬(*Numenius minutus*)、红隼(*Falco tinnunculus*)、红脚隼(*Falco vespertinus*)、燕隼(*Falco subbuteo*)、鸳鸯(*Aix galericulata*)、小天鹅(*Cygnus columbianus*)、雀鹰(*Accipiter nisus*)、苍鹰(*Accipiter gentilis*)等。

表 4-11　黄河河口湿地动物

| 范围 | 分类 | 种数 | 数量及区域分布 |
|---|---|---|---|
| 浅海滩涂湿地 | 浮游动物 | 腔肠动物门 21 种<br>节肢动物门 56 种<br>毛颚动物门 1 种<br>尾索动物门 1 种<br>总计 79 种 | 大网浮游动物年平均个体数量为 2 090 个/m²,中网浮游动物年平均个体数量为 3 593 个/m²,以莱州湾最多 |
| | 底栖动物 | 腔肠动物门 1 种<br>环节动物门 74 种<br>软体动物门 66 种<br>节肢动物门 50 种<br>腕足动物门 2 种<br>棘皮动物门 8 种<br>脊索动物门 21 种<br>总计 222 种 | 多毛类遍布该海域,甲壳类和棘皮动物多居黄河口以北,软体动物多居黄河口以南。年平均生物量 1.6 g/m²,以 11 月最多,达 4.2 g/m²。高生物量主要分布在黄河口以南至小清河口之间 |
| | 潮间带动物 | 节肢动物门 72 种<br>软体动物门 55 种<br>环节动物门 40 种<br>脊索动物门 10 种<br>腔肠动物门 3 种<br>变形动物门 3 种<br>其余共 6 门 6 种<br>总计 189 种 | 本带动物总生物量平均达 190 g/m²,其中软体生物最多,甲壳动物次之。一般从高潮区到低潮区生物量递增,生物密度以中潮区较多 |
| | 鱼类 | 软骨鱼纲 10 种<br>硬骨鱼纲 102 种<br>总计 112 种 | 平均生物量 335.2 kg/km²,夏季最多,达 594.5 kg/km²;冬季最少,仅为 47.8 kg/km² |
| 内陆湿地 | 浮游动物 | 原生动物 50 种<br>轮虫类 49 种<br>枝角类 24 种<br>桡足类 21 种<br>总计 144 种 | 本域以原生动物和轮虫类最多,原生动物个体数量以挑河为多,轮虫类以广南水库为多,枝角类以徒骇河为多,桡足类以孤北水库为多 |
| | 底栖动物 | 环节动物门 9 种<br>软体动物门 24 种<br>节肢动物门 36 种<br>总计 69 种 | 底栖动物为价水型,多集中于水库江地,种群密度 15～260 个/km²,挑河密度最低。生物量年均值为 1.0～444.0 g/km²,以黄河故道为最多 |
| | 鱼类 | 硬骨鱼纲 65 属<br>102 种 | 本区鱼类多样性较为丰富 |

续表 4-11

| 范围 | 分类 | 种数 | 数量及区域分布 |
|---|---|---|---|
| 陆地 | 昆虫 | 直翅目 31 种<br>鞘翅目 17 种<br>鳞翅目 16 种<br>蜻蜓目 8 种<br>同翅目 8 种<br>其他 14 种<br>总计 94 种 | 三角洲内广泛分布 |
| | 两栖 | 无尾目 6 种 | 三角洲内广泛分布 |
| | 爬行类 | 龟鳖目 1 种<br>蜥蜴目 7 种<br>总计 8 种 | 种类贫乏,数量较少 |
| | 鸟类 | 雀形目 47 种<br>鸻形目 45 种<br>雁形目 31 种<br>其他 76 种<br>总计 199 种 | 分布广泛,多样性丰富,但一半以上聚居在自然保护区内,其种群密度及数量均较大,是候鸟的重要"中转站" |
| | 兽类 | 食虫目 4 种<br>翼手目 5 种<br>食肉目 6 种<br>兔形目 1 种<br>啮齿目 7 种<br>总计 23 种 | 以中小型兽类为主,仅在局部有出没。草兔和鼠类众多,分布广泛 |

## 4.2.2　河口生态系统的生态功能

黄河河口湿地生态系统在为重要鸟类提供栖息地和保护生物多样性、净化环境和提高环境质量、补充地下水和防止盐水入侵以及蓄滞洪水和减轻洪水灾害等方面具有不可替代的功能。

### 4.2.2.1　为重要鸟类提供栖息地和保护生物多样性

黄河河口湿地地处东北亚内陆和环西太平洋鸟类迁徙的中间位置,生态环境独特,是许多珍稀濒危鸟类的越冬栖息地和繁殖地,以及东北亚内陆和环西太平洋鸟类迁徙的

"中转站",是一块极具保护价值的具有国际意义的湿地。同时,其丰富的生物多样性及其组成的复合生态系统,为区域生物多样性保护、生态系统稳定性的维持和可持续方面起到了极其重要的作用。

#### 4.2.2.2 净化环境,提高环境质量

湿地一般具有较强的降解和转化污染的能力,特别是湿地植物能够富集许多重金属,有时富集浓度是水体浓度的 10 万倍以上,如芦苇净化铅、锰、铬的能力分别是 80%、95%、100%。黄河河口湿地中分布着大面积的芦苇,尤其是大面积的芦苇草甸和芦苇沼泽,具有净化水质、降解河流污染物的功能,从而可有效减轻渤海湾的污染,提高渤海湾的渔业生产能力。其中,芦苇沼泽对水流中各种污染物质(如 $BOD_5$、SS、营养元素 N 和 P、微量元素、难以降解有机物及病原菌等)都有明显削减作用。

#### 4.2.2.3 补充地下水和防止盐水入侵

由于草根层具有蓬松海绵状的结构特征,因而其具有密度小($0.1 \sim 0.5$ g/cm³)、相对密度小(1.85 左右)、饱和含水量大(80%~100%干土重)、最大持水量大(400% 左右)、出水系数大(0.5 左右)等特点。草根层中的水有重力水、毛管水、薄膜水、渗透水和化合水等 5 种存在形式,除重力水外,其他 4 种形式的水都受分子力作用,不会自行流出,因而湿地具有储水功能。黄河河口湿地接纳雨水和洪水后,充分发挥其储水功能,下渗可扩大地下水容量,蒸发又可增加空气湿度。

在黄河河口湿地,淡水层位于咸水层的上部,淡水层的减弱或消失,将导致深层咸水上移或内侵,改变当地生态环境,使土地盐碱化、淡水水井变为盐水水井等,尤其会导致农业灌溉用水和居民饮水供应的困难。

#### 4.2.2.4 蓄滞洪水

由于黄河河口湿地地面坡度很小,地下水位高,在海水顶托下,大量河水滞留于滨海湿地,使其成为黄河水入渤海前的天然蓄洪水库。若以海拔 5 m 作为湿地界限,除已开垦的水稻种植区外,可作为天然蓄洪水库的面积约为 1 400 km²,按平均蓄水深度 2 m 计算,可蓄洪 28 亿 m³。黄河河口湿地的蓄水调控功能,既能有效地削减黄河洪水演进至河口地区的洪峰,又能储存部分水资源,有利于区域合理利用水资源。

### 4.2.3 河口生态系统保护目标

不同的生态系统在维护生物多样性、保护物种、完善整体结构和功能、促进景观结构自然演替等方面存在着差异。同时,不同生态类型对外界干扰的抵抗能力也不同。

1992 年 10 月,国务院批准黄河三角洲自然保护区为国家级自然保护区,总面积 15.30 万 hm²,其中陆地面积 8.27 万 hm²,海域面积 7.03 万 hm²(-3 m 等深线,见图 4-5)。核心区、缓冲区和实验区的面积分别为 5.80 万 hm²、1.32 万 hm² 和 8.18 万 hm²(见表 4-12)。

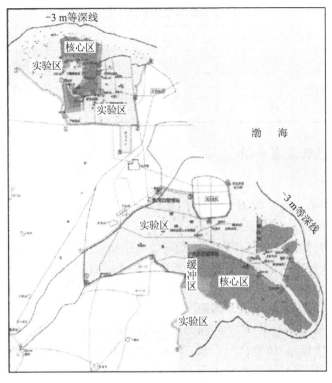

图 4-5　黄河三角洲国家级自然保护区

表 4-12　黄河三角洲自然保护区功能区划

单位:hm²

| 功能区划 | 核心区 | 缓冲区 | 实验区 | 合计 |
|---|---|---|---|---|
| 黄河口管理站 | 6 836 | 830 | 34 284 | 41 950 |
| 一千二管理站 | 16 102 | 5 057 | 27 341 | 48 500 |
| 大汶流管理站 | 35 069 | 7 346 | 20 135 | 62 550 |
| 自然保护区合计 | 58 007 | 13 233 | 81 760 | 153 000 |

　　该保护区范围为东北亚内陆和环西太平洋鸟类迁徙的重要"中转站"、越冬栖息地和繁殖地,其保护目标是为黄河口新生湿地生态系统和珍稀、濒危鸟类提供栖息地,保护区内栖息和繁殖的指示物种为白鹳(*Ciconia ciconia*)(最大种群 40 只左右)、丹顶鹤(*Grus japonensis*)(约有 200 只在本区过冬)、黑嘴鸥(*Larus saundersi*),其选择的主要生境是芦苇沼泽、翅碱蓬等。其中后者为盐生草甸,而芦苇沼泽只能以淡水维持。天然状态下,以黄河水为主要水源的湿地群落除少量河滩地外,主要分布在入海流路两侧的芦苇湿地,包括芦苇沼泽、芦苇草甸等。因为黄河河口湿地指示物种的栖息地和繁殖地主要为淡水维持的芦苇湿地,所以河口生态系统的主要保护目标应为芦苇湿地。据观测统计,芦苇湿地的鸟类栖息和典型植被在不同季节对淡水有不同的水深环境要求(见表 4-13)。

表 4-13　鸟类栖息和芦苇生长对淡水水深的要求

| 时段 | 平均需水深/cm | 需水深/cm | 需水原因 |
|---|---|---|---|
| 4~6 月 | 30 | 10~50 | 芦苇发芽和生长 |
| 7~10 月 | 50 | 20~80 | 芦苇生长、鸟类栖息 |
| 11 月至次年 3 月 | 15 | 10~20 | 鸟类越冬栖息 |

### 4.2.4　河口生态系统需水量

#### 4.2.4.1　基本概念

与本章前述河道生态系统需水量一样,迄今为止,国内外对河口生态系统需水量尚未形成公认的、统一的概念与定义。

杨志峰等认为,河口生态环境需水首先满足水循环及生物循环消耗对水量的要求,同时在满足河口淡水湿地水深及水面面积要求的基础上,为保持河口淡水、盐水混合的基本特点,保持一定水量的径流淡水输入,实现河口生态系统盐度平衡。保持河口水域合理盐度是河口生物栖息地对水量的基本需求。

王西琴认为,从理论上讲,广义的河口生态需水指维持河口生态系统平衡所需要的水量,即河口生态系统储水、植物自身需水、蒸散发所需补水等。狭义的河口生态需水是指为保持河口一定的生态目标所需的淡水入流量。

郝伏勤等认为,河口生态需水主要包括三角洲湿地生态环境需水量、河口近海生物需水量、河流海洋洄游性鱼类最小需水量、河口景观环境需水量等部分。

王新功等认为,河口湿地环境需水量是指维持湿地生态系统平衡和正常发展,保障湿地系统基本生态功能正常发挥所需的水量。

美国得克萨斯州的"水法"中将河口生态需水定义为:"在一个河口所接收的水量要能保证足够的盐度、营养物质以及沉积物,从而使河口系统保持其重要的生产能力,并且满足在生态和经济上都具有重要意义的鱼类、甲壳类动物以及它们所依赖的鱼类的生存需要。"

作者认为,河口生态系统需水量是在特定时间和空间为满足特定服务目标的变量,是河口生态系统中客观存在的水量,它随着河口生态系统的发展而呈动态性变化。换言之,河口生态系统需水量是指维持河口生态系统的生态功能正常发挥的淡水补给量。主要包括:保持水盐平衡的淡水补给量、保持河口湿地合理水面面积及水深的淡水补给量、水循环消耗需水量等。

1.保持水盐平衡的淡水补给量

该部分水量应包含两个方面:一是防止海水入侵的淡水补给量,二是维持生物生长环境的淡水补给量。当然,二者在某时间段上是重叠的。

1)防止海水入侵的淡水补给量

河水与海水在"口门"交汇时,由于海水密度和比重较大,海水便以"盐水楔"方式上溯前进。密度大的海水从底部向上游潜入,"盐水楔"的推进距离随河流径流量及水深和盐、淡水密度差而变化。径流量减小,水深增大以及盐、淡水密度差增加,均可使入侵距离增大。当密度较小的河水在海水上层下泄时,咸淡水之间的交界面的摩擦作用,使"盐水楔"靠近交界面的部分盐分被挟带下泄。为了维持水体的连续性,需要不断地给下层补偿海水,因此出现近底层为上溯流,其上为下泄流,中间流速为零的界面,从而产生密度环流(见图 4-6)。

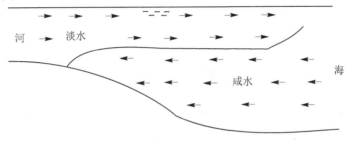

**图 4-6　河口"盐水楔"示意图**

盐水密度环流加大了底部涨潮流速,减小落潮底部流速,从而阻止河流底部泥沙向外海排泄,加强河口外泥沙向内转移,使河口地区产生淤积。通常认为"盐水楔"是形成河口拦门沙的主要原因之一。丰水期由于径流入海流量大,咸、淡水的混合主要在"口门"附近发生,泥沙的絮凝沉淀将加快"口门"外拦门沙体的形成。枯水期由于径流入海流量小,咸、淡水的混合同时在河道内发生,泥沙的絮凝沉淀加快了河道中拦门沙体的形成。因此,从防止海水上溯入侵和有利于扼制在河道内形成拦门沙的角度分析,河口应保持一定的淡水入海水量,且其过程要满足一定的目标要求。

2) 维持生物生长环境的淡水补给量

河口的盐度环境或结构直接影响根生和无根生有机体的分布,同样也影响移动有机体的分布。维持河口水域合理盐度是河口生物栖息地对淡水补给的基本需求。许多河口栖息的有机体,在其不同的生长发育阶段都有特殊的盐度需求。河口近岸海域的低盐度区域是幼鱼和无脊椎动物的育苗场,也是洄游鱼类重要的产卵场,盐度升高,会破坏它们的栖息地和产卵环境。

黄河口及其附近海域的鱼类有 80 余种,全年以暖温性种群居多,在冬季还分别出现少量暖水性种群和冷暖性种群,其生物学特点主要取决于种群的适应性和环境的变化,其数量分布与海水的温度、盐度关系密切。春季海水的温度、盐度都对梭子鱼和鲈鱼的数量及分布产生影响,其中温度起决定作用。夏季海水的温度、盐度与鳀鱼(*Engraulis japonicus*)、黄鲫(*Setipinna taty*)、鲈鱼(*Micropterus Salmoides*)、小黄鱼(*Pseudosciaena polyactis* Bleeker)、银鲳(*Pampas argenteus*)、焦氏舌鳎(*Arelicus joyneri* Gunther)等 6 种鱼的数量分布关系非常显著,其中盐度影响大于温度。秋季斑鰶、黄鲫、刺头梅童鱼、小黄鱼、银鱼、焦氏舌鳎等的数量分布受海水盐度影响较大。冬季海水温度、盐度对刀鲚(*Coilia nasus*)、梭鱼(*Liza haematocheila*)、黑鳃梅童鱼、绵虾等有一定的影响,但并不显著。由此可见,盐度和其他的动力学特性决定了一个河口地区栖息地的适宜性,影响河口生物资源的数量与质量。研究表明,4~6 月是鱼虾产卵、孵化的高峰季节,此间的盐度要求对其产卵、孵化具有重要意义,海水的适宜盐度应为 23‰~27‰。

2.保持河口湿地合理水面面积及水深的淡水补给量

黄河河口湿地是形成较晚的新生湿地生态系统,因此,其生态需水应包括湿地植被生长需水、湿地土壤需水、野生生物栖息地需水、补给地下水需水等。而上述几方面的需水则综合地要求河口湿地须维持合理的水面面积及水深。

前已述及,黄河河口湿地的优势植物为翅碱蓬、柽柳、杞柳、白茅、芦苇等,植物种类多样,其中有个别物种是占绝对优势和对环境扰动比较敏感的物种,该物种决定了湿地生态系统的类型及其生物地球化学循环规律,如果湿地中该物种受到系统外的扰动和破坏,该湿地的生态系统就会发生退化。根据野外采样调查和遥感监测,在黄河河口湿地中,芦苇是河口湿地的绝对优势植物群落,是湿地初级生产力的主要生产者,在维系河口生态系统发育和演替、构成河口生物多样性和生态完整性方面具有不可替代的作用。同时,芦苇沼泽在净化水质、降解河流污染物方面的功能也最强。在黄河河口湿地动物中,特别是黄河三角洲自然保护区内的国家一级保护鸟类中,丹顶鹤对栖息地巢穴选址、领地范围都有非常严格的选择。因此,丹顶鹤应作为黄河河口湿地中的关键保护物种,河口湿地植被生长需水和野生生物栖息地需水应以丹顶鹤和芦苇为重点对象。

3.水循环消耗需水量

为了使河口湿地的生态功能得以有效发挥,或使河口湿地生态系统得以健康运行,必须使河口湿地保持一定的水面面积和水深,而要在湿地中保持一定的水面面积和水深,而湿地范围内又发生着水面蒸发、植物蒸腾、蒸发和地下水入渗等过程。

湿地景观与大气界面是由湿地水体表面和植被冠层构成的异质性界面,界面上有效的气热循环是保障湿地植被正常生长的基础。通常,湿地植物需水量包括植物同化过程耗水和植物体内包含的水分、蒸腾耗水、湿地植株表面蒸发耗水、土壤蒸发耗水。前两部分是植物生理过程所必需的,称为生理需水(physiological water requirement),后两部分是植物生活环境条件形成中所必需的,称为生态需水(ecological water requirement)。其中,蒸腾耗水和土壤蒸发耗水是主要的耗水方式,占植物耗水量的99%。

湿地对地下水的补充功能是通过地下水入渗的途径实现的,当水从湿地入渗到地下蓄水系统时,蓄层的水就得到了补充。因此,湿地成为补充地下水蓄水层的水源。湿地水源对地下水的入渗补充量取决于水位差、渗透距离、土壤层孔隙度及断面大小。

#### 4.2.4.2 河口生态系统需水量计算

河口生态系统与河道生态系统由于空间位置的显著差异,在结构、功能等方面具有很大程度的不同。河口生态系统位于陆域生态系统与海洋生态系统的交会处,河道径流、海洋潮流、降水、蒸发及渗漏等组成的水循环(water cycle)以及其中包含的物质和能量,表现出植物生长和动物活动远比河道生态系统复杂的环境特征,因此,河口生态系统需水量计算也远比河道生态系统复杂。迄今为止,同河口生态系统的基本概念一样,关于河口生态系统需水量的计算尚未形成统一的计算方法。本书采用了以下指标计算黄河河口的生态需水量。

1.防止海水入侵的淡水补给量

由于黄河水量年际、年内分配不均,洪枯流量变幅大,亦即径流强弱差别很大,因而"盐水楔"上溯入侵河口的范围差别较大。盐度的平面分布,可以反映出黄河径流对海区的影响。枯水季节,渤海大部分海区的盐度在 3‰ 以上,极大值可达 32‰,29‰ 等盐度线在黄河口附近,表征了黄海高盐水大量进入渤海的特征;而在黄河洪水季节,大量淡水入海时,29‰ 等盐度线多位于"冲淡水舌"的最外圈,随着海区淡水堆积量的增加,29‰ 等盐度线不断向外扩张,朝海峡方向移动,呈现出黄河冲淡水影响范围向外扩展的特征(见图 4-7)。

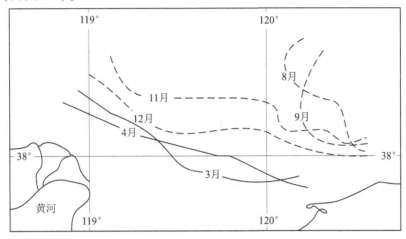

**图 4-7　黄河口附近海域 29‰ 等盐度线的月变化(1964 年)**

从图 4-7 中可以看出,每年 3~4 月,黄河口附近海域 29‰ 等盐度线距黄河口最近,一般可移动至黄河三角洲岸边 20~30 km。因此,防止海水入侵的淡水补给量确定应主要考虑 3~4 月的水情。据实测资料,当 3~4 月黄河入海流量为 100 $m^3/s$ 时,高潮时的"盐水楔"进入口门内河道 6 km,而当入海流量为 120 $m^3/s$ 时,高潮时的"盐水楔"进入口门内河道不超过 5 km,此范围内是黄河口咸淡水混合区,河口湿地生物生长安全环境要求海水入侵不超过 5 km 范围线。因此,防止海水入浸的淡水补给量以控制 3~4 月入海流量不低于 120 $m^3/s$ 计,折合年径流量 37.84 亿 $m^3$。

**2.维持生物生长环境的淡水补给量**

生物生长,特别是河口地区洄游性鱼类对栖息地的要求,主要体现在对温度、盐度及营养物分布等指标的要求,其中,保持河口盐度平衡需水是保持河口地区合理的盐度梯度、为洄游性鱼类提供理想栖息地的首要条件。

河口盐度的平衡取决于河口淡水径流的输入。杨志峰等采用简化的箱式模型建立了河道流量与河口盐度的关系,在一定时间内,水体盐度变化为 0,则两者关系为 0,同时假设河口输入淡水盐度为 0,一定时段内河口水体体积不变,当河口水体交换量等于河口体积时,可得出一定河口盐度目标下的河道淡水输入流量,即盐度平衡需水(河口口外海滨水体体积)为 1/3 河流进口段至口外海滨段的咸淡水交界的水域面积与河口外边界处平均水深的积。

黄河口自低潮水边线以下至水深 12 m 左右为三角洲前缘及前三角洲,浅海面积为 313 $km^2$。根据黄河口目标盐度、外海盐度,由公式计算得到的黄河口年需水量见表 4-14,在 23.66 亿 $m^3$ 的总量中,春季为 5.63 亿 $m^3$,夏季为 7.14 亿 $m^3$,秋季为 5.63 亿 $m^3$,冬季 5.26 亿 $m^3$。

表 4-14　黄河口盐度平衡需水计算

| 项目 | 春季 | 夏季 | 秋季 | 冬季 | 全年 |
|---|---|---|---|---|---|
| 盐度参数 | 0.15 | 0.19 | 0.15 | 0.14 | |
| 需水/亿 m³ | 5.63 | 7.14 | 5.63 | 5.26 | 23.66 |

将其转换为流量,见表 4-15。

表 4-15　黄河口盐度平衡月平均流量　　　　　　　　单位:m³/s

| 月份 | 1 | 2 | 3 | 4 | 5 | 6 | 7 | 8 | 9 | 10 | 11 | 12 | 全年 |
|---|---|---|---|---|---|---|---|---|---|---|---|---|---|
| 流量 | 68 | 68 | 71 | 71 | 71 | 90 | 90 | 90 | 72 | 72 | 72 | 68 | 75 |

3.保持河口湿地合理水面面积及水深的淡水补给量

现状情况下,黄河河口湿地总面积为 15.51 万 hm²,主要包括芦苇、灌丛、河滩地、高潮滩等。

在黄河河口湿地中,由于其保护的重点物种为芦苇和丹顶鹤,因此采用公式分别计算了两者的淡水需水量。

芦苇的需水量,利用公式对芦苇生长需水量的计算,关键是确定其蒸散发量,其中蒸腾耗水和土壤蒸发占需水量的99%,邵景力等利用包气带水分运移数值模型计算了黄河河口湿地芦苇的蒸腾和土壤蒸发量约为 1 800 mm。根据公式对黄河口湿地芦苇生长需水量计算,得出其生长期需水量约为 9.83 亿 m³(见表 4-16)。

表 4-16　芦苇生长年需水量

| 盖度/% | 高度/m | 面积/万 hm² | 蒸散量/mm | 平均降水量/mm | 需水量/亿 m³ |
|---|---|---|---|---|---|
| 50~70 | 0.8~1.5 | 7.87 | 1 800 | 550 | 9.83 |

芦苇生长时间为 3~10 月,将其需水量 9.83 亿 m³ 折合至月平均流量,则 3~10 月每月平均流量约为 46 m³/s。

根据野生生物栖息地需水量采用公式对丹顶鹤栖息地需水量计算,得出其需水量为 5.12 亿 m³(见表 4-17)。

表 4-17　丹顶鹤栖息地需水量

| 面积/万 hm² | 水面面积百分比/% | 水深/m | 需水量/亿 m³ |
|---|---|---|---|
| 7.87 | 50 | 1.0 | 5.12 |

据调查,每年经过河口湿地的丹顶鹤数量在 800 只左右,其中有 200 只左右在该地区过冬,若不考虑其他方面的需水,仅就丹顶鹤栖息地而言,将其需水量 5.12 亿 m³ 折合为冬四月(11 月、12 月、1 月、2 月)的月平均流量应为 49 m³/s。

4.水循环消耗需水量

河口湿地水循环消耗需水主要表现为蒸发消耗需水,采用公式计算得出河口湿地面积 15.51 万 hm²,其中水域面积 11.06 万 hm²,植被面积 6.53 万 hm²,年均降水量 550 mm,年均蒸发量 1 962 mm,其年内分配见图 4-8。

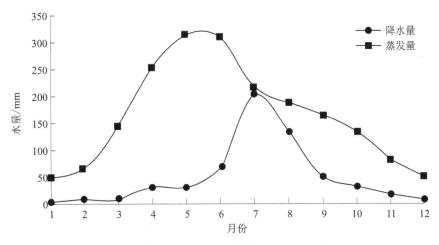

图 4-8　黄河河口地区各月平均降水量和蒸发量

利用公式对黄河河口湿地蒸发消耗需水量计算,得出的年平均蒸发消耗需水总量应为 23.35 亿 m³(见表 4-18)。

表 4-18　黄河河口湿地水循环消耗需水　　　　　　　单位:亿 m³

| 降水量 | 水面蒸发量 | 植被蒸发量 | 蒸发消耗需水总量 |
|---|---|---|---|
| 8.57 | 21.68 | 10.24 | 23.35 |

将表 4-18 中 23.35 亿 m³ 的蒸发消耗需水总量按月进行分配,得到的月分配流量见表 4-19。

表 4-19　河口湿地蒸发消耗需水量(流量)月分配

| 月份 | 1 | 2 | 3 | 4 | 5 | 6 | 7 | 8 | 9 | 10 | 11 | 12 | 全年 |
|---|---|---|---|---|---|---|---|---|---|---|---|---|---|
| 需水量/亿 m³ | 0.57 | 0.77 | 1.72 | 2.97 | 3.73 | 3.64 | 2.68 | 2.30 | 1.91 | 1.63 | 0.95 | 0.48 | 23.35 |
| 流量/(m³/s) | 21 | 32 | 64 | 115 | 139 | 140 | 100 | 86 | 74 | 61 | 37 | 18 | 74 |

5.补给地下水需水量

湿地补给地下水量采用公式计算,其假定前提是,补给地下水的湿地是有水面的部分湿地,无水面的湿地只有维持自身需水功能。计算得出,河口湿地补给地下水量为 7.19 亿 m³,折合平均流量 23 m³/s。

综合考虑以上河口防止海水入侵的淡水补给量、维持生物生长环境的淡水补给量、保持河口湿地合理水面面积及水深的淡水补给量、水循环消耗需水量、补给地下水需水量等,得到黄河河口生态系统需水量 78.21 亿 m³,其过程见表 4-20。

表 4-20　黄河河口生态系统需水过程　　　　　单位：m³/s

| 月份 | 防止海水入侵 | 盐度平衡 | 湿地维持 | 水循环消耗 | 补给地下水 | 合计 |
|---|---|---|---|---|---|---|
| 1 | 120 | 68 | 49 | 21 | 23 | 213 |
| 2 | 120 | 68 | 49 | 32 | 23 | 224 |
| 3 | 120 | 71 | 46 | 64 | 23 | 253 |
| 4 | 120 | 71 | 46 | 115 | 23 | 304 |
| 5 | 120 | 71 | 46 | 139 | 23 | 328 |
| 6 | 120 | 90 | 46 | 140 | 23 | 329 |
| 7 | 120 | 90 | 46 | 100 | 23 | 289 |
| 8 | 120 | 90 | 46 | 86 | 23 | 275 |
| 9 | 120 | 72 | 46 | 74 | 23 | 263 |
| 10 | 120 | 72 | 46 | 61 | 23 | 250 |
| 11 | 120 | 72 | 49 | 37 | 23 | 229 |
| 12 | 120 | 68 | 49 | 18 | 23 | 210 |

**注**：盐度平衡水量及过程包含在防止海水入侵水量及过程中。

黄河河道生态系统的基本要素主要为水体、生物、湿地和河岸带，其生态功能的驱动力是非生物环境，主要通过水文、地形、水质特性体现。河道生态系统需水量的确定，是本章的重点内容之一。迄今为止，国内外尚无形成统一的河道生态系统需水量概念和计算方法。本章在对各学者所给定义的基础上，提出河道生态系统需水量为维护地表水体特定的生态环境功能所需要水量的界定概念。黄河河道生态系统需水量的确定，应是河道生态系统净需水量、河道损失水量、防凌安全水量的耦合。其中，河道生态系统净需水量采用水文学法、水力学法和其他方法分别进行计算并取三种计算结果的外包线；河道损失水量主要考虑了河道及水库的蒸发和渗漏损失之和；防凌安全水量则是依据河道冰封、开河规律所确定的封河期增大冰下过流能力和开河期减小过流的水量。

黄河河口生态系统的主要组成部分为河口湿地，其生态功能突出地位是：为重要鸟类提供栖息地和保护生物多样性、净化环境、提高环境质量、补充地下水和防止盐水入侵以及蓄滞洪水。对其生态需水量，着重从以下 5 个方面进行了分析计算：①防止海水入侵的淡水补给量；②维持生物生长环境的淡水补给量；③保持河口湿地合理水面面积及水深的淡水补给量；④水循环消耗需水量；⑤补给地下水需水量。通过对上述 5 个方面需水量及其需水过程的耦合，给出了黄河河口生态系统年平均需水量为 78.21 亿 m³、最小月平均需水流量为 210 m³/s（12 月）、最大月平均需水流量为 329 m³/s（6 月）的结论。

# 第5章 满足水质功能要求的需水量

水质是水的物理、化学和生物诸因素所决定的特性,是组成水环境最为重要的要素之一。河流水体是水、溶解性物质、悬浮性物质、水生生物、底泥等组成的自然综合体,河流水质不可避免地会受河水挟带物的影响,如河流水体中通常都含有悬浮物质、胶体物质和溶解物质,水和这些物质相互作用,共同决定了水质状况。

水质状况一般可用三大类指标进行描述,即物理指标、化学指标和生物指标。其中,物理指标主要包括温度、色度、浊度、透明度、悬浮物、电导率、嗅和味等;化学指标主要包括 pH 值、溶解氧、溶解性固体、灼烧残渣、化学需氧量、生化需氧量、游离氯、酸度、碱度、硬度、钾、钠、钙、镁、二价和三价铁、锰、铝、氯化物、硫酸根、磷酸根、氟、碘、氨、硝酸根、亚硝酸根、游离二氧化碳、碳酸根、重碳酸根、侵蚀性二氧化碳、二氧化硅、表面活性物质、硫化氢、重金属离子(如铜、铅、锌、镉、汞、铬)等;生物指标主要包括浮游生物、底栖生物和微生物(如大肠杆菌和细菌)等。

## 5.1 水质标准

经济社会运行在很大程度上依赖于河流水体,河流水体被应用于生活饮用水、工业原料及生产过程用水、农业灌溉用水、淡水养殖用水等不同的行业,都有一定的水质要求。因此,针对其不同的用途,应建立相应的物理、化学、生物的质量标准,对水中的物质含量加以必要的限制。同样,为了保护环境、保护水体的正常用途,也应对排入河流水体的污水和废水水质提出严格的限制要求。上述两种限制要求共同构成了水质标准。

水质标准旨在以保护水资源为出发点,并对人体健康和水生生物系统提供长期保护,这些都涉及世界各国的工农业生产情况、科学技术发展水平、卫生条件、经济社会发展状况等多种因素,世界各国都是根据自身的条件制订出符合自己国情的水质标准,因此,目前在国际上尚无统一的水质标准指标。世界卫生组织、欧盟和其他几个国家对生活饮用水的水质标准规定就存在较大差异(见表 5-1)。

表 5-1 世界卫生组织、欧盟和其他几个国家的生活饮用水水质标准

| 项目 | 单位 | 世界卫生组织 | 美国 | 欧盟 | 日本 | 俄罗斯 |
|---|---|---|---|---|---|---|
| 色度 | 度 | 5,50 * | 15 | 1,20 * | 5 | 20 |
| 浊度 | 度 | 5,25 * | 5 | 1,10 * | 2 | 2 mg/L |
| 总固体 | mg/L | 500,1 500 * | 500 | 1 500 * | 500 | 1 000 |
| 嗅 | | 无恶臭 | 嗅阈值 3 | 稀释倍数 *<br>2(12 ℃),3(25 ℃) | 无 | 2 级(20 ℃) |

续表 5-1

| 项目 | 单位 | 世界卫生组织 | 美国 | 欧盟 | 日本 | 俄罗斯 |
|---|---|---|---|---|---|---|
| 味 | | 无异味 | 无 | 稀释倍数 *2(12℃),3(25℃) | 无 | 2级(20℃) |
| 总硬度 | mg/L | 100,500*(CaCO₃) | | | 300 | 7 mg 当量/L |
| pH 值 | | 7.0~8.7, 6.5~9.2* | 7.0~10.6 | 6.5~8.5 | 5.8~8.6 | 6.5~9.5 |
| 余氯 | mg/L | | 0.05~0.1 | | >0.1~0.2 | >0.3,<0.5 |
| 铅 | mg/L | 0.1 | 0.05* | 0.05* | 0.1 | 0.1 |
| 砷 | mg/L | 0.05 | 0.01~0.05* | 0.05* | 0.05 | 0.05 |
| 氟 | mg/L | 0.6~1.7 | 0.7~1.2 | 0.7~1.5* | 0.3 | 1.5 |
| 铜 | mg/L | 0.05,1.5* | 1 | 0.1 | 1 | 1 |
| 锌 | mg/L | 5.0,15* | 5 | 0.1 | 1 | 1 |
| 铁 | mg/L | 0.1,1.0* | 0.3 | 0.05,0.2* | 0.3 | 0.5 |
| 酚类 | mg/L | 0.001,0.002* | 0.001 | <0.000 5* | 0.005 | 0.001 |
| 硒 | mg/L | 0.01 | 0.01* | 0.01* | | |
| 铬(六价) | mg/L | | 0.05* | 0.05* | 0.05 | 0.1 |
| 氟化物 | mg/L | 0.01 | 0.01,0.2* | 0.05* | 不得检出 | 0.1 |
| 硼 | mg/L | 1 | | 1 | | |
| 汞 | mg/L | 0.001 | 0.005 | 0.001* | 不得检出 | 0.005 |
| 硝酸盐 | mg/L | 45 | 45 | 25,50* | 10 | |
| 氨氮 | mg/L | | | 0.05,0.5* | 和 NO₂ 不得同时检出 | |
| 稠环芳 | mg/L | 0.2 | | 0.2* | | |
| 锰 | mg/L | 0.05,0.5* | 0.05 | 0.02,0.05* | 0.05 | |
| 钙 | mg/L | 75,200* | | 100 | | |
| 镁 | mg/L | 150* | | 30,50* | | 125 |
| 硫酸根 | mg/L | 200,400 | 250 | 25,250* | | 500 |
| 氯化物 | mg/L | 200,600* | 250 | 25,200* | 200 | 350 |
| 溶解氧 | mg/L | | | 饱和百分率 >75%(地下水除外) | | |
| 洗涤剂 | mg/L | 0.2,1.0* | 0.5 | 0.2 | | |
| 钡 | mg/L | 1 | 1* | 0.1 | | |

续表 5-1

| 项目 | 单位 | 世界卫生组织 | 美国 | 欧盟 | 日本 | 俄罗斯 |
|------|------|-------------|------|------|------|--------|
| 镉 | mg/L | 0.01 | 0.01 | 0.005 * | 0.01 | |
| 银 | mg/L | | 0.05 * | 0.01 | 不得检出 | |
| 活性炭氯仿提取物 | mg/L | | 0.2 | 0.1 | | |
| 高锰酸钾耗氧量 | | 10 | | 2,5 * | 10 | |
| 有机磷 | mg/L | | | | | 不得检出 |
| 放射性物质 | 微微居里/L | | $Ra^{226}$:3 | 射线:1 | | |
| | 微微居里/L | | $Sr^{90}$:10 | β射线:10 | | |
| | 微微居里/L | | 总β射线:1 000 | | | |
| 说明 | | * 最大容许值 | * 超过此值不能作为饮用水 | * 最大容许值 | | |

我国的水质标准的制订工作是随着国家经济建设和环境保护工作的发展逐步开展起来的,主要包括水环境质量标准和污染物排放标准两大类。

### 5.1.1　水环境质量标准

此类标准是为保障人体健康、维护生态平衡、保护水资源而规定的各种污染物在天然水体中的允许含量。我国对此类标准的制订,按照水体的不同用途将其分为地表水环境质量标准、生活饮用水水源水质标准、工业用水水质标准、农田灌溉水质标准、渔业水质标准等。

#### 5.1.1.1　地表水环境质量标准

《地表水环境质量标准》(GB 3838—2002)是国家规定的河流、湖泊、运河、渠道、水库等地表水体(不含咸水湖)在物理性质、化学性质和生物性质等方面的要求,是水功能区划、管理与评价以及制订污染物排放标准的依据。

该标准依据地表水水域使用目的和保护目标将其划分为五类。

Ⅰ类,主要适用于源头水、国家自然保护区。

Ⅱ类,主要适用于集中式生活饮用水地表水源地一级保护区、珍稀水生生物栖息地、鱼虾类产卵场、仔稚幼鱼索饵场等。

Ⅲ类,主要适用于集中式生活饮用水地表水源地二级保护区、鱼虾类越冬场、洄游通道、水产养殖区等渔业水域及游泳区。

Ⅳ类,主要适用于一般工业用水区及人体非直接接触的娱乐用水区。

Ⅴ类,主要适用于农业用水区及一般景观要求水域。

#### 5.1.1.2 生活饮用水水源水质标准

我国现在执行的《生活饮用水水源水质标准》(CJ 3020—93)为国家对生活饮用水水源的水质作出的限额规定,其目的是为生活饮用水的水源管理提供科学合理、安全可靠的水质依据,保障城乡居民的身体健康。

该标准将生活饮用水水源分为2级,其中,一级水源水:水质良好,地下水只需消毒处理,地表水经简易净化处理,即可供生活饮用;二级水源水:水质受轻度污染,经常规净化处理(絮凝、沉淀、过滤、消毒等),即可供生活饮用。

#### 5.1.1.3 工业用水水质标准

工业门类繁多,产品种类及性质千差万别,对生产用水的物理、化学、生物学性质都有不同的要求,形成了为数众多的用水水质标准,主要包括生产技术用水、冷却用水、锅炉用水等。

生产技术用水包括原料用水、生产工艺用水和生产过程用水,各种工业用水要求随生产性质、产品质量和设备要求不同而异。

在工业生产部门应用最为普遍的是冷却用水,冷却用水量平均占工业用水总量的67%。此类用水要求不易结垢,对生产设备不易产生腐蚀,同时对水质、浑浊度和微生物均有一定要求。

锅炉用水对水的硬度有严格的限制,凡能导致锅炉、给水系统及其热力设施产生腐蚀、结垢以及汽水共腾现象,使离子交换树脂中毒的杂质(如溶解氧、可溶性氧化硅、铁、余氯等)都作出明确限制性规定。

#### 5.1.1.4 农田灌溉水质标准

为防止农产品和土壤污染,我国于1992年对农田灌溉用水的质量要求作出了明确规定,并形成国家标准,共20项指标。在灌溉用水的各项水质标准中,含盐量这一指标极其重要。农田灌溉后,较纯净的水分被植物吸收或被土壤蒸发,而将水中各种溶解的盐类残留了下来。在土壤湿润条件下,一部分溶解盐类渗入地下水。但在干旱半干旱地区,这些盐分就会逐渐积留在土壤中,导致土壤盐碱化。因此,我国规定,对于非盐碱土农田的灌溉用水中含盐量不得超过1 500 mg/L。

#### 5.1.1.5 渔业水质标准

我国于1989年颁布了渔业水质标准。该标准适用于鱼虾类的产卵场、索饵场、越冬场、洄游通道和水产养殖区等海水、淡水的渔业水域。渔业用水水质标准的制订不仅考虑到要能保证鱼类的生存及繁殖,还考虑到某些有毒有害物质通过食物链在鱼类体内的积累和转化等因素。

### 5.1.2 污染物排放标准

污染物排放标准是对污染源污(废)水排放时的水质(污染物浓度)、水量或污染物总量规定的最高限制,也包括为减少污染物的产生和排放对产品、原料、工艺设备及污染治理技术等作的规定。它直接控制污染源,体现末端治理要求。

2002 年,国家颁布了《城镇污水处理厂污染物排放标准》(GB 18918—2002),规定了城镇污水处理厂出水、废气和污泥中污染物的控制项目和标准值。该标准按照污染物的毒性和危害程度,将水污染物分为两类。

第一类污染物,毒性大,能在体内集聚和产生长远影响,要严格控制。此类污染物不分行业和污水排放方式,也不分受纳水体的功能类别,一律在车间或车间处理设施排放口采样,其最高允许排放浓度必须达到标准要求。

第二类污染物,毒性和长远影响小于第一类污染物,在工厂总排口取样监测,其最高允许排放浓度必须达到标准要求。此类排放标准一般只适用于风景游览区(见表 5-2)。

**表 5-2　部分第二类污染物最高允许排放浓度(日均值)**

| 序号 | 污染物 | 最高允许排放浓度/(mg/L) |
|------|--------|------------------------|
| 1 | 总汞 | 0.01 |
| 2 | 烷基汞 | 不得检出 |
| 3 | 总镉 | 0.01 |
| 4 | 总铬 | 0.1 |
| 5 | 六价铬 | 0.05 |
| 6 | 总砷 | 0.1 |
| 7 | 总铅 | 0.1 |

# 5.2　水功能区划

根据流域水资源状况、水资源开发利用现状,以及一定时期经济社会在不同地区、不同用水部门对水资源的不同需求,同时考虑水资源的可持续利用,在江河湖库等水域划定具有特定功能的水域,并提出不同的水质要求目标,即水功能区划。被划定的具有特殊功能的水域称为水功能区。

## 5.2.1　区划分类及其水质指标

我国水功能区划分为两级体系,即一级区划和二级区划(见图 5-1)。

### 5.2.1.1　一级区划分类及其水质指标

一级区划宏观上解决水资源开发利用与保护问题,主要协调地区间关系和发展的需求,划分为四类,即保护区、保留区、开发利用区和缓冲区。

(1)保护区。指对水资源保护、自然生态及珍稀濒危物种的保护有重要意义的水域。可将其分为源头水资源保护区、自然保护区、生态用水保护区、调水水源保护区四类。水质管理,执行《地表水环境质量标准》(GB 3838—2002)Ⅰ~Ⅱ类水质标准。

(2)保留区。指目前开发利用程度不高,为今后开发利用和保护水资源而预留的水域。该区域内水资源应维持现状不遭破坏。水质管理,按现状水质类别控制。

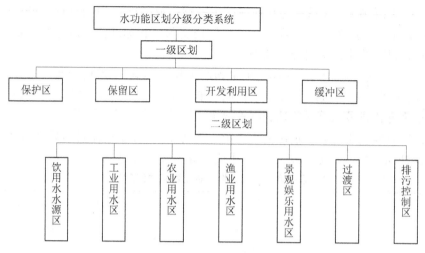

图 5-1　水功能区划分级分类体系

（3）开发利用区。指满足城镇居民生活、工农业生产、渔业、游乐和净化水体污染等多种需水要求的水域和水污染控制、治理的重点水域。水质管理,按二级区划分类分别执行相应的水质标准。

（4）缓冲区。指为协调省际间、矛盾突出的地区间用水关系,协调内河功能区划与海洋功能区划关系,以及在保护区与开发利用区相衔接时,为满足保护区水质要求而划定的水域。水质管理,按实际需要执行相关水质标准或按现状控制。

### 5.2.1.2　二级区划分类及其水质指标

二级区划主要协调用水部门之间的关系。二级区划在一级区划的开发利用区内进行,共分七类,包括饮用水水源区、工业用水区、农业用水区、渔业用水区、景观娱乐用水区、过渡区、排污控制区。

（1）饮用水水源区。指城镇居民生活用水需要的区域。水质管理执行《地表水环境质量标准》( GB 3838—2002) II ~ III 类水质标准。

（2）工业用水区。指城镇工业用水需要的区域。水质管理执行《地表水环境质量标准》( GB 3838—2002) IV 类水质标准。

（3）农业用水区。指农业灌溉用水需要的区域。水质管理执行《地表水环境质量标准》( GB 3838—2002) V 类水质标准,或不低于现状水质标准。

（4）渔业用水区。指具有鱼、蟹、贝类产卵场、索饵场、越冬场及洄游通道功能的水域,养殖鱼、虾、蟹、贝类、藻类等水生动植物的水域。水质管理执行《渔业水质标准》( GB 11607—89),并可参照《地表水环境质量标准》( GB 3838—2002) II ~ III 类水质标准。

（5）景观娱乐用水区。指以满足景观、疗养、度假和娱乐需要为目的的水域。水质管理,人体直接接触的天然浴场、景观、娱乐水域执行《地表水环境质量标准》( GB 3838—2002) III 类水质标准,人体非直接接触的景观、娱乐水域执行 IV 类水质标准。

（6）过渡区。指为使水质要求有差异的相邻功能区顺利衔接而划定的区域。水质管理,按出流断面水质达到相邻功能区的水质要求选择相应的水质控制标准。

(7)排污控制区。指接纳生活、生产污废水比较集中,且所接纳的污废水对水环境无重大不利影响的区域。水质管理,按出流断面达到相邻功能区的水质要求选择相应的水质控制标准。

## 5.2.2　黄河流域水功能区划分

根据黄河流域自然环境及经济社会状况,将其划分为 354 个一级水功能区,其中保护区 111 个,占一级水功能区总数的 31.4%,河长 7 436.1 km,占区划河流总长的 24.9%;缓冲区 49 个,占一级水功能区总数的 13.8%,河长 1 600.8 km,占区划河流总长的 5.4%;开发利用区 160 个,占一级水功能区总数的 45.2%,河长 16 549.8 km,占区划河流总长的 55.5%;保留区 34 个,占一级水功能区总数的 9.6%,河长 4 242.0 km,占区划河流总长的 14.2%(见表 5-3)。

表 5-3　黄河流域河流一级水功能区划分

| 水系 | 保护区 | | 缓冲区 | | 开发利用区 | | 保留区 | | 合计 | |
|---|---|---|---|---|---|---|---|---|---|---|
| | 个数 | 河长/km | 个数 | 河长/km | 个数 | 河长/km | 个数 | 河长/km | 个数 | 河长/km |
| 黄河干流 | 2 | 343.0 | 4 | 264.1 | 10 | 3 398.3 | 2 | 1 458.2 | 18 | 5 463.6 |
| 黄河支流 | 43 | 3 988.1 | 22 | 461.2 | 71 | 5 327.2 | 15 | 1 201.1 | 151 | 10 977.6 |
| 湟水 | 4 | 385.4 | 3 | 132.3 | 10 | 873.9 | 2 | 153.0 | 19 | 1 544.6 |
| 洮河 | 5 | 437.0 | | | 2 | 338.5 | 1 | 283.3 | 8 | 1 058.8 |
| 窟野河 | 1 | 39.0 | 2 | 31.0 | 3 | 191.8 | | | 6 | 261.8 |
| 无定河 | 4 | 187.5 | 4 | 189.4 | 6 | 427.3 | 2 | 255.8 | 16 | 1 060.0 |
| 汾河 | 7 | 303.4 | 1 | 38.3 | 6 | 908.5 | 1 | 28.2 | 15 | 1 278.4 |
| 北洛河 | 3 | 312.4 | | | 3 | 518.7 | 1 | 224.5 | 7 | 1 055.6 |
| 泾河 | 7 | 320.4 | 5 | 163.4 | 10 | 818.7 | 5 | 481.6 | 27 | 1 784.1 |
| 渭河 | 20 | 658.1 | 3 | 124.4 | 23 | 2 047.5 | 1 | 67.5 | 47 | 2 897.5 |
| 伊洛河 | 4 | 125.6 | 1 | 67.0 | 4 | 699.6 | | | 9 | 892.2 |
| 沁河 | 4 | 179.0 | 2 | 54.7 | 4 | 365.8 | 1 | 54.7 | 11 | 654.2 |
| 金堤河 | 1 | 44.0 | 1 | 61.0 | 3 | 206.2 | | | 5 | 311.2 |
| 大汶河 | 6 | 113.2 | 1 | 14.0 | 5 | 427.8 | 3 | 34.1 | 15 | 589.1 |
| 合计 | 111 | 7 436.1 | 49 | 1 600.8 | 160 | 16 549.8 | 34 | 4 242.0 | 354 | 29 828.7 |

在一级水功能区划分成果的基础上,结合黄河流域各省(区)实际,根据取水途径、工业布局、排污状况、风景名胜及主要城市河段等情况,对 160 个开发利用区进行了二级区划,共划分了 399 个二级水功能区。按二级区第一主导功能分类,共划分饮用水水源区 57 个,工业用水区 55 个,农业用水区 145 个,渔业用水区 8 个,景观娱乐用水区 16 个,过渡区 53 个,排污控制区 65 个(见表 5-4)。

表 5-4　黄河流域河流二级水功能区划分　　　　　单位:个

| 水系 | 饮用水水源区 | 工业用水区 | 农业用水区 | 渔业用水区 | 景观娱乐用水区 | 过渡区 | 排污控制区 | 合计 | 比例/% |
|---|---|---|---|---|---|---|---|---|---|
| 黄河干流 | 14 | 3 | 12 | 6 | 1 | 7 | 7 | 50 | 12.5 |
| 黄河支流 | 11 | 10 | 52 | 1 | 4 | 15 | 21 | 114 | 28.6 |
| 湟水 | 4 | 5 | 10 | | 2 | 2 | 1 | 24 | 6.0 |
| 洮河 | 2 | 3 | | | | | | 5 | 1.3 |
| 窟野河 | 3 | | 2 | | | 1 | | 6 | 1.5 |
| 无定河 | 2 | 5 | 4 | | | 1 | 4 | 16 | 4.0 |
| 汾河 | 3 | 2 | 14 | | | 4 | 5 | 30 | 7.5 |
| 北洛河 | 2 | | 4 | | 1 | | | 7 | 1.8 |
| 泾河 | 2 | 5 | 7 | | | 3 | 3 | 20 | 5.0 |
| 渭河 | 9 | 16 | 18 | | 3 | 5 | 9 | 60 | 15.0 |
| 伊洛河 | 2 | 1 | 11 | 1 | 3 | 9 | 9 | 36 | 9.0 |
| 沁河 | 2 | 1 | 4 | | | 4 | 3 | 14 | 3.5 |
| 金堤河 | | | 3 | | | 2 | 3 | 8 | 2.0 |
| 大汶河 | 1 | 4 | 4 | | | | | 9 | 2.3 |
| 合计 | 57 | 55 | 145 | 8 | 16 | 53 | 65 | 399 | 100 |
| 比例/% | 14.3 | 13.8 | 36.3 | 2 | 4 | 13.3 | 16.3 | 100 | |

黄河干流(5 463.6 km)共划分18个一级水功能区,其中保护区2个,缓冲区4个,开发利用区10个,保留区2个。在开发利用区中,共划分了50个二级水功能区,其中饮用水水源区14个,工业用水区3个,农业用水区12个,渔业用水区6个,景观娱乐用水区1个,过渡区7个,排污控制区7个。表5-5是黄河干流水功能区划分及水质目标。

表 5-5　黄河干流水功能区划分及水质目标

| 一级水功能区 | 二级水功能区 | 起始断面 | 终止断面 | 长度/km | 水质目标 |
|---|---|---|---|---|---|
| 源头水保护区 | | 河源 | 黄河沿水文站 | 270.0 | Ⅱ |
| 青甘川保留区 | | 黄河沿水文站 | 龙羊峡大坝 | 1 417.2 | Ⅱ |
| 青海开发利用区 | 黄河李家峡农业用水区 | 龙羊峡大坝 | 李家峡大坝 | 102.0 | Ⅱ |
| | 尖扎循化农业用水区 | 李家峡大坝 | 清水河入口 | 126.2 | Ⅱ |
| 青甘缓冲区 | | 清水河入口 | 朱家大湾 | 41.5 | Ⅱ |

续表 5-5

| 一级水功能区 | 二级水功能区 | 起始断面 | 终止断面 | 长度/km | 水质目标 |
|---|---|---|---|---|---|
| 甘肃开发利用区 | 刘家峡渔业饮用水水源区 | 朱家大湾 | 刘家峡大坝 | 63.3 | II |
| | 盐锅峡渔业工业用水区 | 刘家峡大坝 | 盐锅峡大坝 | 31.6 | II |
| | 八盘峡渔业农业用水区 | 盐锅峡大坝 | 八盘峡大坝 | 17.1 | II |
| | 兰州饮用工业用水区 | 八盘峡大坝 | 西柳沟 | 23.1 | II |
| | 兰州工业景观用水区 | 西柳沟 | 青白石 | 35.5 | III |
| | 兰州排污控制区 | 青白石 | 包兰桥 | 5.8 | |
| | 兰州过渡区 | 包兰桥 | 什川吊桥 | 23.6 | III |
| | 皋兰农业用水区 | 什川吊桥 | 大峡大坝 | 27.1 | III |
| | 白银饮用工业用水区 | 大峡大坝 | 北湾 | 37.0 | III |
| | 靖远渔业工业用水区 | 北湾 | 五佛寺 | 159.5 | II |
| 甘宁缓冲区 | | 五佛寺 | 下河沿 | 100.6 | III |
| 宁夏开发利用区 | 青铜峡饮用农业用水区 | 下河沿 | 青铜峡水文站 | 123.4 | III |
| | 吴忠排污控制区 | 青铜峡水文站 | 叶盛公路桥 | 30.5 | |
| | 永宁过渡区 | 叶盛公路桥 | 银川公路桥 | 39.0 | III |
| | 陶乐农业用水区 | 银川公路桥 | 伍堆子 | 76.1 | III |
| 宁蒙缓冲区 | | 伍堆子 | 三道坎铁路桥 | 81.0 | III |
| 内蒙古开发利用区 | 乌海排污控制区 | 三道坎铁路桥 | 下海渤湾 | 25.6 | |
| | 乌海过渡区 | 下海渤湾 | 磴口水文站 | 28.8 | III |
| | 三盛公农业用水区 | 磴口水文站 | 三盛公大坝 | 54.6 | III |
| | 巴彦淖尔盟农业用水区 | 三盛公大坝 | 沙圪堵渡口 | 198.3 | III |
| | 乌拉特前旗排污控制区 | 沙圪堵渡口 | 三湖河口 | 23.2 | |
| | 乌拉特前旗过渡区 | 三湖河口 | 三应河头 | 26.7 | III |
| | 乌拉特前旗农业用水区 | 三应河头 | 黑麻淖渡口 | 90.3 | III |
| | 包头昭君坟饮用工业用水区 | 黑麻淖渡口 | 西流沟入口 | 9.3 | III |

续表 5-5

| 一级水功能区 | 二级水功能区 | 起始断面 | 终止断面 | 长度/km | 水质目标 |
|---|---|---|---|---|---|
| 内蒙古开发利用区 | 包头昆都仑排污控制区 | 西流沟入口 | 红旗渔场 | 12.1 | |
| | 包头昆都仑过渡区 | 红旗渔场 | 包神铁路桥 | 9.2 | Ⅲ |
| | 包头东河饮用工业用水区 | 包神铁路桥 | 东兴火车站 | 39.0 | Ⅲ |
| | 土默特右旗农业用水区 | 东兴火车站 | 头道拐水文站 | 113.1 | Ⅲ |
| 托克托缓冲区 | | 头道拐水文站 | 喇嘛湾 | 41.0 | Ⅲ |
| 万家寨调水水源保护区 | | 喇嘛湾 | 万家寨大坝 | 73.0 | Ⅲ |
| 晋陕开发利用区 | 天桥农业用水区 | 万家寨大坝 | 天桥大坝 | 96.6 | Ⅲ |
| | 府谷保德排污控制区 | 天桥大坝 | 孤山川入口 | 9.7 | |
| | 府谷保德过渡区 | 孤山川入口 | 石马川入口 | 19.9 | Ⅲ |
| | 碛口农业用水区 | 石马川入口 | 回水湾 | 202.5 | Ⅲ |
| | 吴堡排污控制区 | 回水湾 | 吴堡水文站 | 15.8 | |
| | 吴堡过渡区 | 吴堡水文站 | 河底 | 21.4 | Ⅲ |
| | 古贤农业用水区 | 河底 | 古贤 | 186.6 | Ⅲ |
| | 壶口景观用水区 | 古贤 | 仕望河入口 | 15.1 | Ⅲ |
| | 龙门农业用水区 | 仕望河入口 | 龙门水文站 | 53.8 | Ⅲ |
| 三门峡水库开发利用区 | 渭南运城渔业农业用水区 | 龙门水文站 | 潼关水文站 | 129.7 | Ⅲ |
| | 三门峡运城渔业农业用水区 | 潼关水文站 | 何家滩 | 77.1 | Ⅲ |
| | 三门峡饮用工业用水区 | 何家滩 | 三门峡大坝 | 33.6 | Ⅲ |
| 小浪底水库开发利用区 | 小浪底饮用工业用水区 | 三门峡大坝 | 小浪底大坝 | 130.8 | Ⅱ |

续表 5-5

| 一级水功能区 | 二级水功能区 | 起始断面 | 终止断面 | 长度/km | 水质目标 |
|---|---|---|---|---|---|
| 河南开发<br>利用区 | 焦作饮用农业用水区 | 小浪底大坝 | 孤柏嘴 | 78.1 | Ⅲ |
| | 郑州新乡饮用工业<br>用水区 | 孤柏嘴 | 狼城岗 | 110.0 | Ⅲ |
| | 开封饮用工业用水区 | 狼城岗 | 东坝头 | 58.2 | Ⅲ |
| 豫鲁开发利<br>用区 | 濮阳饮用工业用水区 | 东坝头 | 大王庄 | 134.6 | Ⅲ |
| | 菏泽工业农业用水区 | 大王庄 | 张庄闸 | 99.7 | Ⅲ |
| 山东开发利<br>用区 | 聊城工业农业用水区 | 张庄闸 | 齐河公路桥 | 118.0 | Ⅲ |
| | 济南饮用工业用水区 | 齐河公路桥 | 梯子坝 | 87.3 | Ⅲ |
| | 滨州饮用工业用水区 | 梯子坝 | 王旺庄 | 82.2 | Ⅲ |
| | 东营饮用工业用水区 | 王旺庄 | 西河口 | 86.6 | Ⅲ |
| 河口保留区 | | 西河口 | 入海口 | 41.0 | Ⅲ |
| 合计 | | | | 5 463.6 | |

# 5.3　河流纳污能力

河流纳污能力,是指在保证水资源使用功能的前提下河流可以接纳一定污染物数量的能力。也可表述为,为维持河流某种水环境质量所容许承受的污染物质总量。或称其为河流环境容量,即在河流水环境功能不受破坏的条件下,水体的最大允许纳污量。

## 5.3.1　河流自净机制

图 5-2 是河流接纳污水后的自净过程示意图。河流接纳了污染水体后,在排放口附近的水域,表现为水质恶化,形成严重污染带。而在相邻的下游区域,污染强度有所减弱,表现为水质有所好转,相对于上游区域形成中度至轻度污染区域。在此轻度污染区域的下游区域,污染物经一段距离河流水体的物理、化学和生物作用,逐渐被稀释,或被分解,或被吸附沉淀,水质恢复到污染前的水平,这一过程即为水体的自净过程(water self-purification process)。

河流水体的自净主要依赖于物理净化、化学净化和生物净化三个环节。

### 5.3.1.1　物理净化

当可溶物或悬浮的固体微粒进入河流水体后,在流动中得到混合扩散而稀释,继而是吸附、凝聚或生成不溶性物质而沉淀析出,使其浓度降低。河流的物理净化作用包括以下几种主要形式。

(1)挥发(volatilization)。许多污染物质,如石油类、酚类、氨、硫化氢等污染物,都具有挥发性,排入河流后就开始挥发,结果使污染物浓度逐渐降低。

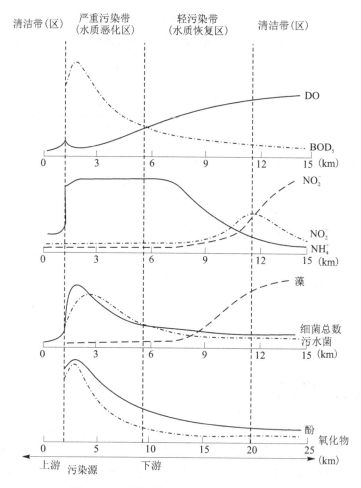

图 5-2　河流接纳污水后的自净过程示意图

（2）稀释与混合（dilution and admixture）。稀释就是高浓度污染物在清洁水体的稀释作用下浓度降低。河流水量越大，其稀释比也越大，稀释效果就越好。稀释与混合是不可分离的两个过程，稀释效果在一定程度上取决于混合程度，混合作用可以加快稀释，稀释可以促进混合。

（3）沉淀（precipitation）。排放污水中不仅含有大小不同的颗粒物质，而且还含有大量溶解性固体物质。当水流流速大或发生紊动时，颗粒物呈悬浮状态。随着水流速度降低，水流挟带悬浮物质的能力也随之减弱，较大的颗粒首先沉降，较细颗粒物也陆续下降进入底泥中。

（4）吸附与凝聚（adsorption and condensation）。吸附作用在水体中普遍存在，是水体与悬浮物发生物质交换的重要机制。吸附是指污染物被水体中的固体成分吸附，并随固相一起迁移或沉淀的过程。有三种基本类型，一是物理吸附，吸附能力与比表面积、表面能有关；二是交换吸附，是由于水中带异电荷离子产生静电引力而导致的吸附；三是化学吸附，主要是被吸附分子与颗粒物质表面发生了化学反应。

#### 5.3.1.2　化学净化

（1）分解与化合（decomposition and combination）。水体中的某些污染物，如酚、氨等，除易挥发外，还容易分解和化合。在 pH 值高的环境中，酚与钠盐生成苯酚钠。在 pH 值低的条件下，氧化物易分解而释放氢氨酸，经挥发进入大气。重金属离子可以与阳离子或阴离子基团发生化学反应，生成难溶性重金属盐而沉淀。

（2）氧化与还原（oxidation and reduction）。当河流水体中溶解氧丰富时，水体有很高的氧化能力，使二价的铁、锰分别被氧化成三价的铁和四价的锰而沉淀，而镍、铬、硫等分别被氧化成五价镍、六价铬和六价硫而易于溶解迁移。反之，当河流水体中溶解氧降低或缺氧时，水体的氧化能力降低，还原过程起主导作用，上述物质转化的逆过程启动。

（3）酸碱反应（acidbasere action）。天然水体的 pH 值一般维持在 6.5~8.5，但当河流流经复杂的地质环境时，常常可以形成多种缓冲体系，如碳酸缓冲体系，使得天然水体具有较大的酸碱缓冲能力，可以抵消一部分水体污染。

#### 5.3.1.3　生物净化

（1）生物分解（biological decomposition）。水中的微生物，通过好氧或厌氧过程，将有机污染物分解成无机物质，从而消除或降低危害，如对 COD、BOD 物质的降解。

（2）生物转化（biological transformation）。某些有毒污染物在生物的作用下，可以转化为无毒或低毒的化合物。如 $Hg^+$ 在极毛杆菌、类极毛杆菌的作用下可以转化为元素汞，易挥发而净化。氨对水生动物有毒害作用，但通过硝化菌的作用，可变成无毒的亚硝酸盐和硝酸盐。

（3）生物富集（biological concentration）。许多生物可以从水体吸收污染物质并积蓄在体内，从而使水质净化。高等植物对污染物的净化已经得到大量的研究和应用。

### 5.3.2　河流纳污能力的影响因素

河流纳污能力建立在水质目标和水体稀释自净规律的基础上，它与水环境的空间特性、运动特性、功能、本底值、自净能力，以及污染物特性、排放数量和排放方式等多种因素有关。

当河段内排污口位置和排放方式一定时，河流纳污能力用某段时间的污染物总量表示。从水体稀释、自净的物理实质看，河流纳污能力由两部分组成，一部分为差值水环境容量，缘于河流水体的稀释作用；另一部分为同化水环境容量，缘于各种自净作用的综合去污容量。

从控制污染的角度看，河流纳污能力可从两方面反映：一方面是绝对水环境容量，即某一水体所能容纳某种污染物的最大负荷量，它不受时间的限制；另一方面是相对水环境容量，即在水体中污染物累积浓度不超过环境标准规定的最大容许值的前提下，某时段水体所能容纳某种污染物的最大负荷量。后一方面的水环境容量受时间限制，并且和水体的本底值、水质标准及净化能力密切相关。

### 5.3.3　河流纳污能力的计算

#### 5.3.3.1　计算模型

假定计算河段两岸有不连续的若干个排污口。

（1）黄河干流除饮用水水源区外,规划支流各功能区的纳污能力计算采用一维模型,即

$$W = C_N \left[ Q + \sum q_i \exp\left(k\frac{x_1}{86.4\mu}\right) \right] - C_0 \left[ Q\exp\left(-k\frac{x_2}{86.4\mu}\right) \right] \qquad (5\text{-}1)$$

式中　$W$——计算河段的纳污能力,g/s;

$\quad\quad C_N$——计算河段的水质标准(目标值),mg/L;

$\quad\quad Q$——河段上断面设计流量,m³/s;

$\quad\quad q_i$——第 $i$ 个排水口的污水排放流量,m³/s;

$\quad\quad C_0$——计算河段上断面污染物浓度,mg/L;

$\quad\quad k$——污染物综合降解系数,1/d;

$\quad\quad x_1$——排污口至下游控制断面的距离,km;

$\quad\quad x_2$——排污口至上游对照断面的距离,km;

$\quad\quad \mu$——平均流速,m/s。

（2）黄河干流饮用水水源区的纳污能力计算采用二维模型(岸边排放),即

$$W = C_N \exp\left[ k\frac{x_1}{86.4\mu} - C_0\exp\left(k\frac{x_1}{86.4\mu}\right) \right] h\mu\sqrt{\pi E_y \frac{x}{\mu}} \qquad (5\text{-}2)$$

式中　$\mu$——设计流量下污染带内的纵向平均流速,m/s;

$\quad\quad h$——设计流量下污染带起始断面平均水深,m;

$\quad\quad E_y$——横向扩散系数,m²/s;

$\quad\quad x$——计算点(或功能敏感点)至排污口的纵向距离,km;

$\quad\quad$ 其他符号意义同前。

计算河段纳污能力,首先要确定水污染情况下的河流设计安全流量,以此作为计算模型的河段流量值,从而确定河流平均流速等。目前各国对河流设计安全流量一般采用 $P=90\%$ 或 $P=95\%$ 的年枯月平均流量,或连续最枯 7 d 平均流量(通过水文计算方法推求)。本书采用 $P=90\%$ 年枯月平均流量分析计算,在有饮用水水源地的计算河段采用 $P=95\%$ 年枯月平均流量作为设计流量。

#### 5.3.3.2　黄河干支流纳污能力计算的参数选取

1. $k$ 值选取

$k$ 值主要体现污染物在水体中降解速度的快慢。根据黄河干支流实测资料反推结果和类比分析,综合考虑确定黄河干支流纳污能力计算中的 $k$ 值范围:

黄河干流 COD, $k=0.11\sim0.25$/d,NH$_3$—N, $k=0.10\sim0.22$/d;

黄河支流 COD, $k=0.15\sim0.46$/d,NH$_3$—N, $k=0.09\sim0.35$/d。

2. $C_0$ 值选取

依据河流"上游污染不影响下游"的污染控制原则,即某一河段接纳污水之后,在进入下一个河段时,其水质应恢复到该河段的功能区水质要求,不得影响下一个河段的水质,以此确定计算河段的背景(上断面)浓度。

黄河干支流各计算河段背景(上断面)浓度,均采用上一个河段的水质目标。若计算河段内有饮用水水源地,可分子单元确定。第一个子单元的背景浓度仍采用上一个河段

的功能区水质目标,下个子单元的背景浓度则采用饮用水水源地水质目标,即地表水环境质量标准中Ⅲ类水质标准。

3.$C_N$值选取

黄河干支流各计算河段的下断面浓度,原则上采用该河段所处的功能区水质目标。当干流计算河段内有生活饮用水水源地,则除最末一个子单元的下断面浓度采用该功能区水质目标外,其他子单元下断面浓度均采用地表水Ⅲ类标准。

#### 5.3.3.3　黄河纳污能力计算结果

以 2010 年为计算水平年,根据式(5-1)和式(5-2)以及上述参数,分别对黄河干支流纳污能力进行了计算(见表 5-6),结果表明,黄河流域现状水平年 COD 纳污能力为125.26 万 t/a,NH$_3$—N 纳污能力为 5.82 万 t/a。

表 5-6　黄河流域现状水平年纳污能力　　　　单位:万 t/a

| 省(区) | COD | | | NH$_3$—N | | |
|---|---|---|---|---|---|---|
| | 总量 | 可利用量 | 不可利用量 | 总量 | 可利用量 | 不可利用量 |
| 青海 | 4.98 | 3.14 | 1.84 | 0.18 | 0.12 | 0.06 |
| 甘肃 | 29.68 | 24.23 | 5.45 | 1.38 | 1.19 | 0.19 |
| 宁夏 | 21.16 | 13.65 | 7.51 | 0.91 | 0.39 | 0.52 |
| 内蒙古 | 15.23 | 4.80 | 10.43 | 0.67 | 0.19 | 0.48 |
| 陕西 | 18.02 | 10.55 | 7.47 | 1.00 | 0.61 | 0.39 |
| 山西 | 10.96 | 7.13 | 3.83 | 0.54 | 0.36 | 0.18 |
| 河南 | 18.09 | 6.13 | 11.96 | 0.81 | 0.28 | 0.53 |
| 山东 | 7.14 | 4.29 | 2.85 | 0.33 | 0.20 | 0.13 |
| 黄河流域 | 125.26 | 73.92 | 51.34 | 5.82 | 3.34 | 2.48 |

注:可利用量指适合接纳污染物的水功能区纳污能力;不可利用量指受自然、经济、社会发展条件的制约,难以接纳污染物的水功能区纳污能力。

其中,黄河干流 COD 纳污能力为 86.76 万 t/a,占黄河流域 COD 纳污能力的 69%。黄河干流 NH$_3$—N 纳污能力为 3.95 万 t/a,占黄河流域 NH$_3$—N 纳污能力的 68%。表 5-7 是按一级水功能区划计算的黄河干流各河段的纳污能力。

表 5-7　黄河干流一级水功能区现状水平年平均纳污能力　　　单位:万 t/a

| 一级功能区名称 | COD | NH$_3$—N |
|---|---|---|
| 源头水保护区 * | — | — |
| 青甘川保留区 * | — | — |
| 青海开发利用区 | 2.96 | 0.08 |
| 青甘缓冲区 * | — | — |

续表 5-7

| 一级功能区名称 | COD | NH₃—N |
|---|---|---|
| 甘肃开发利用区 | 21.98 | 1.11 |
| 甘宁缓冲区 * | — | — |
| 宁夏开发利用区 | 12.43 | 0.49 |
| 宁蒙缓冲区 | 2.31 | 0.09 |
| 内蒙古开发利用区 | 12.54 | 0.55 |
| 托克托缓冲区 | 0.57 | 0.02 |
| 万家寨调水水源保护区 | 1.04 | 0.05 |
| 晋陕开发利用区 | 7.61 | 0.38 |
| 三门峡水库开发利用区 | 5.93 | 0.30 |
| 小浪底水库开发利用区 | 1.81 | 0.08 |
| 河南开发利用区 | 8.48 | 0.38 |
| 豫鲁开发利用区 | 5.24 | 0.24 |
| 山东开发利用区 | 3.86 | 0.18 |
| 河口保留区 * | — | — |
| 合计 | 86.76 | 3.95 |

注：* 为现状水质良好的保护区、保留区和缓冲区，现状无统计污染物入河量，根据水功能区管理的原则要求不再核定纳污能力。

表 5-8 是按流域各省（区）计算的黄河干流各河段现状水平年纳污能力。

表 5-8　流域各省（区）黄河干流各河段现状水平年纳污能力　　　　单位：万 t/a

| 省（区） | COD | NH₃—N |
|---|---|---|
| 青海 | 2.96 | 0.08 |
| 甘肃 | 21.98 | 1.11 |
| 宁夏 | 13.96 | 0.55 |
| 内蒙古 | 14.41 | 0.63 |
| 陕西 | 7.30 | 0.36 |
| 山西 | 5.69 | 0.29 |
| 河南 | 14.10 | 0.64 |
| 山东 | 6.36 | 0.29 |
| 合计 | 86.76 | 3.95 |

# 5.4　黄河水污染状况及预测

## 5.4.1　水质现状

选择溶解氧、高锰酸盐指数、化学需氧量、五日生化需氧量和氨氮等主要参数,对黄河水功能区水质进行评价,结果表明,在黄河 58 个水功能区中,现状符合水功能水质目标要求的有 17 个,累计河长 2 495 km,功能区数量和河长达标率分别为 29%和 46%。

达标的黄河水功能区主要位于上游甘肃五佛寺以上河段,黄河甘宁缓冲区以下各水功能区,除晋陕间的吴堡过渡区达标外,其他各功能区水质均不能满足水功能目标要求。尤其是宁蒙缓冲区、内蒙古开发利用区和三门峡水库一级开发利用区中,有 8 个水功能二级区的水质全年劣于 V 类,水污染极为严重(见表 5-9)。

表 5-9　黄河现状不同水质类别水功能区所占比例

| 水质类别 | 功能区 | | 河段长度 | |
|---|---|---|---|---|
| | 个数 | 比例/% | 长度/km | 比例/% |
| Ⅱ类 | 8 | 13.8 | 2 069 | 37.9 |
| Ⅲ类 | 10 | 17.2 | 449 | 8.2 |
| Ⅳ类 | 14 | 24.2 | 1 314 | 24.0 |
| V类 | 17 | 29.3 | 1 096 | 20.1 |
| 劣V类 | 9 | 15.5 | 536 | 9.8 |
| 总计 | 58 | 100 | 5 464 | 100 |

## 5.4.2　流域污染源及干流纳污现状

### 5.4.2.1　流域污染源

1.点源污染

现状黄河流域废污水排放量 43.53 亿 t/a,以工业污染源为主,流域主要污染物 COD 排放量为 138.43 万 t/a,$NH_3$—N 排放量为 13.40 万 t/a(见表 5-10)。黄河流域污染物排放量有 1/4 来自黄河干流,其余大部分来自支流,尤其是湟水、渭河、汾河、涑水河、伊洛河、蟒沁河、金堤河、大汶河等 8 条支流,其排放的废污水量占流域总量的 50%以上,其中渭河流域污染比重最大,涑水河和金堤河有机污染较重,汾河和蟒沁河 $NH_3$—N 污染较重。黄河流域废污水及污染物排放量主要集中于一些沿河重点城市,如省会城市西宁、兰州、银川、西安、太原,以及白银、吴忠、包头、临汾等。

表 5-10　黄河流域现状废污水及主要污染物排放量

| 河段(省、区) | | 废污水排放量/(亿 t/a) | COD 排放量/(万 t/a) | NH₃—N 排放量/(万 t/a) |
|---|---|---|---|---|
| 河段 | 龙羊峡以上 | 0.06 | 0.08 | 0.01 |
| | 龙羊峡—兰州 | 8.05 | 16.03 | 1.84 |
| | 兰州—河口镇 | 7.94 | 43.81 | 3.24 |
| | 河口镇—龙门 | 1.25 | 1.78 | 0.23 |
| | 龙门—三门峡 | 16.89 | 45.85 | 5.06 |
| | 三门峡—花园口 | 4.92 | 11.53 | 1.63 |
| | 花园口以下 | 4.34 | 19.27 | 1.37 |
| | 内流区 | 0.08 | 0.08 | 0.02 |
| 省(区) | 青海 | 2.37 | 5.76 | 0.46 |
| | 甘肃 | 8.81 | 16.92 | 2.32 |
| | 宁夏 | 3.32 | 21.73 | 2.04 |
| | 内蒙古 | 3.36 | 19.08 | 0.64 |
| | 陕西 | 10.63 | 27.16 | 2.12 |
| | 山西 | 6.01 | 16.64 | 2.75 |
| | 河南 | 5.38 | 15.30 | 1.94 |
| | 山东 | 3.65 | 15.84 | 1.13 |
| 全流域 | | 43.53 | 138.43 | 13.40 |

**2.面源污染**

水环境的面源污染是相对点源污染而言的。通常情况下,面源污染主要是以地表径流(包括农田、农村、集镇和城市地区)的形式对水体环境输入污染物质,它与降雨径流联系在一起,是受降雨诱发产生的,是自然与人为活动综合作用的结果。面源污染具有二次污染的特征,在形成水体面源污染之前,其污染物质已经对土壤、农业、生态产生了污染或破坏,如农药在土壤中残留首先引起土壤污染,化肥过量施用造成对土壤结构和农产品质量的影响,农业废弃物和生活垃圾对生态环境造成破坏,畜禽业、居民生活或工业废水进入农田对农作物产生危害等。暴雨之后,这些污染物质随径流进入水体,造成水体的进一步污染。据调查统计,现状黄河流域面源污染的 COD 为 68.90 万 t/a,NH₃—N 为 1.6 万 t/a。

**5.4.2.2　干流纳污现状**

现状黄河流域各类废污水入河总量为 35.91 亿 t/a,主要污染物 COD 入河量 105.57万 t/a,NH₃—N 入河量 10.32 万 t/a。废污水及污染物 COD 入河量最多的是陕西省,NH₃—N 入河量最多的是宁夏回族自治区。各二级区中,接纳入河废污水及污染物 COD最多的是龙门—三门峡和兰州—河口镇河段(见表 5-11)。

表 5-11 黄河干流现状废污水及主要污染物接纳量

| 河段(省、区) | | 废污水接纳量/(亿 t/a) | COD 接纳量/(万 t/a) | NH₃—N 接纳量/(万 t/a) |
|---|---|---|---|---|
| 河段 | 龙羊峡以上 | 0.03 | 0.03 | 0 |
| | 龙羊峡—兰州 | 5.16 | 10.6 | 1.11 |
| | 兰州—河口镇 | 8.43 | 37.56 | 3.07 |
| | 河口镇—龙门 | 0.95 | 1.3 | 0.15 |
| | 龙门—三门峡 | 13.15 | 32.38 | 3.58 |
| | 三门峡—花园口 | 4.05 | 8.85 | 1.35 |
| | 花园口以下 | 3.25 | 14.62 | 0.94 |
| 省(区) | 青海 | 1.85 | 3.93 | 0.3 |
| | 甘肃 | 5.65 | 11.08 | 1.44 |
| | 宁夏 | 4.04 | 17.6 | 2 |
| | 内蒙古 | 2.14 | 17.42 | 0.6 |
| | 陕西 | 9.12 | 20.25 | 1.58 |
| | 山西 | 4.35 | 11.04 | 1.86 |
| | 河南 | 4.45 | 12.28 | 1.68 |
| | 山东 | 2.66 | 11.88 | 0.75 |

## 5.4.3 黄河流域水污染预测

现状黄河流域城市生活污水处理率较低,已建成的城市污水处理厂多数未有效运行,有相当比例的工业污染源未做到稳定达标排放,约有 60% 以上的污染源入黄排污口处于超标状态。同时,黄河流域是水资源相对短缺的流域,经济社会发展对水资源的依赖性强,供需矛盾日益尖锐。因此,为促进流域经济社会的可持续发展和水资源的可持续利用,黄河流域必须走节水治污的水资源保护道路。流域必须按照国家环境保护政策要求,对工业、生活废污水进行有效治理,工业点源做到稳定达标排放,城镇生活污水逐步得到有效处理,水资源利用效率和污水处理再利用率逐步提高。

根据黄河流域经济社会发展的实际情况,以及国家对城市污水处理率和中水回用率的具体要求,拟定黄河流域的城市污水处理率 2020 水平年达到 80%,2030 水平年达到 90%;中水回用率 2020 水平年达到 30%,2030 水平年达到 40%。

黄河流域大部分地区位于西部地区,工业化程度仍处于较低水平,随着西部大开发政策的实施,未来一个时期的工业化发展呈较快增速,工业用水量将继续增加,废污水排放量也将同步增加。2020 水平年,黄河流域的废污水排放量达到 54.93 亿 m³(比现状年增加 26.2%),其中工业废水 35.10 亿 m³,生活污水 19.80 亿 m³。到 2030 水平年,废污水排放量将缓慢增加至 55.71 亿 m³(比 2020 水平年增加 1.4%),其中工业废水会从 2020 水平年的 35.10 亿 m³ 减少至 33.96 亿 m³,而生活污水会从 2020 水平年的 19.80 亿 m³ 增加至

21.70 亿 m³。由于规划年流域污染治理力度及污水处理再利用率的提高,2020 水平年黄河流域 COD、NH₃—N 排放量分别为 70.33 万 t 和 10.53 万 t,分别比现状年减少 49.2% 和 21.6%;2030 水平年 COD、NH₃—N 排放量分别为 67.43 万 t 和 10.49 万 t,分别比现状年减少 51.3% 和 21.7%(见表 5-12)。

表 5-12　黄河流域点源排放量及入河量预测

| 省(区) | 水平年 | 排放量 | | | 入河量 | | |
|---|---|---|---|---|---|---|---|
| | | 废污水/(亿 m³/a) | COD/(万 t/a) | NH₃—N/(万 t/a) | 废污水/(亿 m³/a) | COD/(万 t/a) | NH₃—N/(万 t/a) |
| 青海 | 2020 | 2.95 | 2.80 | 0.34 | 2.37 | 1.80 | 0.23 |
| | 2030 | 3.07 | 2.61 | 0.32 | 2.46 | 1.67 | 0.21 |
| 甘肃 | 2020 | 8.86 | 9.60 | 1.41 | 7.08 | 6.90 | 1.05 |
| | 2030 | 8.83 | 8.99 | 1.34 | 7.04 | 6.45 | 1.00 |
| 宁夏 | 2020 | 3.73 | 5.03 | 0.83 | 2.94 | 3.58 | 0.61 |
| | 2030 | 3.81 | 4.86 | 0.83 | 3.04 | 3.50 | 0.61 |
| 内蒙古 | 2020 | 6.56 | 8.93 | 1.47 | 3.66 | 4.58 | 0.79 |
| | 2030 | 6.40 | 8.30 | 1.41 | 3.54 | 4.20 | 0.74 |
| 陕西 | 2020 | 13.80 | 18.37 | 2.39 | 10.33 | 11.05 | 1.49 |
| | 2030 | 13.94 | 17.60 | 2.40 | 10.58 | 10.74 | 1.52 |
| 山西 | 2020 | 8.14 | 11.16 | 1.89 | 4.48 | 4.85 | 0.87 |
| | 2030 | 8.68 | 11.20 | 1.98 | 5.00 | 5.05 | 0.93 |
| 河南 | 2020 | 6.94 | 9.72 | 1.53 | 4.96 | 5.60 | 0.92 |
| | 2030 | 7.13 | 9.50 | 1.56 | 5.10 | 5.49 | 0.94 |
| 山东 | 2020 | 3.95 | 4.72 | 0.67 | 3.00 | 2.87 | 0.42 |
| | 2030 | 3.85 | 4.37 | 0.65 | 2.97 | 2.69 | 0.42 |
| 黄河流域 | 2020 | 54.93 | 70.33 | 10.53 | 38.82 | 41.23 | 6.38 |
| | 2030 | 55.71 | 67.43 | 10.49 | 39.73 | 39.79 | 6.37 |

对黄河干流而言,2020 水平年废污水入河量达到 38.82 亿 m³,比现状年增加8.1%;COD 入河量41.23 万 t,比现状年减少 64.3%;NH₃—N 入河量 6.38 万 t,比现状年减少38.2%。2030 水平年废污水入河量39.73 亿 m³,比 2020 水平年增加 2.3%;COD 入河量39.79 万 t,比2020 水平年减少 3.5%;NH₃—N 入河量6.37 万 t,与2020 水平年持平(见表5-12)。

总体来看,现状黄河流域污染源排放的主要集中区域仍是未来 20 年的重点河段,污染源排放量及入河量仍然占到黄河流域污染源排放量和入河总量的80%以上。

# 5.5　满足水质功能要求的措施及需水量

## 5.5.1　污染源控制

在黄河干流划定的 58 个水功能区中,现状仅有 17 个功能区达到水质标准要求,达标率仅为 29%。从黄河干流的纳污能力分析,现状条件下主要污染物 COD 纳污能力为 86.76 万 t/a,而现状 COD 入河量达 105.57 万 t/a,超过 COD 纳污能力 18.81 万 t/a,超标率 21.68%;主要污染物 $NH_3$—N 纳污能力为 3.95 万 t/a,而现状 $NH_3$—N 入河量达 10.32 万 t/a,超过 $NH_3$—N 纳污能力 6.37 万 t/a,超标率高达 161.27%。因此,应对污染源进行严格控制。

在充分考虑规划水平年黄河流域经济社会发展布局和水平,统筹兼顾黄河流域水环境承载特点的基础上,以黄河流域水域纳污能力为约束条件,制订黄河流域规划水平年污染物入河控制总量。

### 5.5.1.1　污染物入河控制原则

2020 水平年,对于黄河干流及主要支流主要饮用水水源区、省界水体等重要功能区,应达到水质目标要求,即若污染物入河量小于该功能区纳污能力,则污染物入河量作为其入河控制量;若污染物入河量大于或等于该功能区纳污能力,则污染物入河控制量等于纳污能力。对于其他功能区,若污染物入河量小于纳污能力,一般情况,污染物入河控制量等于入河量。但若水功能区所对应陆域城市今后经济社会发展潜力较大,视具体情况,部分水功能区入河控制量可按纳污能力进行控制。若水功能区污染物入河量大于纳污能力,水功能区污染比较严重,则可根据实际情况制订入河污染物削减方案,但应保证 2030 年前达到水功能区水质目标。

2030 水平年,若污染物入河量小于纳污能力,一般污染物入河控制量等于入河量,但若某水功能区今后经济社会发展潜力较大,视具体情况,部分水功能区入河控制量可按纳污能力进行控制。若污染物入河量大于或等于纳污能力,则入河控制量采用纳污能力。

### 5.5.1.2　污染物入河控制方案

2020 水平年,黄河流域 COD 入河控制量为 29.50 万 t,$NH_3$—N 入河控制量为 2.80 万 t;2030 水平年,黄河流域 COD 入河控制量为 25.88 万 t,$NH_3$—N 入河控制量为 2.18 万 t(见表 5-13)。

表 5-13　黄河流域各省(区)污染物入河控制量　　　　单位:万 t/a

| 省(区) | 水平年 | COD | $NH_3$—N |
|---|---|---|---|
| 青海 | 2020 | 0.97 | 0.07 |
| | 2030 | 0.73 | 0.05 |
| 甘肃 | 2020 | 6.61 | 0.71 |
| | 2030 | 5.96 | 0.58 |

续表 5-13

| 省(区) | 水平年 | COD | NH$_3$—N |
|---|---|---|---|
| 宁夏 | 2020 | 3.07 | 0.43 |
| | 2030 | 2.87 | 0.37 |
| 内蒙古 | 2020 | 3.74 | 0.32 |
| | 2030 | 3.36 | 0.30 |
| 陕西 | 2020 | 7.22 | 0.55 |
| | 2030 | 6.51 | 0.45 |
| 山西 | 2020 | 3.36 | 0.34 |
| | 2030 | 2.61 | 0.19 |
| 河南 | 2020 | 3.29 | 0.27 |
| | 2030 | 2.91 | 0.18 |
| 山东 | 2020 | 1.24 | 0.11 |
| | 2030 | 0.93 | 0.06 |
| 合计 | 2020 | 29.50 | 2.80 |
| | 2030 | 25.88 | 2.18 |

由于黄河流域排污高度集中(重点控制区域入河控制量占流域入河污染物控制总量的80%以上),与黄河流域可利用纳污能力分布格局不相一致,规划水平年黄河干流,支流湟水、汾河、渭河、沁蟒河等重点控制区域入河污染物将大大超过相应水域纳污能力,入河污染物仍需要有较大幅度削减。

## 5.5.2 满足水质功能要求的需水量

前述在对黄河干流各河段纳污能力计算时,采用了1977~2006年30年的实测水文系列(该系列涵盖了丰、平、枯三个降水期),且该时期经济社会耗水量波动不大,计算了黄河干流各河段在 $P = 90\%$ 时的安全流量,即兰州 350 m$^3$/s,下河沿 340 m$^3$/s,石嘴山 330 m$^3$/s,头道拐 775 m$^3$/s,龙门 130 m$^3$/s,潼关 150 m$^3$/s,花园口 170 m$^3$/s。

值得指出的是,采用枯水年月平均流量作为河段纳污能力计算的设计流量,是纯自然状态下的极端约束,没有考虑河流所处的经济社会背景,也没有考虑为满足河流应具有的生态和环境功能要求人的主观能动作用,因此,以此为设计流量所计算的纳污能力,并由纳污能力提出的限排量显然是较为苛刻的。但由于该设计流量是河段纳污能力及其排污量控制方案的基础,可以将其作为满足黄河良好水质功能要求所需要的最小流量值。

本章提出的"满足水质功能要求的需水量",其水质功能要求为前述水功能区划分及其水质目标要求,即八盘峡大坝以上河段为Ⅱ类水质目标,八盘峡大坝以下河段为Ⅲ类水质目标。对满足水质功能要求需水量的计算,则为前述河流水域纳污能力的逆运算。指计算在现状黄河流域排污情况及经济社会发展背景下,所有污染源均达标排放、主要支流断面水质满足相应水功能目标要求、黄河干流各断面水质均达到Ⅲ类水质目标所需要的上断面保证的流量。

### 5.5.2.1　计算因子及河段划分

根据黄河干流水污染特征,选择 COD 和 $NH_3$—N 作为计算满足水质功能要求需水量的污染物控制因子。根据《地表水环境质量标准》(GB 3838—2002),对应Ⅲ类水质,COD≤20 mg/L,$NH_3$—N≤1.0 mg/L。

计算河段断面的选取,主要考虑沿河大中城市和工业区的生活饮用水取水口断面、大型水库进出口断面、重要生态保护区所在河段和省(区)界断面等,同时还应考虑现有水文测验断面的布设,以获取连续的长系列观测资料。根据黄河流域污染源分布现状、重要取水口分布现状、水功能区划要求、拦河水利枢纽布置、水文站分布等因素,将黄河兰州以下河段划分成 17 个子河段,每个河段的河长一般为 100~140 km,在上述 17 个子河段中,不考虑黄河下游花园口以下河段,主要由于该河段为"地上悬河",该河段基本没有污染源排入,为典型的自净段,其水质主要受控于花园口断面的水质状况。

据测验统计,当花园口断面的水质达到Ⅲ类时,下游断面的水质基本能够维持Ⅲ类或优于Ⅲ类。2004~2007 年春灌期(3~6 月)黄河下游各断面 COD、$NH_3$—N 浓度沿程变化情况见图 5-3、图 5-4。

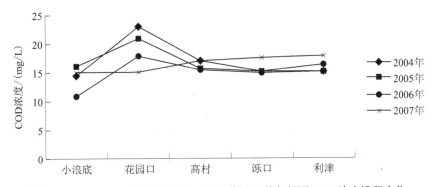

图 5-3　2004~2007 年春灌期(3~6 月)黄河下游各断面 COD 浓度沿程变化

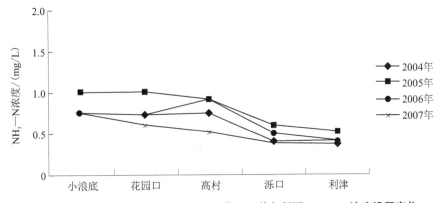

图 5-4　2004~2007 年春灌期(3~6 月)黄河下游各断面 $NH_3$—N 浓度沿程变化

从图 5-3 可以看出,2004 年以来,春灌期黄河下游各断面 COD 值均在 25 mg/L 以下,小浪底断面 COD 值均低于Ⅲ类水质标准(20 mg/L),花园口断面 COD 值高于小浪底断面,反映了小浪底—花园口污染源加入的影响,高村以下各断面 COD 浓度均低于Ⅲ类水质标准,沿程变化不明显。从图 5-4 可以看出,2004 年以来,春灌期黄河下游各断面 NH₃—N 浓度大部分在Ⅲ类水质标准(1 mg/L)以下,沿程略有降低,高村以下各断面浓度均低于Ⅲ类水质标准。因此,从水功能要求而论,花园口以下河段基本不需要稀释污染的水量。只要河段保证一定的流量、流态,能够维持河流生态及两岸生态系统的良性循环就基本够了,即对于该河段来说,更重要的是维持水生生物生存环境的生态流量及维持河口生态系统的水量,相关内容已在第 4 章中详细论述。

### 5.5.2.2 计算模型

满足水质功能要求的需水量计算,主要关注的是污染物浓度在河段上的沿程变化,即对污染物浓度的空间分布只考虑一个方向上的差异,故计算模型采用一维水质模型。

一维水质模型可通过一个只在一个方向(设为 $x$ 轴向)上存在浓度梯度的微小体积元的质量平衡建立(见图 5-5)。

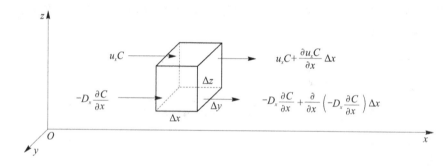

**图 5-5 微小体积元的质量平衡**

设 $C$ 为污染物浓度,它是时间 $t$ 和空间位置 $x$ 的函数;$D_x$ 为纵向弥散系数;$u_x$ 为断面平均流速。

当计算河段内只有一个污染物来源时,情况如图 5-6 所示。

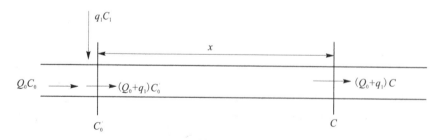

**图 5-6 计算河段单个排污口示意图**

当计算河段内污染物来源与断面有一定距离,且有多个污染物来源时,情况如图 5-7 所示。

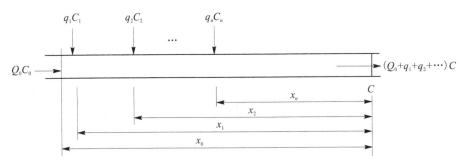

**图 5-7  计算河段多个排污口示意图**

### 5.5.2.3  计算结果

在划定的黄河干流兰州以下 17 个子河段中,现状污染源实现全部达标排放,主要支流入黄断面水质满足相应的水功能目标(见图 5-8),可计算出黄河干流 17 个子河段全部实现Ⅲ类水质目标的所需流量,见表 5-14。

| 支流 | 庄浪河 | 祖厉河 | 清水河 | 昆都仑河 | 四道沙河 | 大黑河 | 偏关河 | 皇甫川 | 窟野河 | 秃尾河 | 无定河 |
|---|---|---|---|---|---|---|---|---|---|---|---|
| 水质 | Ⅲ类 | Ⅴ类 | Ⅳ类 | Ⅴ类 | Ⅴ类 | Ⅳ类 | Ⅴ类 | Ⅳ类 | Ⅲ类 | Ⅲ类 | Ⅲ类 |

| 支流 | 延河 | 汾河 | 涑水河 | 渭河 | 宏农涧河 | 苍龙涧河 | 伊洛河 | 氾水河 | 新蟒河 | 沁河 | |
|---|---|---|---|---|---|---|---|---|---|---|---|
| 水质 | Ⅳ类 | Ⅳ类 | Ⅴ类 | Ⅳ类 | Ⅴ类 | Ⅴ类 | Ⅳ类 | Ⅴ类 | Ⅴ类 | Ⅳ类 | |

**图 5-8  黄河主要支流入黄断面水质目标**

**表 5-14  黄河干流各河段满足水质功能要求所需流量**  单位:m³/s

| 计算河段 | | 时间 | COD | NH₃—N |
|---|---|---|---|---|
| 河段名称 | 河段长/km | | | |
| 八盘峡—大峡 | 115.1 | 11 月至次年 2 月 | 331~352 | 331~2 787 |
| | | 3~6 月 | 331~350 | 331~2 851 |
| | | 7~10 月 | 331~341 | 331~2 486 |
| 大峡—五佛寺 | 297.1 | 11 月至次年 2 月 | 308~312 | 308~903 |
| | | 3~6 月 | 308~316 | 308~859 |
| | | 7~10 月 | 308~325 | 308~721 |
| 五佛寺—下河沿 | 123.4 | 11 月至次年 2 月 | 2 308 | 2 308 |
| | | 3~6 月 | 2 308 | 2 308 |
| | | 7~10 月 | 2 308 | 2 308 |

续表 5-14

| 计算河段 | | 时间 | COD | NH₃—N |
|---|---|---|---|---|
| 河段名称 | 河段长/km | | | |
| 下河沿—青铜峡 | 194.6 | 11月至次年2月 | 314~321 | 314~321 |
| | | 3~6月 | 314~319 | 314~319 |
| | | 7~10月 | 314~320 | 314~320 |
| 青铜峡—石嘴山 | 141 | 11月至次年2月 | 334~354 | 334~587 |
| | | 3~6月 | 334~347 | 334~612 |
| | | 7~10月 | 334~351 | 334~495 |
| 石嘴山—三盛公 | 221.5 | 11月至次年2月 | 301~306 | 301~306 |
| | | 3~6月 | 301~306 | 301~306 |
| | | 7~10月 | 301~306 | 301~306 |
| 三盛公—三湖河口 | 221.5 | 11月至次年2月 | 286 | 286 |
| | | 3~6月 | 286 | 286 |
| | | 7~10月 | 286 | 286 |
| 三湖河口—昭君坟 | 125.9 | 11月至次年2月 | 296 | 296 |
| | | 3~6月 | 296 | 296 |
| | | 7~10月 | 296 | 296 |
| 昭君坟—头道拐 | 173.8 | 11月至次年2月 | 83~87 | 83~87 |
| | | 3~6月 | 83~88 | 83~88 |
| | | 7~10月 | 83~88 | 83~88 |
| 头道拐—万家寨 | 114 | 11月至次年2月 | 269 | 269 |
| | | 3~6月 | 269 | 269 |
| | | 7~10月 | 69~76 | 69~76 |
| 万家寨—府谷 | 102.8 | 11月至次年2月 | 69~70 | 69~70 |
| | | 3~6月 | 269 | 269 |
| | | 7~10月 | 69~76 | 69~76 |
| 府谷—吴堡 | 241.7 | 11月至次年2月 | 87~106 | 87~106 |
| | | 3~6月 | 87~107 | 87~107 |
| | | 7~10月 | 87~119 | 87~119 |
| 吴堡—龙门 | 276.9 | 11月至次年2月 | 100~148 | 100~148 |
| | | 3~6月 | 100~137 | 100~137 |
| | | 7~10月 | 100~305 | 100~305 |

续表 5-14

| 计算河段 | | 时间 | COD | NH₃—N |
|---|---|---|---|---|
| 河段名称 | 河段长/km | | | |
| 龙门—潼关 | 129.7 | 11 月至次年 2 月 | 137～300 | 137～1 200 |
| | | 3～6 月 | 137～256 | 137～280 |
| | | 7～10 月 | 137～500 | 137～2 500 |
| 潼关—三门峡 | 111.4 | 11 月至次年 2 月 | 148～158 | 148～221 |
| | | 3～6 月 | 148～156 | 148～187 |
| | | 7～10 月 | 148～166 | 148～224 |
| 三门峡—小浪底 | 130.2 | 11 月至次年 2 月 | 165～174 | 165～174 |
| | | 3～6 月 | 165～172 | 165～172 |
| | | 7～10 月 | 165～175 | 165～175 |
| 小浪底—花园口 | 128 | 11 月至次年 2 月 | 150～245 | 150～470 |
| | | 3～6 月 | 150～186 | 150～186 |
| | | 7～10 月 | 150～261 | 150～261 |

从表 5-14 可以看出,在八盘峡—大峡河段、大峡—五佛寺河段、青铜峡—石嘴山河段,满足水质功能要求的 $NH_3$—N 所需流量大于 COD 所需流量,而且还大得多。主要原因在于 MVN 达标排放标准《城镇污水处理厂污染物排放标准》(GB 18918—2002)与《地表水环境质量标准》(GB 3838—2002)相差太大,如《城镇污水处理厂污染物排放标准》(GB 18918—2002)规定,城镇污水处理厂出水排入地表水Ⅲ类功能水域,执行一级标准的 B 标准,即 $NH_3$—N ≤15 mg/L,而《地表水环境质量标准》(GB 3838—2002)中Ⅲ类水要求 $NH_3$—N ≤1.0 mg/L。若以《地表水环境质量标准》(GB 3838—2002)控制,在某些 $NH_3$—N 排放集中的河段为满足水质功能要求需要数百乃至数千立方米每秒流量。考虑到 $NH_3$—N 污染主要是由于城市生活污水未经处理直接排放造成的,其控制方式和工业点源有所不同,主要和城市污水处理建设速度与规模有关,而该部分项目建设随着国家近几年的强力推进,速度与规模迅速增加,因此满足水质功能要求的需水量计算主要依据 COD 计算结果。

调查统计,小浪底水库下泄流量与利津断面水质关系密切,当小浪底水库下泄流量大于 300 m³/s 时,利津断面均能达到Ⅲ类水质,因此,小浪底水库下泄流量按 300 m³/s 计,以此推至花园口断面并考虑支流加水,花园口断面流量可控制在 320 m³/s。

综合考虑上述因素,为满足黄河干流各河段水质功能要求,需要对各主要水文断面的流量控制至表 5-15 的流量值。

表 5-15　黄河干流各主要水文断面满足水质功能要求的流量　　单位：m³/s

| 时段 | 断面 | | | | | | |
|---|---|---|---|---|---|---|---|
| | 兰州 | 下河沿 | 石嘴山 | 头道拐 | 龙门 | 潼关 | 小浪底 |
| 11 月至次年 2 月 | 350 | 340 | 330 | 120 | 240 | 300 | 300 |
| 3～6 月 | 350 | 340 | 330 | 120 | 240 | 300 | 300 |
| 7～10 月 | 350 | 340 | 330 | 300 | 400 | 500 | 300 |

## 5.6　水污染稀释调度

一般地,河流的径流量决定了河流对污染物的稀释能力。在排污量相同的情况下,河流的径流量越大,稀释能力就越强,污染程度就轻,反之污染程度就重。

### 5.6.1　常规稀释调度

在入河排污量一定的情况下,通过水量人为调度和配置措施,可以增加或改善部分河段枯水期水量条件,促进河段水功能提高和改善水环境的状况。这种主要以水量稀释途径、降低污染物浓度和改善水环境提高水资源环境承载能力的水量调配过程,称为水量稀释调度,也称为常规水量稀释调度。因为,此种调度的前提限定为入河排污量一定且过程相对稳定,人为调度和水量配置有足够的准备时间,可以从容地通过水量配置稀释污染物,详细准确测定其稀释效果,并能据此反馈调整调度方案。

最早通过水量调度改善河道水质的工作始于日本,日本东京为改善隅田川水质,1964年从利根川和荒川引入 16.6 m³/s 清洁水(相当于隅田川原流量的 3～5 倍)。1975 年日本又引入其他清洁水净化了中川、新町川和歌川等 10 条河流。

我国从 20 世纪 80 年代中期开始利用水利工程进行稀释调度的实践,上海、福州、苏州、南京、杭州、昆明等地相继陆续开展。从 2000 年开始,水利部本着"以动治静、以清释污、以丰补枯、改善水质"的原则,开展了"引(长)江济太(湖)",即引一定量的长江清水来稀释冲污,改善太湖水质,并让多年来平静的太湖水流动起来,进而带动整个流域河网水体流动,提高水体稀释自净能力,改善太湖流域河网水环境。自 2003 年以来,珠江流域持续干旱,江河水位显著偏低,海水倒灌,咸潮上溯,给珠江三角洲澳门、珠海、中山、广州等地供水造成很大影响,引起社会各界的广泛关注。从 2005 年开始,国家防汛抗旱总指挥部决定,从西江上游的天生桥一级、天生桥二级、岩滩、大化、百龙滩、乐滩和北江飞来峡等大型水利枢纽向下游珠江三角洲地区调水,缓解咸潮压力,为澳门、珠海、中山、广州等地供水提供安全保障。

### 5.6.2　应急稀释调度

当河流某河段处于水质敏感期且呈水质高风险状态,或出现突发性水污染事件,且高风险河段或污染河段上游有能够满足调度需水的水源、调入河段在时间和空间上满足响应要求,可调水体水质在功能上优于调入河段的水体质量、污染物为非重金属时,可采取应急稀释调度措施,使受污染水体迅速满足其功能要求。

应急稀释调度涉及随机稀释容量的计算。随机稀释容量与定常稀释容量不同,定常稀释容量可用节点质量和流量平衡方程来推求,而随机稀释容量的计算则必须引入概率计算方法,即构建概率稀释模型。

在概率稀释模型中,要建立概率稀释条件下排污量、水质标准、达标率之间的响应关系,即把河水流量 $Q$、河水浓度 $C_p$、污水排放量 $q$、污水排放浓度 $C_q$ 设定为独立的随机变量,并服从对数正态分布。

将河水与污水完全混合后的浓度 $C$ 大于水质标准 $S$ 的概率表示为流量、污水排放量和水质浓度的联合概率密度的一个多重积分。

利用积分公式可求得水质超标率 $P_r$ 随着 $C_q$ 增大而增大的单调关系曲线,如图 5-9 所示。

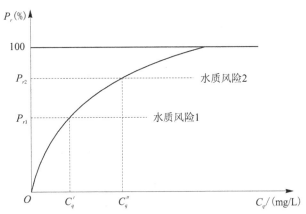

图 5-9　水质超标率与污水排放浓度 $C_q$ 的关系

从图 5-9 可以看出,当河水流量 $Q$、浓度 $C_p$、污水排放量 $q$ 不变时,污水排放浓度 $C_q$ 越大,相应的水质超标率 $P_r$ 就越高,也就意味着达标率越低。当给定一个超标率 $P_{r1}$(水质风险 1),有一个排放浓度 $C_q'$ 与之对应,当给定超标率 $P_{r2}$(水质风险 2)时,有一个排放浓度 $C_q''$ 与之对应。每一种情况下相应排放流量 $q$ 与排放浓度 $C_q$ 的乘积 $qC_q$,就是超标风险为 $P_r$ 的随机稀释容量。

具体调度时,可就河段某一控制断面建立 $P_r \sim C_q$ 关系,设置 $P_{r1}$(水质风险 1)为预警状态,$P_{r2}$(水质风险 2)为应急状态。当进入预警状态时,首先限制从河道引水的流量,其次对相关企业实行限产限排措施。当进入应急状态时,停止从河道引水,对相关企业采取停产停排措施,同时加大受控河段上游水库泄量,对河道内污染物浓度迅速进行稀释,使其满足水质功能要求。

以黄河下游花园口断面为例,该断面出现Ⅳ类水质可设置为预警状态,该断面出现Ⅴ类水质可设置为应急状态。以 COD 为水质控制参数,设定小浪底水库出流为 300 m³/s(一台机组发电)。当小浪底水库水质为Ⅲ类,花园口断面水质为Ⅴ类,稀释调度目标为把花园口断面水质由Ⅴ类提高到Ⅳ类时,稀释调度方案见表 5-16。

表 5-16  小浪底水库Ⅲ类水质稀释花园口断面Ⅴ类水质方案

| 小浪底断面 COD 浓度/(mg/L) | 花园口断面 COD 浓度/(mg/L) | 花园口断面稀释后 COD 浓度/(mg/L) | 小浪底水库下泄流量/(m³/s) |
|---|---|---|---|
| 16 | 35 | 30 | 407 |
|  | 40 | 30 | 514 |
|  | 45 | 30 | 621 |
|  | 50 | 30 | 729 |
|  | 55 | 30 | 836 |
|  | 60 | 30 | 943 |
| 17 | 35 | 30 | 415 |
|  | 40 | 30 | 531 |
|  | 45 | 30 | 646 |
|  | 50 | 30 | 762 |
|  | 55 | 30 | 877 |
|  | 60 | 30 | 992 |
| 18 | 35 | 30 | 425 |
|  | 40 | 30 | 550 |
|  | 45 | 30 | 675 |
|  | 50 | 30 | 800 |
|  | 55 | 30 | 925 |
|  | 60 | 30 | 1 050 |
| 19 | 35 | 30 | 436 |
|  | 40 | 30 | 573 |
|  | 45 | 30 | 709 |
|  | 50 | 30 | 845 |
|  | 55 | 30 | 982 |
|  | 60 | 30 | 1 118 |
| 20 | 35 | 30 | 450 |
|  | 40 | 30 | 600 |
|  | 45 | 30 | 750 |
|  | 50 | 30 | 900 |
|  | 55 | 30 | 1 050 |
|  | 60 | 30 | 1 200 |

本章以国家颁布的水质标准与排污标准为前提,综合考虑沿黄地区经济社会发展现状及趋势、不同用水部门对水资源的不同需求,以及水资源的可持续利用等因素,对黄河干流进行了水功能区划,将黄河干流划分为 18 个一级水功能区,并对其中的开发利用区又进一步划分为 50 个二级水功能区,明确了每一个水功能区的水质目标。采用一维模型计算了黄河干流除饮用水水源区外各功能区的纳污能力,采用二维模型计算了黄河干流饮用水水源区的纳污能力,结果表明,现状黄河干流的纳污能力为:COD 86.76 万 t/a,$NH_3$—N 3.95 万 t/a。

现状黄河流域废污水排放量 43.53 亿 t/a,COD 排放量 138.43 万 t/a,$NH_3$—N 排放量 13.40 万 t/a,进入黄河干流的废污水 35.91 亿 t/a,进入黄河干流的 COD 和 $NH_3$—N 分别为 105.57 万 t/a、10.32 万 t/a。在黄河干流划定的 58 个水功能区中,水质达标的有 17 个,达标率仅为 29%。因此,应对污染源进行严格控制。2020 水平年,黄河流域 COD 入河控制量为 29.50 万 t,$NH_3$—N 入河控制量为 2.80 万 t。到 2030 水平年,黄河流域 COD 入河控制量为 25.88 万 t,$NH_3$—N 入河控制量为 2.18 万 t。

本章重点对满足水质功能要求的需水量进行了分析计算,计算的条件是所有污染源均达标排放、主要支流断面水质满足相应水功能目标要求、黄河干流各断面水质均达到Ⅲ类水质目标。选取 COD、$NH_3$—N 为计算因子,采用一维水质模型,求得黄河干流各主要水文断面满足水质功能要求的流量值:兰州 350 m³/s,下河沿 340 m³/s,石嘴山 330 m³/s,头道拐 120～300 m³/s,龙门 240～400 m³/s,潼关 300～500 m³/s,小浪底 300 m³/s,花园口 320 m³/s。

本章最后提出了应急稀释调度概念及其操作方案,即当河流某河段处于水质敏感期且呈水质高风险状态,或出现突发性水污染事件时,应进行应急稀释调度。具体操作时,可设置预警状态和应急状态。在预警状态下,可限制从河道引水,对相关企业实行限产限排;在应急状态下,可停止从河道引水、对相关企业停产停排,同时加大受控河段上游水库泄量,对河道污染物浓度迅速进行稀释,使其满足水质功能要求。

# 第6章 需求侧功能需水量及其过程的 耦合与实现

所谓需求侧,是相对于水资源供应侧而言的。水资源是人类社会发展的基础性自然资源和战略性经济资源,更是生态环境的关键要素。水资源的上述固有属性,决定了其需求侧用水需求的多样性和复杂性。当然,水既为资源,就一定是有限的,在此前提下,人类活动的需求也不能是无限的。水资源管理部门的重要职责,就是要实现基于水资源有限性约束的需求侧功能需水量的保证,否则,经济社会发展及生态系统的良性维持将受到严重影响。

## 6.1 功能需水量及其过程耦合

黄河水资源需求侧的功能需水量,主要反映在以下四个方面:一是流域水资源兴利功能与流域农业需水;二是流域水资源除害功能与泥沙输送需水;三是流域水资源生态功能与河道及河口生态系统需水;四是流域水资源维护水环境(水质)功能及满足水质功能要求需水。

### 6.1.1 功能需水量及其过程

在第2章中,综合考虑作物需水特性、土壤性质,以及作物生育期内的有效降雨、作物蒸发蒸腾量、灌溉用水方式等因素,计算了黄河流域各四级区净灌溉定额并据公式计算了黄河下游引黄灌区的引水流量及其过程。

在第3章中,通过长系列汛期来水量、来沙量及河道冲淤量等大量的实测数据,分析了黄河下游输沙水量、流量、含沙量及其冲淤量之间的相关关系,得到黄河下游河道可以获取最高冲刷效率的流量级($4\ 000\ \mathrm{m^3/s}$)。当然,河水流量与含沙量关联度极高,随着含沙量的提高,其过程应随之延长,否则,达不到预期的冲刷效果。

在第4章中,综合考虑了河道生态系统净需水量、河道损失水量和防凌安全水量三方面的因素,得到黄河河道生态系统需水量及其过程。在对河口生态系统的分析研究中,综合考虑了防止海水入侵的淡水补给量、水循环消耗需水量、补给地下水需水量等五个方面的需求,得到了黄河河口生态系统需水量及其过程。

在第5章中,综合考虑了现状黄河流域排污情况及经济发展背景,以及所有污染源均达标排放、主要支流断面水质满足相应水功能目标要求,得到黄河干流各断面水质达到Ⅳ类目标所需要的水量及其过程。

本章围绕需求侧功能需水量及其过程的耦合与实现问题展开讨论。

## 6.1.2　功能需水过程耦合

水资源需求侧的功能需水是多方面的,且每一项功能需水都体现其自身特殊需要的过程要求,在实际的水资源管理中,往往借助于控制性水利工程调节径流以满足上述需求侧各项功能需水的要求,此时,就必须将各项功能需水量及其过程耦合并反馈给控制性水利工程,以便对流域水资源天然丰枯过程进行调节,重新塑造出能够同时满足各项功能需求的径流过程。

耦合概念来自于物理学,指两个或两个以上的体系或两种运动形式之间通过各种相互作用而彼此影响以至联合起来的现象。在黄河流域水资源需求侧的四项主要功能需求过程中,各项功能之间存在着交叉和重复,各种功能所需水量及其过程可以兼顾,因此,为便于进行控制性水利工程的科学调度,必须对各种功能需水量及其过程进行耦合。

为便于形象表达各种功能需水量及过程的耦合,特引入集合概念。

一般地,一定范围内某些确定的、不同的对象的全体构成一个集合。设定黄河流域水资源需求侧的每一项功能需水量及其过程为一个独立的集合,且为有限集,因各项功能需水量及其过程均是以月平均流量来表达的,故在上述设定的每一个集合中存在 12 个元素(一年 12 个月)。

将黄河某河段的农业灌溉、工业、生活需水量及其过程分别记作 $A_i$、$B_i$、$C_i$

$$A_i = \{a_{i1}, a_{i2}, a_{i3}, \cdots, a_{i12}\} \tag{6-1}$$

式中　$i$——第 $i$ 个河段;

　　　$a_{i1}$——第 $i$ 个河段 1 月的灌溉平均需水流量;

　　　$a_{i2}$——第 $i$ 个河段 2 月的灌溉平均需水流量;

　　　其余类推。

$$B_i = \{b_{i1}, b_{i2}, b_{i3}, \cdots, b_{i12}\} \tag{6-2}$$

式中　$i$——第 $i$ 个河段;

　　　$b_{i1}$——第 $i$ 个河段 1 月的工业平均需水流量;

　　　$b_{i2}$——第 $i$ 个河段 2 月的工业平均需水流量;

　　　其余类推。

$$C_i = \{c_{i1}, c_{i2}, c_{i3}, \cdots, c_{i12}\} \tag{6-3}$$

式中　$i$——第 $i$ 个河段;

　　　$c_{i1}$——第 $i$ 个河段 1 月的生活平均需水流量;

　　　$c_{i2}$——第 $i$ 个河段 2 月的生活平均需水流量;

　　　其余类推。

$$D_i = \{d_{i1}, d_{i2}, d_{i3}, \cdots, d_{i12}\} \tag{6-4}$$

式中　$i$——第 $i$ 个河段;

　　　$d_{i1}$——第 $i$ 个河段 1 月的河道生态平均需水流量;

　　　$d_{i2}$——第 $i$ 个河段 2 月的河道生态平均需水流量;

　　　其余类推。

将满足黄河某河段水质功能要求的需水流量及其过程记作集合 $E_i$,则

$$E_i = \{e_{i1}, e_{i2}, e_{i3}, \cdots, e_{i12}\} \tag{6-5}$$

式中　$i$——第 $i$ 个河段；

　　　$e_{i1}$——第 $i$ 个河段 1 月的水质功能平均需水流量；

　　　$e_{i2}$——第 $i$ 个河段 2 月的水质功能平均需水流量；

　　　其余类推。

上述五项功能需水量及其过程的耦合可记作集合 $F_i$，则 $F_i$ 为五个独立集合的并集，即

$$F_i = A_i \cup B_i \cup C_i \cup D_i \cup E_i = \{f_{i1}, f_{i2}, f_{i3}, \cdots, f_{i12}\} \tag{6-6}$$

以黄河下游河段为例，小浪底水利枢纽为调节该河段径流量及其过程的控制性水利工程，考核断面为花园口，该断面为黄河下游河段的入口站。在上述五项功能需水量及其过程的集合中，黄河干流泥沙输送需水量及其过程集合 $B_i$ 与其他功能需水量及其过程集合相比，具有特殊性，主要表现在：一是集合元素非全年分布，即输送泥沙途径依靠调水调沙，而调水调沙只能在汛期进行；二是集合元素量值较其他集合元素构成数量级的差别；三是此项功能需水过程较其他集合元素特别短促。因此，在对黄河下游河段水资源需求侧功能需水量及其过程进行耦合时，将其五大功能需水量及其过程集合分成两大类，一类属于常年过程，一类属于短促过程（每一过程时间尺度在 10~15 d）。

### 6.1.2.1　常年过程类功能需水量及其过程耦合

对花园口断面而言，农业灌溉需水量及其过程、河道生态系统需水量及其过程、满足水质功能要求的需水量及其过程已分别在前述章节求出，将其汇总列入表 6-1 中。

表 6-1　花园口断面常年过程类功能需水量及其过程　　　　单位：m³/s

| 时间（月份） | 1 | 2 | 3 | 4 | 5 | 6 | 7 | 8 | 9 | 10 | 11 | 12 |
|---|---|---|---|---|---|---|---|---|---|---|---|---|
| 农业灌溉 | 147 | 206 | 496 | 514 | 309 | 298 | 204 | 163 | 230 | 184 | 134 | 178 |
| 河道生态 | 320 | 320 | 320 | 320 | 320 | 320 | 400 | 400 | 400 | 400 | 320 | 320 |
| 水质功能 | 320 | 320 | 320 | 320 | 320 | 320 | 320 | 320 | 320 | 320 | 320 | 320 |

对于利津断面而言，河口生态系统需水量及其过程亦在前述求出（见表 4-20）。

要确定花园口断面的流量过程，必须考虑水流传播、花园口至利津区间灌溉引水、河道水量损失等因素，将以利津断面为基准的河口生态需水量"折现"至花园口断面，然后，才能在同一基础上对花园口断面功能需水量及其过程进行耦合。

上述"折现"采用反向控制计算。

以断面水量平衡为基本原理，即上断面入流、下断面出流及河段内蓄水量变化三者代数和为 0。根据黄河下游各水文站历史水文资料分析，下游各河段不同枯水流量区间水量传播时间一般为几天，对月水量平衡来讲，主要是控制不同河段月上、下断面的过水量，以月平均流量标识。以反向控制为计算序，考虑流量传播时间影响的水量平衡方程。

通过反向控制计算，可以得出满足河段下断面流量要求、区间用水要求和区间河道损失水量情况下，该河段上断面所必须保证的流量。

在计算过程中，区间支流加水、区间引水及河道损失水量均未考虑与流量传播系数的

关系,而是直接在方程中参与计算。实际上,区间支流加水、区间引水及河道损失水量都将改变河段内入流水量,进而使河段水流传播时间和水流传播规律发生变化。但鉴于黄河下游为"地上悬河",区间支流很少且枯水期入黄流量很小(很多情况下处于断流状态),因此,暂不考虑区间支流加水对河段流量传播时间及传播规律的影响。同时,黄河下游河段引水点分布散乱,要准确地模拟各引水点引水对河段传播时间及规律的影响极其复杂和困难,为简化计算,暂不考虑区间引水对河段传播时间及规律的影响。分析表明,枯水期河道内流量小、水位低,河道损失水量小而稳定,且在流量传播系数中已隐含体现,其微小变化对流量传播时间和规律不会造成大的改变。因此,可忽略区间支流加水、区间引水及河道损失水量的演进问题,将其作为定量直接参与下断面流量计算。

在计算月平均流量中,涉及一个重要参数,即流量传播系数,该系数与河段水流传播时间和计算时段有关。

河段流量传播历时,根据断面流量与流速的关系来确定,即首先建立各断面流量与流速的相关关系,确定不同流量级对应的流速,再由各断面流速计算河段平均流速,最后由河段距离除以河段平均流速,即为水流在该河段的传播时间。

区间支流加水的计算,在花园口断面以下共有三条支流入黄,自上而下分别是天然文岩渠、金堤河、大汶河,采用其实测多年月平均资料计算。

区间引水的计算,采用黄河下游各河段平均引水资料。据统计,花园口断面以下至利津河段,春季日均引水 356.1 m³/s,夏季日均引水 240.1 m³/s,秋季日均引水 286.4 m³/s,冬季日均引水 104.1 m³/s(见表 6-2)。

表 6-2　花园口至利津各河段日平均引水统计　　　　　单位:m³/s

| 河段 | 花园口—夹河滩 | 夹河滩—高村 | 高村—孙口 | 孙口—艾山 | 艾山—泺口 | 泺口—利津 | 合计 |
|---|---|---|---|---|---|---|---|
| 春季 | 21.5 | 53.4 | 60.1 | 34.3 | 71.5 | 115.3 | 356.1 |
| 夏季 | 30.9 | 45.2 | 56.1 | 38.4 | 59.1 | 10.40 | 240.1 |
| 秋季 | 1.6 | 0 | 58.7 | 33.8 | 98.6 | 93.7 | 286.4 |
| 冬季 | 1.6 | 6.1 | 15.7 | 27.9 | 23.2 | 29.6 | 104.1 |

河道损失水量的计算,采用第 4 章计算结果。

综合考虑花园口断面以下支流加水、区间引水和河道损失水量,以及河道流量传播系数,通过反向控制计算,求得与河口生态系统需水量及其过程相应的花园口断面需水量及其过程(见表 6-3)。

表 6-3　河口生态系统需水量及其过程对花园口断面的"折现"　　　单位:m³/s

| 时间(月份) | 1 | 2 | 3 | 4 | 5 | 6 | 7 | 8 | 9 | 10 | 11 | 12 |
|---|---|---|---|---|---|---|---|---|---|---|---|---|
| 河口生态需求 | 213 | 224 | 253 | 304 | 328 | 329 | 289 | 275 | 263 | 250 | 229 | 210 |
| "折现"至花园口断面 | 386 | 469 | 873 | 949 | 743 | 671 | 486 | 437 | 492 | 426 | 363 | 432 |

在花园口断面,河道生态系统需水量及其过程与满足水质功能要求需水量及其过程

耦合的结果,是后者包含于前者之中。因为满足水质功能要求需水量及其过程的服务对象,不消耗水量,仅要求有一定水量(或流量),径流过程是提供水环境容量的载体。河道生态系统需水量及其过程,11月至次年6月与满足水质功能要求需水量及其过程相同,7~10月还大于后者。因此,只要花园口断面满足了河道生态系统需水量及其过程要求,就一定能满足水质功能要求需水量及其过程。

在对河口生态系统需水量及其过程进行"折现"的过程中,已经考虑了黄河下游不同河段的灌溉引水以及沿河道的损失水量,故其在花园口断面的"现值"已经耦合了农业灌溉需水量及其过程。从计算结果(见表6-3)可以看出,河口生态系统需水量及其过程"折现"至花园口断面的"现值"均较河道生态系统需水量及其过程值大,即河口生态系统需水量及其过程的"现值",完全覆盖了河道生态系统需水量及其过程。可以认为,当花园口断面满足了上述"现值"需水量及其过程要求时,河道生态系统需水量及其过程要求就会同时得到满足。

#### 6.1.2.2 短促过程类功能需水量及其过程

此类过程特指泥沙输送需水量及其过程,该过程维持时间一般在15 d左右,花园口断面下泄水量约40亿 $m^3$。在第3章中,已分析论证得到如下结果:对于黄河下游河道而言,4 000 $m^3/s$ 是冲刷效率最大的一个流量级,因此,可通过水库调度与控制塑造4 000 $m^3/s$流量级洪水,以便获取最高效率的输沙过程。

在2008年6月19日开始的调水调沙运行中,正是按照上述分析论证结果设计了黄河下游各断面的流量过程(见表6-4)。

表6-4 2008年6月19日至7月6日调水调沙黄河下游洪水特征值

| 断面 | 花园口 | 夹河滩 | 高村 | 孙口 | 艾山 | 泺口 | 利津 |
|---|---|---|---|---|---|---|---|
| 最大流量/($m^3/s$) | 4 550 | 4 200 | 4 150 | 4 100 | 4 080 | 4 070 | 4 050 |
| 最大含沙量/($kg/m^3$) | 83.0 | 71.6 | 65.2 | 64.3 | 64.3 | 63.7 | 56.9 |

2008年6月19日至7月6日的调水调沙,进入下游(花园口断面)总水量43.85亿 $m^3$,入海总水量40.75亿 $m^3$,入海总沙量5 982万 t。其中小浪底水库出库总沙量5 165万 t,若不考虑其间黄河下游涵闸引水引沙量,小浪底断面以下河道共冲刷泥沙997万 t(见表6-5)。

表6-5 2008年调水调沙黄河下游各河段冲刷量

| 河段 | 小浪底—花园口 | 花园口—夹河滩 | 夹河滩—高村 | 高村—孙口 | 孙口—艾山 | 艾山—泺口 | 泺口—利津 | 合计 |
|---|---|---|---|---|---|---|---|---|
| 冲刷量/万 t | 707 | -129 | -551 | -709 | -204 | 178 | -289 | -997 |

## 6.2 水库功能调度

所谓水库功能调度,是指水库为满足一定范围内经济、社会、生态、环境等科学合理且必需的功能需水要求对天然径流调节的过程。由于天然径流受气象、水文条件影响在年内季节分配的不均匀性,故将水库功能调度分为非汛期调度和汛期调度两种情形。

本节以小浪底水库为例,进一步分析研究其功能调度的过程。小浪底水库位于河南省洛阳市以北 40 km 处的黄河干流上,上距三门峡水库 130 km,下距郑州花园口断面 128 km,坝址控制流域面积 69.4 万 $km^2$,控制了黄河径流量的 91%,控制了近 100% 的黄河泥沙。水库总库容 126.5 亿 $m^3$,其中拦沙库容 75.5 亿 $m^3$,防洪库容 40.5 亿 $m^3$,调水调沙库容 10.5 亿 $m^3$,兴利库容可重复利用防洪库容和调水调沙库容。

## 6.2.1　非汛期调度

非汛期是指每年的 11 月至次年 6 月。水库调度的功能目标为:满足花园口断面以下农业灌溉需水量及其过程要求、满足河道生态系统需水量及其过程要求、满足河口生态系统需水量及其过程要求、满足水质功能要求需水量及其过程要求。上述四项功能需水量及其过程已在前述实现耦合。花园口断面的需水量及其过程目标已经确立,该目标是综合考虑各种相关因素,根据黄河的实际情况经科学分析计算所得,因此,该目标即为小浪底水库非汛期调度目标。

在确立了水库调度目标后,水资源的筹集成为供需矛盾中的主要矛盾方面。

小浪底水库的水资源筹集有三种途径:第一条途径是后汛期水库蓄水,第二条途径是水库调蓄上游河道径流,第三条途径是龙羊峡水库补水。

### 6.2.1.1　后汛期水库蓄水

要想实现水库里蓄上足够的水,就不能只在非汛期蓄水,因为非汛期降水和来水都是十分有限的。而通常是不允许在汛期蓄水的,这是由洪水发生的随机性所决定的。在无法准确预测洪水发生时间的情况下,最稳妥的是整个汛期都采取空库防洪的办法,如图 6-1 所示。

在图 6-1 中,$t_0$ 为汛期起始时间,$t_1$ 为汛期结束时间,一般意义上的水库蓄泄方式,要求在 $t_0$ 处,水库蓄水位必须从 $h_1$ 降为 $h_0$(汛限水位)。然后,在整个汛期内,水库蓄水位都被严格限制在

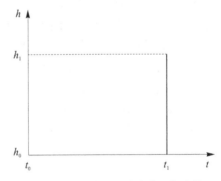

图 6-1　一般意义上的水库汛期水位

$h_0$(大洪水发生水库拦洪运用时除外),习惯上称其为进出库平衡运用。待汛期结束后,即在 $t_1$ 处,水库水位允许由 $h_0$ 迅速升为 $h_1$。换而言之,人们规定的“汛期”与真正意义上客观存在的汛期之间的关系,非 1 则 0,即要么完全属于,要么完全不属于。

采用图 6-1 所示的水库运用方式,水库往往蓄不上水,因为在汛期结束时,尽管水库蓄水位允许从汛限水位抬高至正常蓄水位,但由于此时已进入非汛期,降水量的急剧减少致使河道中径流随之而减少,水库则无水可蓄。若遭遇来年干旱,水库“难为无水之供”。

对多年观测资料的研究发现,汛期内的降雨前后是不一样的,前面时段降雨更多些,后面时段随着非汛期的接近,无论降雨强度、频次都有明显减少。因此,可将原规定的“汛期”一分为二,即前汛期和后汛期。由于前后时段降雨情况存在差异,故水库蓄水位可在汛期分开考虑,前汛期预留的空库容大些,后汛期要预留的空库容小些。这样,整个

汛期就有了两个汛限水位(见图 6-2)。

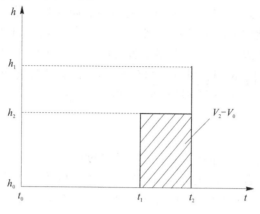

图 6-2 前、后汛期运用的汛期水位

在图 6-2 中,$t_0$ 为汛期起始时间,$t_1$ 为前汛期结束和后汛期开始时间,$t_2$ 为后汛期结束时间。在 $t_0$ 处,水库蓄水位从 $h_1$ 降为 $h_0$(汛限水位)。在 $t_1$ 处,水库蓄水位从前汛期的汛限水位 $h_0$ 升至后汛期的汛限水位 $h_2$,待后汛期结束时,水库蓄水位可从 $h_2$ 升为 $h_1$。若以 $V_0$ 表示水位 $h_0$ 时的水库库容,$V_2$ 表示水位 $h_2$ 时的水库库容,那么此种方式与前一种方式相比,水库在规定的"汛期"内多蓄了 $V_2-V_0$ 的水量。

无论是图 6-1 所示的汛期概念及其水库允许的运用水位过程,还是图 6-2 所示的汛期分期概念及其水库允许的不同运用水位过程,其共同的特点就是机械性地规定了汛期的起讫时间,汛期与非汛期,或前汛期与后汛期,水库允许蓄水位之间有较大的阶梯变差。这主要是以普通集合论为基础,即若以 $t$ 为时间元素,$A_1$ 为前汛期,$A_2$ 为后汛期,$t_1 \in A_1$,$t_2 \in A_2$。事实上,前汛期过渡到后汛期是一个过程,二者之间并没有十分清晰的界限。

根据对黄河中游三个不同暴雨洪水来源区的降雨资料统计,可以明显地看出,汛期(6月15日至10月23日)不同时段的降雨符合正态分布(见图 6-3)。

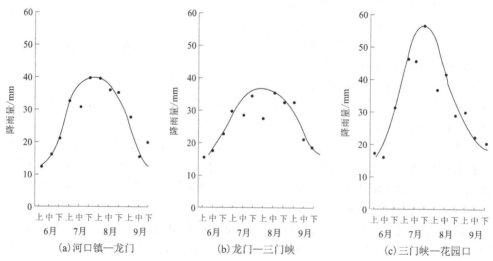

图 6-3 黄河中游不同暴雨洪水来源区汛期降雨分布

黄河流域的洪水由降雨而产生,既然降雨过程变化符合正态分布,那么与降雨过程相对应的汛期应是一个逐渐变化的过程,即从非汛期进入汛期,再从汛期进入非汛期是一个渐变的过程。

基于汛期洪水随机模拟分析,可确定上述渐变过程。把汛期洪水过程作为一个多维的随机变量,借助概率方法对其进行随机描述,它与传统的单个水文特征值的频率分析与频率组合方法相比,可模拟生成几百个乃至上千个不同类型的洪水过程(能较好地反映出水文现象的随机特征性),再对这些洪水过程进行水库调洪演算,并根据调度目标和限制条件,作出水库调度汛限水位的外包线,以此确定多阶梯状或连续的汛限水位过程。

从物理成因上分析,非汛期与汛期之间的确存在着一个过渡状态。这种状态,既以一定程度属于汛期,同时也以一定程度属于非汛期。这种物理成因,或者说此种客观存在,决定了对汛期和非汛期的理解不能建立在普通集合论的基础上(即在一定时间内汛期与非汛期并非"非此即彼"的关系),而应该将其置于模糊集合论的基础之上。照此理解,水库汛期水位变化过程可用图6-4表示。

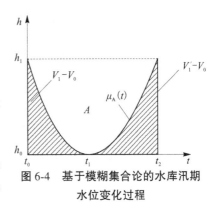

图6-4　基于模糊集合论的水库汛期
水位变化过程

在图6-4中,$t_0$为汛期开始时间(对黄河来讲是6月15日),$t_2$为汛期结束的时间(对黄河来讲是10月23日)。

若对汛期的认识基于模糊集合论,用 $T$ 表示全年的时间域,用 $A$ 表示汛期并将其看作是时间域 $T$ 上的一个模糊子集,则 $\forall t \in T$,都将存在 $\mu_A(t) \in [0,1]$,即时间域 $T$ 上的任意 $t$,对汛期 $A$ 均有一个隶属度。设水库在汛期所需要的防洪库容为 $V$,汛期 $\mu_A(t)=1$,非汛期 $\mu_A(t)=0$,则汛期向非汛期过渡段任意 $t$ 所需的防洪库容为 $\mu_A(t) \cdot V$。顺便指出,这里只是给出了对汛期进行模糊集合论分析的基本思路,至于如何确定每一座水库的 $\mu_A(t)$,尚需进行大量的水文气象研究,如不同下垫面条件下的产汇流计算、降雨及洪水发生的概率分析等。基于模糊集合论的理解,求出的汛期至非汛期过渡段的防洪库容是一个变化的连续过程,而与此相应求得的汛限水位也将是一个变化的连续过程。

在图6-4中,$t_0 \sim t_1$ 为非汛期向汛期的过渡段,水库蓄水位从 $h_1$ 逐渐降至 $h_0$,若以 $V_0$ 表示水位为 $h_0$ 时的水库库容,$V_1$ 表示水位为 $h_1$ 时的水库库容,$t_0 \sim t_1$ 段的水库泄水量为 $V_1 - V_0$。$t_1 \sim t_2$ 为汛期向非汛期的过渡段,水库蓄水位从 $h_0$ 缓升至 $h_1$,$t_1 \sim t_2$ 段水库蓄水量为 $V_1' - V_0$,该部分水量可用作非汛期功能需水量供给的水源。这种水库运用模式与图6-1模式相比,水库多蓄了 $V_1 - V_0$ 的水量,与图6-2模式相比,水库多蓄了 $V_1' - V_2$ 的水量。在上述三种模式中,基于模糊集合论的运用方式可获得最大的洪水资源量。

因此,为给11月至次年6月提供功能需水量,小浪底水库在汛期的调度运行采用上述图6-4所示的模式为佳。

### 6.2.1.2　水库调蓄上游河道径流

显然采用图6-4所示模式运行,小浪底水库可以比图6-1、图6-2所示模式多蓄水,但多蓄的这部分水量并不能完全满足黄河下游功能需水量及其过程要求,尚需调节利用水库上游的来水。而要调节利用水库上游的来水,必须首先对 11 月至次年 6 月小浪底水库上游的来水量作出预测。

根据 1970~1995 年实测资料统计分析,龙门站 11 月至次年 6 月径流总量与 10 月至次年 5 月兰州站径流总量和 11 月至次年 6 月兰州—托克托耗水总量关系密切。华县、河津、洑头站 11 月至次年 6 月径流总量与前期径流和 4~6 月降水量有关。小浪底水库 11 月至次年 6 月入库径流总量预报方程见表 6-6。

表 6-6  小浪底水库 11 月至次年 6 月入库径流总量预报方程

| 站名 | 预报方程 | 说明 |
|---|---|---|
| 龙门 | $W_1 = 37 + 0.707X_1 - 0.433X_2$ | $X_1$ 为 10 月至次年 5 月兰州站径流量,$X_2$ 为 11 月至次年 6 月兰州至内蒙古托克托县耗水量 |
| 华县 | 11 月至次年 3 月径流总量: $W_2 = 4.8 + 0.017X_3 - 0.004X_4$ | $X_3$ 为华县站 10 月下旬平均流量,$X_4$ 为 10 月上、中旬平均流量 |
| | 4~6 月径流总量: $W_3 = 5.95 + 0.007\,1X_3 - 0.105X_5$ | $X_3$ 为华县站 10 月下旬平均流量,$X_5$ 为 4~6 月降水量 |
| | 11 月至次年 6 月径流总量: $W_4 = W_2 + W_3$ | |
| 河津 | $W_5 = 1.57 + 0.003\,5X_6$ | $X_6$ 为河津站 10 月下旬平均流量 |
| 洑头 | $W_6 = 1.58 + 0.033X_7$ | $X_7$ 为洑头站 10 月下旬平均流量 |
| 潼关 | $W_7 = -2.5 + 1.011X_8$ | $X_8$ 为龙门+华县+河津+洑头 11 月至次年 6 月径流总量预报值 |

根据对 11 月至次年 6 月小浪底水库入库径流预报,结合水库后汛期的蓄水,便可按照黄河下游功能需水量及其过程进行水库调度。

#### 6.2.1.3  龙羊峡水库补水

龙羊峡水库位于青海省共和县与贵德县交界处的黄河干流上,水库正常蓄水位 2 600 m,总库容 247 亿 $m^3$,死水位 2 530 m,相应库容 53.43 亿 $m^3$,调节库容 193.57 亿 $m^3$,具有多年调节性能。龙羊峡水库是位于黄河干流上库容最大的水库,同时也是唯一的一座具有多年调节性能的水库。

把黄河下游 11 月至次年 6 月功能需水量记作 $W_{需}$,把小浪底水库后汛期蓄水量记作 $W_{汛}$,把 11 月至次年 6 月小浪底水库入库径流量记作 $W_{径}$,当 $W_{汛} + W_{径} < W_{需}$ 时,就要调度龙羊峡水库向小浪底水库补水,记作 $W_{补}$,可得补水量 $W_{补} \geq W_{需} - (W_{汛} + W_{径})$。

### 6.2.2  汛期调度

汛期是指每年的 7~10 月。黄河流域产沙时期主要集中在汛期,黄河上游干流站多年平均连续最大四个月输沙量多出现在 6~9 月,中下游干流站均出现在 7~10 月,连续最大四个月输沙量占全年输沙量的 80% 以上。与年内最大降水量出现月份一致,比降水量更为集中。年内最大月平均输沙量出现在 7 月、8 月,7 月、8 月黄河流域降水量占年降水量的 40% 以上,而输沙量干流站占年输沙量的 50% 以上,支流站占年输沙量的 70% 以上,陕北黄土高原各支流均达 80%~90%,月平均输沙量最小值出现在 1 月,特别是中小支流,不少站枯水季节输沙量为 0。

因此,汛期小浪底水库功能调度的目标为输送泥沙。

小浪底水库以输送泥沙为主要目标的汛期功能调度,可通过以下两条途径实现:一是汛初水库异重流排沙输送;二是汛期不同来源区水沙组合输送。

### 6.2.2.1 汛初水库异重流排沙输送

三门峡水库位于小浪底水库上游 130 km 处,非汛期利用三门峡水库蓄水(可蓄至 318m 处,总库容约 5.8 亿 m³),待汛初小浪底水库泄流至一定库水位时,利用三门峡水库大流量泄流"冲击"小浪底水库尾部段淤积的泥沙,使之形成异重流排沙出库。具体调度方式在第 3 章中已阐述。

这种调度三门峡水库"冲击"小浪底水库尾部段淤积泥沙进而形成异重流的试验,在 2004 年 7 月初的黄河第三次调水调沙试验中获得成功。当三门峡水库按 2 000 m³/s 清水下泄时,小浪底水库尾部淤积三角洲发生了强烈冲刷,被冲起并悬浮的泥沙使水库回水末端附近的河堤站含沙量达 121 kg/m³,进而形成了异重流,并在小浪底库区 HH34 断面(距小浪底大坝 57 km)潜入,并持续向坝前推进。

在 2008 年 6 月末 7 月初的黄河调水调沙生产运行中,将三门峡水库非汛期蓄水突然释放,最大下泄流量为 5 580 m³/s,以极大力量"冲击"小浪底水库尾部段泥沙,在小浪底水库区形成了高浓度的异重流,小浪底水库异重流出库实测最大含沙量 154 kg/m³,相应排沙洞出库含沙量高达 350 kg/m³,整个异重流排沙过程,小浪底水库排沙总量 5 165 万 t。据实测资料统计,2008 年 6 月 19 日至 7 月 6 日,进入黄河下游(花园口断面)总水量 43.85 亿 m³,入海总水量 40.75 亿 m³,入海总沙量 5 982 万 t,不考虑引水引沙,小浪底水库以下河道共冲刷 997 万 t(见图 6-5)。

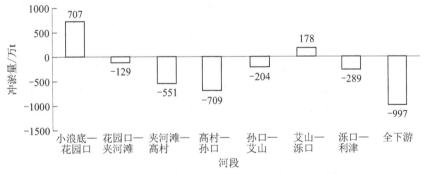

图 6-5 2008 年调水调沙黄河下游河道冲刷量分布

### 6.2.2.2 汛期不同来源区水沙组合输送

黄河洪水泥沙的来源不同,其特性也不同。汛期发生于小浪底水库以上区域的洪水往往挟沙量很高,而发生于小浪底水库以下区域的洪水挟沙量很低,水库调度时,要充分考虑不同来源区洪水泥沙特性,注重塑造协调的水沙关系,不仅要实现将小浪底水库淤积的泥沙尽可能地排出库外,而且要千方百计提高洪水的输沙率或冲刷下游河槽的效率。

具体调度方式已在第 3 章中阐述。这种不同来源区洪水泥沙组合调度方式,在 2003 年 9 月的黄河第二次调水调沙试验中获得成功。小浪底水库出库洪水泥沙通过小浪底水库泄水孔洞组合加以控制,伊河洪水由陆浑水库控制,洛河洪水由故县水库控制,沁河洪水因没有水库控制作为变量考虑,由水库控制下泄的洪水、泥沙过程与没有水库控制的沁河洪水过程,考虑了洪峰、沙峰传播时间后,设计它们在花园口断面实现准确"对接",并使之形成协调的水沙关系。试验期间,小浪底水库下泄水量 18.25 亿 m³,输沙量 7 400 万 t,平均含沙量 40.55 kg/m³,其中库区冲刷 2 350 万 t,有效地减少了水库淤积。沁河和伊洛河同期来水量 7.66 亿 m³,来沙量 110 万 t,平均含沙量 1.44 kg/m³,属相对"清水"。经组合后,进入黄河下游的水量 25.91 亿 m³,沙量 7 510 万 t,平均含沙量 29.00 kg/m³;利津水文站水量 27.19 亿 m³,沙量 12 070 万 t,平均含沙量 44.39 kg/m³。含沙量呈沿程增加趋势,相应于小(浪底)黑(石关)武(陟),含沙量增大 15.39 kg/m³(见图 6-6)。

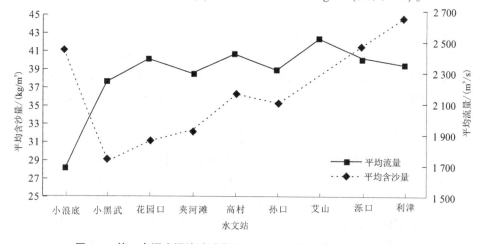

图 6-6  第二次调水调沙试验期间平均含沙量和平均流量沿程变化

用这样的洪水泥沙调度模式,不仅使小浪底水库库区排出了较多的先期淤积泥沙(2 350 万 t),而且使黄河下游河道发生了冲刷,试验期间下游河道总冲刷量 4 560 万 t,图 6-7 是各断面冲淤量的分布情况。

值得指出的是,2003 年 9 月的第二次调水调沙试验采用上述调度模式,无论是小浪底水库的下泄流量,还是花园口断面对接的洪峰流量均未超过 3 000 m³/s,如小浪底水库最大出库流量控制为 2 340 m³/s,花园口断面最大对接流量 2 780 m³/s,主要是考虑黄河下游河道主河槽过流能力的限制,当时下游主河槽的过流能力达不到 3 000 m³/s,若超过该值必然发生漫滩,造成淹没损失。经过 2008 年的调水调沙,黄河下游河道各断面均通过了 4 000 m³/s 的流量过程,这为小浪底水库汛期以输送泥沙为主要目标的功能调度塑造冲刷效率最大的流量级 4 000 m³/s 创造了极为有利的条件。

黄河流域水资源需求侧的主要功能需水量及其过程,存在着交叉和重复,为便于进行控制性水利工程的科学调度,必须对各种功能需水量及其过程进行耦合。

若把每一项功能需水量及其过程视作一个独立的集合,那么耦合的过程即为求得各独立集合并集的过程。

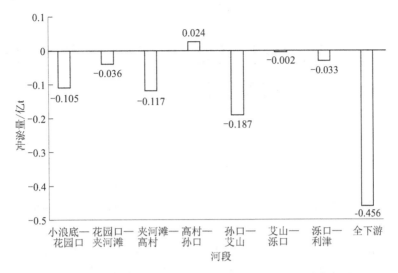

图 6-7　第二次调水调沙试验下游河道冲淤量分布

以黄河下游河段为例,在对水资源需求侧功能需水量及其过程进行耦合时,将耦合对象分为两大类:一类属于常年性过程(如农业灌溉需水、河道生态系统需水、河口生态系统需水、满足水质功能要求需水),另一类属于短促性过程(如汛期泥沙输送需水)。

对于常年性过程的耦合,需要在同一断面(如花园口断面)基础上进行,这就要求把河口生态系统需水量及其过程"折现"至花园口断面,"折现"考虑河段区间加水、区间引水和河道损失水量,并考虑了水流传播因素进行反向控制计算,求得花园口断面的"现值",并在花园口断面上对各常年性功能需水量及其过程求其集合并集,从而得到耦合后的需水量及其过程。

对于短促性过程,仅有泥沙输送功能要求,该过程一般维持在 15 d 左右,应尽可能塑造 4 000 m³/s 的输沙流量,因为这一流量是冲刷效率最高的流量级。

确立了上述功能需水量及其过程,并实施水库调度得以实现。以小浪底水库为例,功能调度依功能需水要求分为非汛期调度和汛期调度两种情况。

非汛期调度的功能目标是满足农业灌溉需水、河道生态系统需水、河口生态系统需水和满足水质功能要求需水。水资源筹集通过以下三种途径实现,即第一条途径是后汛期水库蓄水,第二条途径是水库调蓄上游河道径流,第三条途径是龙羊峡水库补水。

汛期调度的功能目标是输送泥沙。实现这一目标的功能调度可以通过两条途径:一是汛初水库异重流排沙输送,二是汛期不同来源区水沙组合输送。

# 第7章　国内外流域水资源系统分析与决策方法研究

现代水资源系统分析以多目标优化理论、大系统优化理论、人工智能优化理论等为主要代表,比较典型的研究主要包括:陈守煜等提出了工程模糊集理论,并以此为基础,建立了大连市宏观经济水资源发展规划多目标决策模型,并研究了模糊切比雪夫多目标群决策方法;王好芳等根据水资源优化配置的原则,建立了水量分析、水质分析和经济分析等子模型,并基于此提出了水资源多目标优化利用模型建模理论和方法;谢新民等综合考虑城市治水和用水的两方面需求,建立了基于原水-净化水耦合配置的多目标模型,并提出了模型分解协调耦合求解方法;周玉琴等将大系统分解协调原理引入到水库供水优化配置中,提出了二层递阶优化配置模型,该模型在深圳市水资源优化利用中获得了较好的应用;王艳芳等针对滇中洱海流域水资源开发利用现状,基于系统动力学理论建立了水资源系统优化配置模型,为滇中洱海流域水资源优化配置提供了重要的决策支持;张长江等基于大系统分解协调理论,建立区域农业用水多层优化配置模型,并提出了模型协调求解方法,有效提高了水资源利用的综合经济效益;熊范伦和邓超研究了耦合遗传算法和模拟退火算法的智能优化方法,并将该方法应用于水资源系统优化求解中,获得了较传统模拟退火方法更优的计算结果;方红远等将多目标遗传算法引入到水资源系统多目标决策问题求解,为水资源系统多目标决策提供了一条新的解决思路;周丽等提出了一种耦合模拟退火算法的混合遗传算法,并将其应用于流域水资源优化配置模型求解,获得了令人满意的优化结果;陈南祥等针对水资源优化配置的多目标优化问题,基于 Pareto 优化基本原理提出了水资源多目标优化配置模型的求解算法——多目标遗传算法 MOGA,得到了合理可行的水资源优化配置方案;农卫红针对水资源系统分析的多学科交叉特性,探讨了半结构性决策系统模糊优选理论在水资源系统分析中的应用。

## 7.1　国内外现代决策理论与决策支持系统研究概况

### 7.1.1　决策支持系统研究

决策支持系统(decision support system,DSS),是通过综合运用现代计算机技术、仿真技术与信息技术,并基于决策相关的数据、知识和模型以支持决策活动的交互式计算机系统。决策支持系统作为决策者的辅助工具,实质上是把原来完全由决策者完成的工作中的一部分划出来由计算机实现,余下的部分仍由人来完成。决策支持系统能在多大程度上辅助决策者完成决策任务,取决于系统功能的完善程度和智能化程度。但无论设计如何完善的决策支持系统,也不可能完全实现替代人的作用,成为自动化决策的工具,人的参与是必不可少的。因此,在决策支持系统的工作过程中要求人机不断地互相交流,直至最终作出决策。

1947年,第十届诺贝尔经济学奖获得者Herbert Simon发表了论文《管理的行为——管理组织中的决策过程研究》,创立了决策学,该学科专注于研究科学决策的理论、原则、程序和方法。随着自然科学、社会科学研究的不断发展,尤其是20世纪50年代以后电子计算机和现代通信技术的迅速普及,决策科学所需的知识和手段日趋成熟。1971年,Gorry和Scott将Anthony对管理活动分类(战略计划、管理控制、运作控制)和Simon对决策问题分类(程序性决策和非程序决策)的观点结合起来,认为决策活动可以分为结构化(structured)、非结构化(unstructured)和半结构化(semi-structured)三种类型,正式提出决策支持系统的概念,并将其定义为辅助解决半结构化或非结构化决策问题的计算机系统。近半个世纪以来,决策支持系统的研究与应用一直很活跃,新概念、新系统层出不穷,本节将分类别进行阐述。按系统的内在驱动力,Power将决策支持系统分为以下五个类型。

### 7.1.1.1　模型驱动(model-driven)决策支持系统

模型驱动决策支持系统以各类模型为中心,实现系统各主要分析功能,从而提供决策支持信息。此类系统中包含代数、微分方程、多属性多目标决策、局部搜索、预报、最优化、模拟、评估等各类模型,主要强调对模型的访问与操作。相关研究问题包括:①模型表示方法;②模型管理方法;③系统快速开发方法。此类系统包括两大主要特征:①使用友好的用户接口帮助管理者等非专业人员操作复杂模型;②具有高适应性以满足同类决策问题中的模型重用。

1971年,Scott-Morton开发的行程管理系统被认为是最早的模型驱动决策支持系统。此后,模型驱动决策支持系统广泛地应用在仅有少量数据和参数支撑条件下为决策者提供状态分析与方案制定等辅助的决策情景。较有代表性的包括Alter于1980年提出的面向模型(model-oriented)决策支持系统、Bonczek等于1981年提出的面向计算(computationally-oriented)决策支持系统、Holsapple和Whinston于1996年提出的面向数字表格(spreadsheet-oriented)决策支持系统以及面向解决方案(solver-oriented)决策支持系统。实际应用方面,最早的模型驱动决策支持系统商业化开发工具是1970年由美国得克萨斯州大学的Wagner开发的交互式金融规划系统(interactive financial plannings system)。Bricklin和Frankston于1977年联合发明了第一款电子表格系统VisiCalc(Visible Calculator),该套系统极大地刺激了面向模型计算机辅助分析研究与应用领域的发展,被称为促进PC产业迅速发展的主要催化剂之一,相关的研究还有Fylstra于1987年为微软公司Microsoft Excel软件开发的最优化模型工具。Saaty于1982年基于层次分析法(analytic hierarchy process)提出了一种决策支持系统生成器"专家选择"(expert choice),通过将与决策相关的元素分解成目标、准则、方案等层次,并集成定性或定量模型,以解决个体或群体决策问题。Sharda等统计报告显示:随着计算机技术的发展与计算模型的多样化,越来越多的决策支持系统开始运用各种数学决策模型(如多目标多属性决策、非线性优化、数值仿真等)在复杂和不确定性的决策环境下辅助管理者进行决策。作为此类系统的一个重要分支,模型驱动空间决策支持系统(model-driven spatial decision support system,MSDSS)由Armstrong等于1986年提出,并于1995年由Crossland等开发实现,其重点是利用现代空间信息技术对决策对象及其分项要素的时空演变规律进行解读,并统一集成多学科分析、优化和模拟等模型对决策问题进行求解,这种基于地理信息系统(geographic information system,GIS)的模型驱动决策支持系统已广泛地应用在城市规划、交通调度、抢险救灾、金融保险等国家社会以及经济生活中的许多方面。国内在模型驱动决策支持系统研究领域起步较晚,研究的重点一般仅集中在决策支持系统快速开发方法方面,如 2005 年中南大学陈晓红教授等研发的决策应用软件开发平台 Smart Decision,基于层次模型理论的决策应用软件开发方法、决策应用软件一般架构和决策应用软件开发组件群,为决策应用软件快速开发提供有效的解决方案。

### 7.1.1.2 数据驱动(data-driven)决策支持系统

数据驱动决策支持系统主要强调以数据为中心,利用数据仓库(data warehousing)技术与联机分析处理(online analytical processing)对海量数据对象进行统计分析,以提供决策支持信息。此类研究中较为常见的应用是主管信息系统(executive information system,EIS)和地理信息系统。其中 EIS 一方面是一个"组织状况报导系统",能够迅速、方便、直观地提供综合信息,并可以预警与控制决策过程中的风险;另一方面 EIS 还是一个"人际沟通系统",允许管理层讨论、协商、确定工作分配,进行工作控制和验收等。GIS 是以地理空间数据库为基础,在计算机软硬件的支持下,运用系统工程和信息科学的理论,以地理研究和地理决策为目的的人机交互式空间决策支持系统。

数据驱动决策支持系统的研究一般认为起源于美国航空公司的 Klaas 和 Weiss 于1970~1974 年研发的第一个基于 APL 的分析信息管理系统 AAIMS。1979 年,Rockart 的研究极大地刺激了 EIS 与主管支持系统(executive support system,ESS)的发展,促使数据驱动决策支持系统开始从单用户驱动模式向关系型数据库产品演变。20 世纪 90 年代,数据仓库和联机分析处理的研究极大地拓宽了 EIS 领域,并正式定义了数据驱动决策支持系统。现阶段国际上较有影响力的研究成果包括 IBM 公司的 Intelligent Miner 以及SAS 公司的 Enterprise Miner。国内的研究起步较晚,自 1993 年国家自然科学基金对该领域项目的支持以来,许多科研单位(北京系统工程研究所等)和高等院校(中国科学技术大学、国防科技大学等)竞相开展了数据挖掘/知识发现的理论和应用研究,取得了一些成果。

### 7.1.1.3 通信驱动(communications-driven)决策支持系统

通信驱动决策支持系统主要强调决策过程中的通信、协作和共同决策支持。此类决策支持系统使两个或两个以上的决策者沟通彼此、共享信息,并协调他们的活动,以完成决策过程。相关研究问题包括:①群体进程(group processes)和群体意识(group awareness)的影响;②多用户接口与并发控制;③组内沟通与协调机制;④支持异构的共享空间;⑤集成现有单用户系统。通信驱动决策支持系统按时间/位置矩阵可以分为同步、异步、分布式同步与分布式异步四个类型。

1962 年,斯坦福大学 Engelbart(鼠标器的发明者)发表论文《人类智力的延伸:概念架构》,为通信驱动决策支持系统研究建立提供了理论铺垫。之后,Engelbart 于 1969 年率先开发出第一款超/群件(Hypermedia/Groupware)系统 NLS 以支持并加强决策者间的互动与协调,被认为是最早的群体环境(Groupware,基于软硬件平台的共享互动环境)。该项研究最初属于协同计算(collaborative computing)研究领域的一个子集。1970 年,Turoff

借助新兴的计算机技术研发了全球第一个基于电脑会议系统 EMISARI。20 世纪 80 年代起,研究人员们开始将注意力转向群体决策支持系统(group decision support system, GDSS),通过具有不同知识结构、不同经验、共同责任的群体间的交流、磋商与协调,对半结构化、非结构化问题进行求解,从而有效地避免个体决策中的片面性与独断专行等问题。随着计算机网络技术与数据挖掘技术的日趋成熟,通信驱动决策支持系统研究工作在国内外都取得了重大进展。包括用于海军指挥员作战训练的美国 VMESTEMAS;用于军事指挥人员进行战略分析的 RSAS 军事指挥系统。西安交通大学、北京航空航天大学的 GDSS 实验室以及中国科学院计算技术研究所智能科学实验室等在我国通信驱动决策支持系统相关研究方面做出了积极贡献。

#### 7.1.1.4　文档驱动(document-driven)决策支持系统

文档驱动决策支持系统通过使用计算机存储和处理技术,对高级文本进行提取与分析,从而提供决策支持信息。大型文献数据库可能包含扫描的文件、超文本文档、图像、声音和视频。搜索引擎是此类决策支持系统的主要决策辅助工具。

文档驱动决策支持系统最早的设想来自于 Bush 所描述的"扩展存储器(Memory-Extender, Memex)",Memex 是一种基于微缩胶卷存储的"个人图书馆",可以根据"交叉引用"来播放图书和影片。这种信息切换的概念直接启发了"超文本协议"(hypertext)的发明,进而诞生了现代互联网络。文本和文档管理是 20 世纪 70 年代到 80 年代的一个研究热点,科研人员广泛地研究如何使用计算机的形式来表达和处理文本块,以帮助管理者找到文件并支持他们的决策。1996 年,Fedorowicz 统计发现,只有 5%～10% 的适用文档在决策过程中发挥了作用,因此,随着全球互联网络技术的高速发展,文档驱动决策支持系统还有相当大的发展空间。

#### 7.1.1.5　知识驱动(knowledge-driven)决策支持系统

知识驱动决策支持系统基于知识库中所存储的知识,运用包括专家系统和一些数据挖掘工具在内的人工智能技术为决策者提供行动建议。相关研究问题包括:①基于案例的推理(case-based reasoning)、规则(rule)、框架(frame)和贝叶斯网络(bayesian network)等人工智能方法;②知识的表示、管理与解释;③决策方案知识的生成。

1965 年,斯坦福大学 Feigenbaum 研发了一种帮助化学家判断物质分子结构的知识密集系统(DENDRAL 系统),开启了知识驱动决策支持系统领域的研究。第一个成功应用的专家系统是数据设备公司(DEC)开发的用于新计算机系统配置订单的 R1。1983 年,Dustin Huntington 创建 EXSYS 公司,提供商用专家系统开发软件包,促进了知识驱动技术的工业普及。早期的成功极大地刺激了各行业的关注,随着各国政府与研究机构积极投资研究开发相关的人工智能理论方法与专家系统硬软件技术,产业价值从 1980 年的几百万美金暴涨至 1988 年的数十亿美金。近些年来,随着计算机技术的飞速发展,一些受到技术限制而搁浅的早期研究项目重新受到人们的关注,如神经元网络、反向传播算法、符号模型、麦卡锡逻辑方法等。新的研究通过严格的定理和确凿的实验数据重新规范了相关研究领域的理论基础。知识驱动决策支持系统在各大领域取得了许多成功应用:①自主控制。美国航空航天局(NASA)的舰载自主规划程序成功地运用于航天器的操作调度,搭载 ALVINN 视觉系统的 NAVLAB 计算机控制微型汽车成功地穿越了美国。②博弈。IBM 公司的深蓝于 1997 年成为第一个在国际象棋比赛中击败世界冠军的计算机程序。③诊断。基于概率分析的医学诊断程序广泛地应用到某些医药学领域。④军事。1991年波斯湾战争中,美军使用了一套动态分析与重规划工具(DART)管理了超过 5 万个由车辆、货物和人员组成的后勤网络,使用该系统可以在几个小时内完成传统方法需要耗时数周的后勤规划与运输调度任务。⑤机器人控制。现代显微外科手术中大量地使用了机器人助手。

## 7.1.2 分布式流域水资源管理决策支持系统关键技术研究进展

### 7.1.2.1 复杂异构数据的数据集成、数据组织与存储和数据共享

Sprague 等指出一个设计合理的决策支持系统是可交互的、用于辅助决策者获得来自多样化数据源的有用信息,进而帮助决策者解决问题或做出决策的软件系统。在决策支持系统中,数据是最核心的内容,因此,在分布式流域水资源管理决策支持中的数据集成、清理、分析和共享显得尤为重要。国内外的研究者在这些方面也做了较多的研究。

数据集成是指将来自多个数据源的数据集成到一个统一的模式下的过程,学术界已有较多的研究工作。在流域水资源管理中,数据管理技术面临很多传统决策支持系统所不具有的新特性。需要集成的数据涉及跨学科、跨部门的政治、经济、生态、人口、社会、水利、管理等多类别多格式数据,同时数据集成的时效性和准确性方面也有更高的要求,传统的数据集成方法需要根据流域水资源管理的具体需求进行调整。模式匹配和数据抽取是数据集成中两个核心的研究问题。模式匹配完成数据模式与来自多个异质数据源的数据的匹配过程,传统的模式匹配都是手工或半自动完成的,但流域水资源管理决策任务中数据集成具有海量异构的特点,需要高度自动化的模式匹配方法。Rahm 等将已有模式匹配方法按匹配对象、自动化程度等多个标准进行了分类和比较。数据抽取是指从非结构化或半结构化的数据中抽取出结构化的数据并保存的处理过程,Web 数据抽取是学界有较多研究和应用的领域。Web 数据抽取主要是利用网页的结构特征或视觉特征从Web 页面中提取用户所需数据的过程,基于模板的抽取方法利用网页的结构特征定位抽取内容,而基于视觉的抽取方法根据用户浏览网页的视觉习惯发现和抽取数据,两种方法适用于不同类型的页面或应用类型,Chang 等与 Laender 等详细介绍并比较了已有的 Web数据抽取系统和工具。

数据分析和挖掘是指从大量数据中发现并抽取出隐含的、未知并且可能有用的信息的过程,通过数据管理、数据预处理、数据挖掘算法、后处理四个阶段迭代进行从大量数据中抽取有用信息。数据清理是指从数据中去除错误或不一致的部分从而提高数据质量的过程。在对多个数据源的集成过程中,由于数据源可能含有重复或冲突的数据,因此需要对数据集成的结果进行数据清理。对数据清理的方法和存在的问题进行了总结,从单数据源/多数据源以及模式/实例两个层面分析了相应的研究问题。在清理过程中,数据去重和冲突处理是两个关键问题。在现实世界中,一个实体在多个数据源中可能有多种不同的表示形式,数据去重需要将数据集成结果中代表同一实体的重复记录去除,如何检测发现重复的数据记录是数据去重的主要挑战,已有的研究工作大部分都是基于相似度计算对数据记录是否重复进行判断,从原理、算法和效率等方面总结了已有的重复数据记录

探测方法。除数据记录的冗余外,集成结果中还会存在来自不同数据源的数据互相冲突的情况,如何将来自多个数据源的冲突的或不完整的数据融合到统一的模式下是数据融合研究要解决的主要问题。从数据冲突处理的角度讨论了数据融合的方法和挑战,给数据集成结果的融合提供了很好的借鉴。从分布式传感器网络的空间定位、决策情景中的不确定性等多个方面提出数据采集和数据融合中面临的新问题和处理方法,针对实时性需求对数据集成和融合的时效性开展了研究,提出了几种实时的数据集成和融合方法。

### 7.1.2.2　网络分布式多模型环境下的智能化决策模型库构建

传统意义上的模型库是提供模型储存和表示模式的计算机系统,在本书定义的分布式流域水资源管理决策支持系统范畴内,将与辅助决策相关的各种运算单元都归入模型库,包括以往被划分到数据支持平台、方法库、知识库等部分的功能模块。传统上国内外对模型库的研究都集中在模型链的构建方法上,主要包括模型表示与模型组合两部分内容。

模型表示是指模型在计算机内的存储结构,使模型便于管理、连接并参加推理。目前模型表示主要有三种方法:基于程序的模型表示法、基于数据的模型表示法和基于知识的模型表示法。基于程序的模型表示法是将每一个模型表示为一个程序段,包括输入、输出格式和算法,可以由主程序或其他程序调用,也可以独立运行。基于数据的模型表示法是把模型描述为由方程、元素和解程序组成的数据抽象。基于知识的模型表示法是面向模型-执行结合需求的知识表示和推理方法,其核心是人工智能技术在模型管理上的应用。此外,Blanning 在实体关系模型中提出一种基于虚关系的模型表示方法,通过模型查询语言对关系表进行操作来完成模型的选择和集成。Geoffrion 制定了结构化模型语言(structured modeling language,SML),该语言通过引入六个基本实体来表示模型,并识别了实体间的依赖关系,通过转换生成可以运行的模型。Ma 等对面向对象的模型表示法进行了较深入的研究,一定程度上完善了面向对象的模型表示方法。陈海燕等考虑到不少工作流采用 ECA 规则驱动,通过分析将 XPDL 表示的模型导入、转换并保存于关系数据库中,形成基于 ECA 规则的模型表示,并提出了基于事件驱动执行机制到 XPDL 之间的自动映射转换算法,Christophe 等基于概念设计理论对知识模型的表示和构建进行了研究,并通过 SysML 语言编程实现了 Gero's FBS 模型。

模型组合是以一定的方法准则融合现有模型,从而生成更具有泛化性的模型链的过程,常见方法包括关系型、基于图形、基于知识型、基于脚本型。Muhanna 提出了原型模型管理系统 SYMMS,模型被描述为具有输入/输出接口的“系统”,类似的研究有,Liang 提出了一种基于 AND/OR 图描述模型组合的方法,一个基本模型被描述为由输入/输出两个节点与两者连接线组成。这两种方案都无法表达单个模型具有多个输入/输出的情况。针对这个问题,Basu 等提出了元图概念,通过各单元间的连接线表示模型之间的参数关系,但必须基于严格的参数名称规则,其运行前提在实际应用中难以实现。除上述静态模型组合方案外,Chari 以筛选器空间为基础研究了基于知识的动态模型选择和组合方法,基于 $n$ 维的筛选器空间,这一方法可以在模型搜索的同时完成模型组合方案的生成,其缺点是运行效率较低。VanTol 将智能体(Agent)引入模型组合方法中,Agent 用于动态收集并评价各模型的领域知识与信用值,并选择合适的模型链辅助决策,其缺点是受限于静态网络瓶颈而不具备应用扩展性。Li 等利用可重复使用算法和多智能体技术建立了作业安排调度的模型,此方法构建的模型能有效地处理作业调度过程中的复杂问题。

### 7.1.2.3　基于 GIS 的决策支持系统交互平台集成与快速生成技术

在流域水资源管理系统中,通过在传统的水资源数据库中融合了空间尺度,GIS 平台诠释了社会、经济、人口、生态、水工等管理相关元素的空间关系,并基于其功能强大的空间分析能力对相关项的空间特征进行抽取,对情景发展趋势进行预测分析,对影响程度进行评估,为直观且科学地解决复杂的水资源规划和管理问题提供了必要的技术支撑。随着计算机技术的发展,GIS 已被广泛地应用到了水资源管理的各个领域。Ali 等将水平衡、水库模拟、水库利用效率与水库优化等模型集成到 GIS 平台中,用于评估与分析水库缺水对穆达灌区的影响。Kamal 等基于 ArcGIS 与 VBA 开发了 RRWS 工具,用于处理稻田灌溉系统的水资源合理配置问题。Gomez-Delgado 等以水资源优化配置为目标,研究了数学模型 GlobalSA、GIS 和多标准评价方法的融合模式。国内从 20 世纪 90 年代开始也开展了许多有益的研究,成功开发了许多基于 GIS 的水资源管理系统。吴雷应用 Arcview 的空间分析功能计算了区域降水量和地表径流量及其统计特征参数;王美霞等采用定量分析方法,基于 GIS 平台分析了示范区域栅格尺度上的水资源开发潜力;张兰兰等以 RS 和 GIS 技术为主,系统研究了示范流域的水资源环境变化特征与评价标准;魏文秋等分析了 GIS 在水文分析与模拟、水资源与环境管理领域的应用前景。

本书所探讨的流域水资源管理决策支持系统应具有较高的动态适应性,要求其交互平台也应该能快速动态地适应系统功能组合与决策者需求,因此快速且高效地生成高适应性用户界面也是本书的研究内容。目前国内外的交互平台快速生成技术按其设计方式分为四类:①基于形式化描述。实质是对目标软件系统的需求和属性采用数学的方法来描述的一种技术。Scott 等采用自定义的语言及语法来定义用户界面属性,Elkoutbi 等提出了一个使用 Petri 网来表示 UI 原型的形式化规范,朱军等对交互式用户界面的形式化描述与验证进行了探讨。②基于数据结构。通过面向对象方法将数据结构映射为数据相应的交互控件并组合成用户界面,采用 XMLSchema+XSLT+XML 技术生成数据表单用户界面的方法是这一领域的新型应用。③基于设计模式。通过提供标准化、可复用的解决方案帮助解决一些带有普遍性的用户界面问题,由 Borehers 等第一次提出"用户界面设计模式"的概念,当今主流开发环境都提供类似的设计模式。④基于模型。Muller 等通过一系列模型来指定和控制用户界面的相关部分,以减轻设计者和开发者的工作量。此处的模型按功能划分为概念模型与陈述模型。其中,概念模型是用来描述信息需求的概念框架,包括常见的 MVC(Model-View-Controller)模型、Seeheim 模型和 PAC(Performance-Abstract-Controller)模型等;陈述模型是用于为整个软件生命周期提供支持的工程模型,分别通过图形界面交互工具和编程语言两种方式来设计用户界面。

## 7.2　基于 LCMD 的水资源管理决策支持系统方法研究

基于预报、分析、评估、模拟等多学科算法模型的决策支持系统将辅助管理人员更好地做出决策,其中实现决策需求的动态适应性是决定此类决策支持系统性能的关键。本书首次提出了一种以模型为中心,以决策行为优化环与决策技术优化环双层松耦合迭代优化结构为主要特点的决策支持系统(见图 7-1),并定义它为松耦合模型驱动的决策支持系统(LCMD-DSS)。本节首先分析了不确定条件下水资源管理系统的技术与行为需求,在此基础上定义了 LCMD-DSS 的相关概念,并阐述了其生命周期特点、相关角色的作用及分工,归纳出了 LCMD-DSS 的基本特性。然后以决策行为优化环的研究为切入点探讨了 LCMD-DSS 的决策机制,以实现决策技术优化环为切入点设计了 LCMD-DSS 的体系架构,最后探讨了系统的持续集成策略。

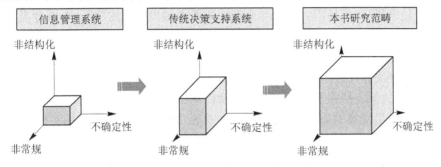

图 7-1　各种计算机辅助系统的应用范畴

## 7.2.1　不确定条件下水资源管理决策支持需求分析

### 7.2.1.1　决策行为问题需求分析

(1)模型供需双方信息不对称所造成的模型工程化转化难题。一方面,各科研院所开发的算法模型缺乏实际观测数据而无法进行实例验证;另一方面,工程管理部门实际决策工作中往往缺乏高水平算法模型的支撑,在选择合适的算法模型时没有比较依据。使用传统模式时,需要由模型的供需双方达成合作意向,并在排他性原则下开展工作,任务进程受限于合作双方的系统集成能力,且研究经验与成果无法得到有效的验证与共享。

(2)多个模型提供方联合辅助决策机制协调难题。随着流域水资源管理问题的复杂化及不确定性趋势,一个完整的决策任务往往需要由几个至十几个跨学科、跨领域的科研院所与职能部门共同协调完成。使用传统模式时,在一个研发周期内,各模型提供方根据项目阶段性任务分解各自安排研究日程,并通过有限的定期研讨会同步科研进程,这一模式将带来以下问题:①各方信息不对称或更新不及时;②系统性不足所造成重复工作或遗漏工作;③监管不足所造成的科研质量问题;④在项目最后阶段才开始集成验证的工作方式限制了项目的科学性与工程性。

(3)突发涉水安全事故时的快速自适应应急处置难题。在某些应急处置情景中,决策者要求在规定时间内完成应急场景的分析预测,并对人员物资做出规划建议(如唐家山堰塞湖事件中的紧急处置案例),传统模式下,此类应急处置情景一般由行业专家带领团队对已掌握的原始数据信息进行预处理并分类,再召集相关学科科学家提供模型进行分析验算,最后书写报告提交给决策者,整个过程是一套紧耦合工作流,在不确定条件下,行业专家无法保证预设工作流的可靠性。

(4)兼顾可移植性、功能性与易用性的交互平台实现难题。流域水资源管理决策支持系统客户端应满足功能强大、部署灵活且结构清晰的要求。面向流域水资源管理的决策支持系统往往基于跨学科、跨部门的知识和方法的融合,涉及许多决策问题以及这些问题的许多方面,传统模式下,使用统一部署的决策支持系统交互平台,会造成以下问题:①系统客户端性能以及平台需求将受限于具有最大约束力的某一项功能,如水利工程施工决策支持系统中,土石方挖掘方案决策任务需要具有能读写 CAD 设计图纸功能的三维可视化平台支持,即系统提供的统一客户端则必须包含这一组件而限定了系统客户端的部署环境;②随着系统功能的增加,系统界面将逐渐烦琐,对使用者的专业要求和熟练程度的要求将越来越高,容易因界面误导而造成决策者做出错误的判断,不符合决策支持系统设计的初衷。

(5)面向流域水资源管理决策支持系统中各算法模型可信度评估难题。为保证面向流域水资源管理决策支持系统的科学性与实用性,首要任务是建立算法模型的可信度评价体系,以保证决策支持系统所提供的分析及评估结论具有较高的可信度。传统模式下,决策支持系统只是机械地集成现有模型算法,并无法面向实际工作环境对模型算法进行验证,一般采用的是定期技术联络会的形式进行交流整改,无法保证决策支持系统的实时有效性,且整改模式受合同约束或技术障碍等限制往往无法达到预期效果。

### 7.2.1.2 决策技术问题需求分析

(1)复杂异构数据的数据集成、数据组织与存储和数据共享难题。流域水资源系统是一个由经济系统、水文系统、环境系统与制度体系等组成的开放式非线性复杂大系统,具有不确定性、多变性、动态性等特征,涉及多主体、多因素、多尺度的信息。如何以合理的组织方式在各层次相关人员间实现多学科多领域知识、案例、空间信息以及专题数据共享,是数据集成在流域水资源管理决策支持系统中的核心问题,解决基于统一平台的数据集成、处理和共享难题是其中最关键的环节。

(2)网络分布式多模型环境下的智能化决策模型库构建难题。LCMD-DSS 的有效运行离不开模型库的支持。模型库中存放着各类水资源管理日常辅助与应急决策模型,包括水文预报、防洪调度、发电调度、水电联合调度和会商决策等算法模型,这些模型能够对水资源管理事件相关要素进行分析、预测、评价和优化,因此模型库及其管理系统是基础平台系统的核心,高效集成多种模型,构建开放式智能化模型库是面向流域水资源管理 LCMD-DSS 研究的重要内容。

(3)基于 GIS 的决策支持系统交互平台集成与快速生成技术。区域化的水资源管理问题是一个流域尺度的考虑物理和社会经济环境的决策问题。流域空间信息由空间对象和专题对象组成。其中空间对象代表现实世界的实体,具有地理、物理、环境和经济社会属性。专题对象代表与空间对象有关的方法、模型与主题。因此,使用 GIS 来整合空间对象与专题对象以表达真实空间实体并提供空间分析与数据处理功能是当前最可行的方案。另外,模型驱动方法的核心是保证系统能最大限度地适应非专家用户(如决策者)需求,因此,用户交互平台的灵活性与丰富性是决定决策支持系统性能的主要指标。

(4)基于水动力学的水资源管理情景数值仿真及可视化模拟。面向建立统一信息平台和协同工作会商决策环境所需的不同时空尺度与广泛适应性需求,根据不同水平年梯级水库枢纽组合、电力市场背景、来水情况以及流域内生产生活用水等情况,综合考虑防洪、发电、供水、航运、泥沙等方面的因素,模拟不同情景下梯级水库的运行情况以及流域内水资源分配情况,基于精细化的二维水动力学模型结果,对不同水文情势、不同气候环境及不同时空尺度下的流域降雨-径流、洪水演进、生境演化及多目标调度过程进行精细化数值模拟、情境推演和历史重现具有重要的工程应用价值,将会为流域水量优化调配、水电联合调度、洪水风险控制、水生态调控等方案的优选提供强有力的决策支持。

## 7.2.2 基于LCMD方法的水资源管理系统特性分析

模型驱动决策支持系统(MD-DSS)以代数、微分方程、多属性多目标决策、局部搜索、预报、最优化、模拟、评估等数学决策模型为中心,在复杂和不确定的决策环境中实现系统各主要分析功能,对决策方案影响下可能发生的情景进行评估与判断,从若干可行方案中选择或综合成一个满意合理的方案,从而辅助决策者更好地进行决策。

一直以来,MD-DSS研究重点都集中在模型的表示方法与决策支持系统组件化开发方案上,在此领域取得了相当多的成就,如2005年,中南大学陈晓红教授等因"决策应用软件开发平台Smart Decision"项目荣获国家科技进步二等奖,其主要创新点在于面向对象的决策模型可重用和快速建模技术等。这一类组件化解决方案尝试使用现代计算机技术与面向对象开发理念缩短决策支持系统的开发时间,但其核心依旧是Simon三段式决策过程(见图7-2)或其改良型方法,并使用瀑布模型(waterfall model)进行软件开发,本质上只是一个基于高效开发技术的仅针对明确需求的紧耦合决策支持系统,无法适应流域水资源管理决策支持系统中复杂、不确定性的非结构化或半结构化决策问题的求解。

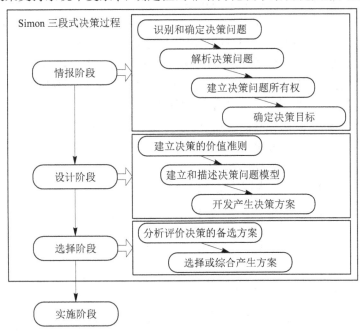

**图7-2 经典的Simon三段式决策过程模型**

针对这一系列的问题,本书首次提出了一种全新的决策支持系统方法,相关定义如下。

定义2-1 模型:泛指所有具有辅助决策相关功能的运算单元。主要包括(不限于)四个类型:①多学科融合的多属性多目标决策、局部搜索、预报、最优化、模拟、评估等决策模型;②以各种统计方法与数学函数为代表的通用标准计算方法;③以专家系统为代表的决策知识的获取、表示、储存、推理及搜索等知识管理工具;④用于提供统一数据支持、可视化仿真或群体决策等其他功能的数字化平台。

定义 2-2 决策行为优化环:特指为保证系统动态适应性而设计的决策行为迭代优化结构。具体包括以下几个主要步骤:①模型的描述、匹配、协商与组合;②模型信用值的评估;③决策任务分解与数据–模型链生成;④应用到实际工程问题中并获取反馈;⑤按需增量式扩充模型库;⑥从步骤①开始循环。

定义 2-3 决策技术优化环:特指为保证系统异质包容性而设计的决策技术迭代优化结构。具体包括以下几个主要步骤:①面向普适性需求设计实现 LCMD 基础平台;②根据决策任务需求进行数据、模型、交互平台持续集成;③持续测试;④持续部署;⑤持续反馈;⑥从步骤②开始循环。

定义 2-4 松耦合模型驱动决策支持系统:Loose-coupling Model-driven Decision Support System,简称 LCMD-DSS。它是一种以模型为中心,以决策行为优化环与决策技术优化环双层松耦合迭代优化结构为主要特点的决策支持系统。

LCMD-DSS 的核心思想和主要创新点是使系统处于松耦合且持续集成的迭代优化状态,基于双层行为与技术并行优化环机制,为决策者、各学科科学家、从业专家提供一个动态适应与异质包容的决策平台,合理整合决策资源与先进的各学科算法模型,着重处理传统决策支持系统无法有效解决的非结构化或半结构化决策问题。

### 7.2.2.1 LCMD-DSS 的生命周期

传统决策支持系统的生命周期(systems development life cycle)通常是按时间分程、逐步推进的,一般包括系统分析、系统设计与系统实施等几个主要环节。有别于此,LCMD-DSS 是一种持续迭代优化的动态系统,其完整的生命周期是基于双层并行优化环的新型迭代优化结构(见图 7-3),其核心是决策行为优化环与决策技术优化环的统一,两者分别基于各自的优化策略迭代进化且同时相互影响,使 LCMD-DSS 的系统功能逐步适应水资源管理的日常决策工作与突发事件处理等决策任务。

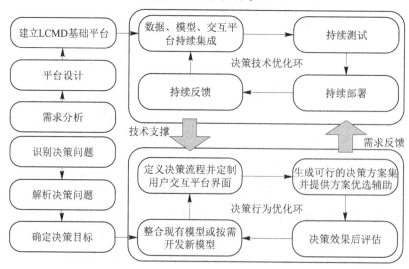

图 7-3 基于 LCMD 方法的流域水资源管理决策支持系统生命周期

此外,由于流域水资源管理决策支持系统的决策过程具有高度的复杂性与不确定性,因此,在设计这个生命周期方案时,是以复杂的决策需求为中心,丰富的多学科模型为工具,适宜的决策流程为手段,完善的双层反馈机制为保证,非结构化或半结构化决策问题的解决为主要目的。

### 7.2.2.2　LCMD-DSS 相关角色分析

在基于双层并行优化环的迭代优化机制下,运用 LCMD-DSS 进行辅助决策,至少需要以下四个方面的能力作支撑。

(1)流域水资源管理相关领域宏观视野与风险型决策能力。具备对流域水资源管理相关行政、法律、经济、技术和教育等领域的宏观认识,善于处理流域水资源日常管理工作或突发水安全事故的安全处置,并能够从实际工作中抽象出具体的决策问题。不确定条件下,基于 LCMD-DSS 所提供的数据、知识与分析报告,能对多个决策方案的决策风险进行评估与权衡。

(2)现代水资源系统分析与规划能力。在行业内具有一定学术影响力,是流域水资源管理大系统分析的一个或多个领域的权威专家,具有渊博的水资源管理相关领域专业知识与丰富的工程实践规划经验。

(3)相关学科专业知识与建模能力。具备丰富的学科专业知识,熟悉相关学科领域代数、微分方程、多属性多目标决策、局部搜索、预报、最优化、模拟、评估等模型中的一种或多种,能针对特定流域的具体决策问题,选择合适的数学方法,建立相应的决策模型,并进行模型验证,保证模型的信用值与适应性。

(4)数字化技术、信息学知识与现代软硬件开发设计能力。理解 LCMD-DSS 设计理念,熟悉最新的计算机硬软件、互联网络、遥感通信、地理信息管理、信息系统等技术发展趋势,掌握一种或多种平台设计与开发技能,能针对特定流域具体决策问题的特殊需求,选择合适的技术手段,支撑决策支持系统的业务功能。

传统决策支持系统的相关角色主要包括系统开发人员和系统用户两种,陈晓红等提出的 Smart Decision 中将系统用户又细分为专家用户和最终决策用户。考虑到流域水资源管理系统中存在着以下多个问题:①决策目标往往比较复杂且不确定性大;②各专业模型种类繁多但普适性差,且往往缺乏工程验证;③决策流程不确定,需要行业专家设计规划;④各学科科学家专注于本学科知识,而缺乏针对特定流域水资源管理决策问题的整体认识。因此,本书将专家用户又进一步细化为行业专家与各学科科学家,即 LCMD-DSS 生命周期中的相关角色是由决策者、行业专家、各学科科学家、技术支持专家四个用户群体组成,具体特征如表 7-1 所示。

表 7-1　LCMD-DSS 生命周期中相关角色的作用分析

| 角色 | 知识构成特点 | 参与阶段 | 分工 |
| --- | --- | --- | --- |
| 决策者 | 流域水资源管理相关领域宏观视野与风险型决策能力 | LCMD-DSS 工程应用阶段;决策行为优化环中的反馈部分;决策技术优化环中的反馈部分 | 提炼决策问题;与 LCMD-DSS 交互完成决策任务;对决策效果进行评估并反馈意见 |

**续表 7-1**

| 角色 | 知识构成特点 | 参与阶段 | 分工 |
|---|---|---|---|
| 行业专家 | 现代水资源系统分析与规划能力 | LCMD-DSS 工程应用阶段;决策行为优化环中的规划与反馈部分;决策技术优化环中的反馈部分 | 选取适宜的模型和工具整体规划设计决策过程;指导各学科科学家修改各自算法模型以适应特定决策任务;定制系统交互平台 |
| 各学科科学家 | 相关学科专业知识与建模能力 | LCMD-DSS 工程应用阶段;决策行为优化环中的维护部分;决策技术优化环中的反馈部分 | 发挥各自专业特长,针对特定流域的具体决策问题,选择合适的数学方法,建立相应的决策模型;在决策者反馈意见、行业专家与实际工程需求的指导下,修改各自模型或发布新模型以适应特定决策任务 |
| 技术支持专家 | 数字化技术、信息学知识与现代软硬件开发设计能力 | LCMD-DSS 原型系统开发阶段;LCMD-DSS 工程应用与设计阶段;决策行为优化环中的设计与维护部分;决策技术优化环中的设计、维护部分 | LCMD-DSS 原型系统的开发与设计;决策技术优化环的建立与维护;在决策者反馈意见、行业专家、各学科科学家与实际工程需求的指导下,选择合适的技术手段,支撑系统的业务功能 |

#### 7.2.2.3 LCMD-DSS 的基本特征

1.跨平台与松耦合架构

LCMD-DSS 系统的核心是其松耦合性。基于面向服务架构(service oriented architecture,SOA),LCMD-DSS 将功能单元发布成服务,并通过定义良好的接口和契约联系起来的组件模型,实现了分布式模型间结构形式上相对独立而功能逻辑上松耦合联系的统一。在 SOA 体系下,服务组合(service composition)用于面向满足用户复杂的业务需求将独立、分布、可用的基本服务组合起来。同时,成熟的网络支撑技术,如通用描述-发现-集成服务(UDDI)、Web 服务描述语言(WSDL)、简单对象访问协议(SOAP)等,这些技术为 Web 服务的发布和使用提供了有力的支撑,整合了现有分布式服务资源,动态构建了松耦合普适模型运行环境,为快速生成具有高度动态适应性专业系统提供技术支撑。

基于 LCMD-DSS 的松耦合架构,各功能单元间的通信都是以标准的 XML 进行的,最大限度地降低了对系统框架内开发环境、编程语言与运行环境的约束,同时由于各功能单元处于低耦合度的黑箱模式,在功能的重用与维护以及知识产权的保护等方面都具有明显优势。

2.开放式模型集成与异步通信

调用开放式计算模型需要通过三层结构:请求层、业务层及均衡层。通过分布式计算服务发布的消息接口,各算法模型和系统功能模块可经主服务中转发送分布式计算请求,分布式计算服务将创建唯一标示的 XML 状态标记记录模型计算信息并实时反馈,再由均衡层通过主服务上服务组合(service composition)的注册信息指导业务层来完成计算过程。

各算法模型和系统功能模块可经主服务中转通过调用均衡层的消息接口对正在进行的计算过程进行异步的操作,包括中止、暂停、返回中间结果、修改参数、重新开始等。

3. 持续集成与可拓展性

研究工作开发的系统是一个持续更新的动态系统,科研人员可以通过调用统一的数据库操作服务完成模型前数据处理、模型参数设置、模型结果输出等功能的格式化工作,即可将各种平台、各种程序语言开发的算法模型发布为 Web Service,再通过上传 WSDL 发现文档以完成在主服务上的注册,结果的可视化展示则可以通过主服务中转载 GIS 功能服务与界面管理服务上完成注册。

4. 自定义生成可视化界面

研究工作所开发的系统支持各种不同类型的客户端,只要能通过 Web 访问主服务所发布的表示层消息接口而推送操作命令的都能视为本系统的客户端。

系统默认的客户端是基于 WPF 的动态客户端,提供了统一的编程模型、语言和框架,分离了系统界面的设计工作和功能模块开发,允许通过界面管理服务新建或管理窗体。

## 7.2.3  基于 LCMD 方法的水资源管理决策机制研究

本书将 LCMD-DSS 定义为一种基于松耦合平台且以各学科模型为中心从而辅助决策者制定决策方针并对可行性方案集合进行优选的决策支持系统。本节将通过研究决策行为优化环的工作原理以阐述 LCMD-DSS 决策机制。

总的来说,在面向流域水资源管理的系统功能范畴内包含着数量庞大、种类繁多的模型方法,例如:①非线性代数和微分方程模型;②各种决策分析工具,包括层次分析法、决策矩阵和决策树;③多属性和多准则的模型;④预测模型;⑤网络和优化模型;⑥蒙特卡罗和离散事件仿真模型;⑦多智能体模拟的定量行为模型等。因此,LCMD-DSS 的中心任务是如何制定并运用统一的标准与接口,基于信用值评估结果选择性地整合上述模型,同时还需要保证模型的表述足够通俗化,从而保证决策者所获取的决策辅助信息足够明确且清晰。

LCMD-DSS 的主要创新点在于系统一直处于"持续迭代优化"状态,换言之,基于持续集成的松耦合模式,如图 7-4 所示,系统的主要组件、功能、逻辑设置、模型适应性等都随着决策系统的工程应用与反馈机制逐步优化。

本节将通过逐条解答 7.2.2.1 中所提出的面向流域水资源管理中的常见决策行为问题来展示 LCMD-DSS 决策行为优化环的工作原理与优势。

决策行为问题 1:一方面,各科研院所开发的算法模型缺乏实际观测数据而无法进行实例验证;另一方面,工程管理部门实际决策工作中往往缺乏高水平算法模型的支撑,在选择合适的算法模型时没有比较依据。

在 LCMD-DSS 框架下,各学科科学家可以自由地注册并管理各自的算法模型,其算法模型被封装黑箱化后运行于系统多学科开放模型库中,并发布统一的模型接口,工程管理部门可以申请模型版权所有者的针对性授权,在行业专家的指导下测试该算法模型的适应性并反馈意见,系统将按照工程管理部门与行业专家的评估对该算法模型进行信用值评价,在注册→发布→测试→评估→反馈→修改→发布……的优化循环中,逐步形成同类算法模型的评价指标体系,并获得一系列具有实际工程价值的算法模型。

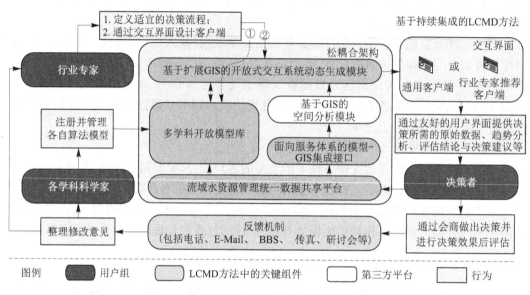

图 7-4　基于 LCMD 方法的水资源管理决策机制

决策行为问题 2:随着流域水资源管理问题的复杂化及不确定性趋势,往往一个完整的决策任务需要由几个到十几个跨学科跨领域的科研院所与职能部门共同完成,协调与组织环节存在诸多难题。

受益于 LCMD-DSS 的松耦合与持续集成特性,系统的集成阶段开始于项目的启动阶段,在整个研发周期内,项目牵头单位都能通过系统平台协调各参与单位的科研进度,将有效避免重复工作与遗漏工作问题,另外,牵头单位也能统一联系组织算法模型的工程验证反馈,通过科研工作的迭代优化保证整个项目的科学性与工程性。

决策行为问题 3:在某些应急处置情景中,决策者要求在规定时间内完成应急场景的分析预测,并对人员物资作出规划建议(如唐家山堰塞湖事件中的紧急处置案例)。

在 LCMD-DSS 框架中,行业专家可以在系统多学科开放模型库中查找适宜的高信用值的一个或多个算法模型,并通过预设接口定制决策流程与交互界面,可以在最短的时间内向决策者提供可实时交互的决策支持系统平台。

决策行为问题 4:系统客户端应满足功能强大、部署灵活且结构清晰的要求。

本节提出了基于 WPF 的开放式交互系统动态生成技术,行业专家可以结合决策者需求使用可视化系统接口对客户端进行定制,各行为组件都包含部署环境的配置信息,系统会自动分析部署环境约束度是否满足需求以供行业专家和决策者参考,最终生成针对特定决策任务的定制客户端,保证了系统功能强大、部署灵活与结构清晰的统一。

决策行为问题 5:保证决策支持系统所提供的分析及评估结论具有较高的可信度。

注册并运行在系统多学科开放模型库内的算法模型受计算机软硬件安全技术保护,

可以在授权范围许可内开放给各模型需求方测试使用,按反馈意见及专家建议对各算法模型进行加权评估,科学描述模型的参数设定域及实际工程应用范围等评价信息,模型开发方按反馈意见进行模型增量式更新,在保证旧模型依然可以正常访问的前提下提供改进型以增加模型的应用范围。在这一模式下,合理的有偿机制将极大地促进相关研究领域的规范化与实用化。

## 7.2.4　基于 LCMD 方法的水资源管理系统架构研究

　　面向流域水资源管理日常工作与应急决策的实际需求,为保证决策技术优化环的正常运作,本节着重讨论基于 LCMD 方法的水资源管理系统体系架构。系统的核心在于以模型为中心以及各主要组成部分设计实现时较高的松耦合性。总的来说,本书定义的松耦合性主要面向于系统的灵活性、扩展性与容错性需求,尽可能降低各组件间的依赖度(dependency)。一方面,依赖度越低,单一组件的修改或错误对整个系统的影响就会越低;另一方面,这种模式使跨地域快速组织并联合分析成为可能,例如:荆江大堤防洪任务中,通过统一的数据支持平台与模型服务管理接口,位于武汉的水文学与水力学专家组可以对流域水雨情信息进行预报,同时,位于北京的结构力学专家组与位于南京的土石坝专家组可以联合对坝体安全进行评估。

　　为促进基于 LCMD 方法系统模式的推广,在体系架构的设计上遵循简单清晰的原则,只限定最基本的行为模式来指导技术集成。LCMD 体系兼容任意形式的用户交互平台、任意计算机语言编写的算法模型、任意数据类型的专题或空间数据等。其中用户交互平台负责收集决策者的命令与模型参数,以 XML 数据流的形式发送到总服务器群,由均衡服务器负责消息的转发,寻找已注册的模型组合对命令进行解析与处理,整个流程终止于数据库的更新。行业专家可以定义模型组合,各学科科学家可以对各自模型算法进行管理,决策者可以通过自定义的交互平台查看命令的处理情况及模型的计算结果。

　　LCMD-DSS 中包含大量的高耗时、高耗系统资源的计算过程,使用传统线性逻辑系统架构已无法保证系统的实时交互性及稳定性。使用异步计算、分布式计算以及云计算等新兴技术能有效地解决此类问题,在系统架构上一般采用松耦合结构。SOA 是将功能单元发布成服务,并通过定义良好的接口和契约联系起来的组件模型,实现了分布式模型间结构形式上相对独立而功能逻辑上松耦合联系的统一。在 SOA 体系下,服务组合(service composition)用于面向满足用户复杂的业务需求,将独立、分布、可用的基本服务组合起来。同时,成熟的网络支撑技术,如通用描述-发现-集成服务(UDDI)、Web 服务描述语言(WSDL)、简单对象访问协议(SOAP)等,这些技术为 Web 服务的发布和使用提供了有力的支撑,整合了现有分布式服务资源,动态构建了松耦合普适模型运行环境,为快速生成具有高度动态适应性专业系统提供技术支撑。

　　整个集成平台围绕数据集成、计算集成、应用系统集成三个方面来进行搭建,通过以 GIS 服务器和算法模型服务群为核心的 Web Services 群来实现空间数据和模型数据的动态交互,将提高各数据库群的数据内聚性,并增强异构系统之间的数据耦合性,从而保障系统数据的安全性及独立性,作为整个面向水资源管理决策支持系统的数据支撑;研究建立专业模型内部与模型之间消息传递与同步机制,通过子任务划分、多任务协同调度,实现网格环境下分布式并行计算与协同处理;通过面向服务体系的持续集成方法创建分布式、异步协作的多工作流应用系统,为跨区域的流域水资源日常管理与应急处置决策提供辅助支持。

较常用的 LCMD-DSS 系统形式是由四个独立运行的部分所组成的松耦合结构,包括数据库服务器群、管理群、Web 服务群以及各种种类的客户端,各部分之间的跨平台通信是通过标准规范的 XML 数据流来实现的,各模块并不直接通信,而是将请求发送到 Web 服务群中的主服务,再通过负载平衡服务器进行中转的,这种模式有助于提高系统的可扩展性和鲁棒性。

以功能划分,系统属于三层软件架构(见图 7-5),包括基础层(base layer)、服务层(services layer)与执行层(implementation layer):①基础层包括统一数据支持平台与用户交互平台两大部分。其中,统一数据支持平台通过数据管理服务与服务层进行数据交流,针对不同的开发平台与编程语言,数据管理服务提供了统一格式的标准数据规范,当接收到 XML 格式的数据请求时,数据管理服务将首先识别需求类型,并对存储过程中的数据进行编码,将对应的数据类型转换成 XML 数据流进行数据传输,以实现统一数据源的多

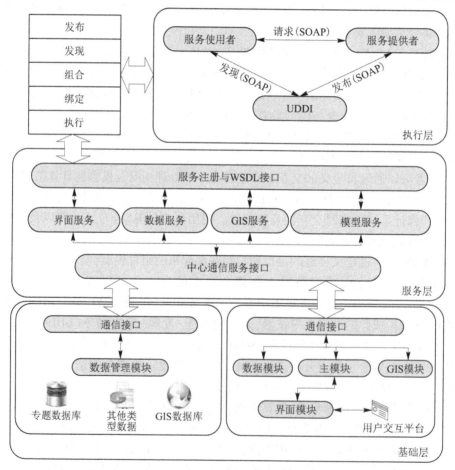

**图 7-5　LCMD-DSS 的三层软件架构**

平台支持;用户交互平台在形式上没有严格限定,只要能通过网络连接到主服务的任何形式的小程序、客户端、代码块,都能成为本分布式系统的表示层的一部分,本书研发了一套基于 WPF 的开放式动态生成交互系统,可以将可视化定制的交互平台信息通过界面服务(interface service)传送到指定模块自动集成客户端并发布使用。②服务层是整个分布式系统的核心,它由主服务与若干个异步伺服的功能服务组成,其核心部分包括数据库通信服务、GIS 服务、界面服务与算法模型服务等,各种功能服务不受地域和平台的限制,只需要在主服务上完成服务注册以提供标准的消息接口,即可以服务组合的形式集成进系统。③执行层,通过完善的决策行为优化环框架进行设计,以 Web Service 为主要形式支撑服务层的正常运行,并通过异步增量式维护模式对服务层进行更新。

综上所述,LCMD-DSS 在技术上是基于 SOA 架构的松耦合系统,即是由不同开发工具开发的各功能模块通过统一的服务接口耦合在一起的架构。在系统集成阶段具有便于维护、各小组并行工作且分工明确、支持多种开发平台和客户端访问管理、稳定性高、可扩展性强等优点。在实际应用中,允许科研人员通过主服务消息接口提交算法模型代码,系统自动生成算法服务、客户端界面并提供数据支持。

## 7.2.5　基于 LCMD 方法的水资源管理决策支持系统的持续集成策略

在系统集成阶段,传统方式是将多个异构子系统进行单独的一次构建后分别发布,由此会带来三个方面的问题:①高风险,各子系统在系统开发的最后阶段才进行集成测试,会将长期积累的缺陷引入到总系统框架中来,严重影响系统开发进度及健康属性;②大量的重复过程,在代码编译、数据库集成、测试、审查、部署和反馈过程中,各个子系统之间会出现大量的冗余工作;③可见性差,各子系统在开发过程中无法部署测试,无法实时提供当前的构建状态和品质指标等信息。

针对以上问题以及分布式系统实际应用特点,本书提出了一种新型的持续集成方法,试验证明,能高效、自动化而稳定地完成分布式系统的集成部署工作。本节将分别从持续数据集成、持续测试、持续部署、持续反馈等方面分别介绍此系统的集成策略。

### 7.2.5.1　持续数据集成

在很多项目中,数据库管理员经常成为项目开发的瓶颈,他们往往需要花费大量的时间来做一些基础工作,其他的成员往往需要预留大量的时间给数据库管理员来一个一个地解决数据库支持的小问题。事实上,数据库的集成与系统中其他部分的集成方式没有任何不同,可以将其看作是持续集成体系中的一员,作为一个独立的模块主体来看待。

在面向服务的系统中,数据库管理员将数据库管理看作一个 Web 服务,与其他模块服务之间的通信也是按 XML 数据流的形式通过主服务来进行中转,通过维护好统一的消息接口,数据库管理员可以把更多的时间用于对数据库层次设计的优化。通过数据库集成服务,数据库管理员将修改提交给版本控制系统,再借由集成发布器对数据库服务器进行更新,并发布新的 Web 服务以实现修改(见图 7-6)。

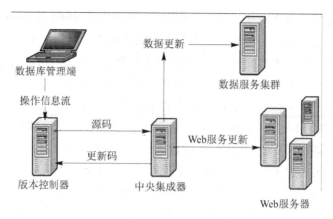

图 7-6  持续数据库集成

### 7.2.5.2  持续测试

在分布式系统中,各功能服务是通过服务组合的形式共同实现对应功能的,因此如有一个或多个功能服务发生改变,则应该自动测试与之相关的服务组合中的其他功能服务,因此将持续测试机制引入集成体系是必要的。

自动测试机制包括类库测试、单个服务测试、数据支持测试、服务组合测试四大步骤,持续测试服务器将测试结果提交给反馈服务器,以达到对管理者的提醒作用。

### 7.2.5.3  持续部署

虽然各个功能服务、平台与目标域都有独特的要求,但一般而言包括以下六个步骤:①通过版本控制服务器列出相关服务组合的文件列表;②创建干净的发布环境,减少对条件的假设;③创建一个发布队列及针对性报告;④运行测试服务器,对已发布部分进行监控;⑤通过反馈服务器将发布过程实时反馈给相关责任人;⑥提供版本回滚功能,以保证始终拥有可运行版本。

### 7.2.5.4  持续反馈

反馈是集成阶段重要的输出部分。通过反馈机制,开发者可以快速排除问题并保证系统稳定发布。反馈服务将对应信息推送到用户、开发者、管理者以及任何与系统相关的责任人,并保证实时、有效与表态明确。

反馈服务提供两种方式来推送信息,分别是邮件形式或是任务栏提示图标两种,其中邮件形式更加稳定,但是不够实时,常常以持续闪烁的任务栏图标和提示音来进行提示(见图 7-7)。

针对流域水资源管理决策过程多层次、多主体、多目标且半结构化的特点,首次提出了松耦合模型驱动的流域水资源管理决策支持系统方法。本节以解决系统中各决策辅助单元的动态适应性问题为切入点,分析并识别了不确定条件下水资源管理决策支持系统的决策行为与决策技术问题,设计了基于双层迭代优化结构的持续集成松耦合系统体系,明确了系统生命周期中各相关角色的作用与分工,归纳了系统基本特性,探讨了这一系统方法在流域水资源管理领域的决策机制,描述了面向流域水资源管理 LCMD-DSS 的系统架构以及持续集成策略。

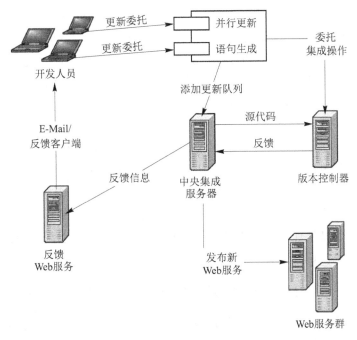

图 7-7　持续反馈

# 7.3　基于 LCMD 方法的水资源管理决策支持系统关键技术研究

流域水资源管理决策支持系统是一个受诸多方面因素影响的复杂系统,且流域水资源管理决策过程涉及社会、经济、水文、水运、水工和生态等多个领域,是一个典型的半结构化的多层次、多主体、多目标决策问题。本书以建立具有普适性意义的流域水资源管理决策支持原型系统为目标,基于"大技术、大平台、大共享、大应用"的理念,综合集成地球科学、信息科学、计算机科学、空间科学、通信科学、管理科学、经济人文科学等多学科理论和技术成果,结合数字工程方法克服传统信息系统的物理边缘、技术边缘、功能边缘和逻辑思维边缘,其系统集成工作需要多类型科学方法和技术手段的协作,主要包括以下几个方面:

(1)基于统一平台的海量多源异构数据集成、组织与共享。流域水资源管理体系中,其数据源具有多样性、不确定性、分布性、实时性或准实时性等特点,系统需要实现决策辅助信息的跨行业、跨部门互联互通与动态适应,并为各种类型的运算单元提供普适性的数据支持,建立统一的数据平台是当前最可行的解决方案。在这一需求下,基于动态配置、多组织的互联网络,面向跨行业、跨部门、多层次的机构组织,针对海量、异构的信息,实现实时收集、快速处理、精确分析和有效共享,形成应对流域水资源日常管理与突发事件应急的关键信息处理理论和技术体系显得尤为重要。

(2)网络分布式多模型环境下决策支持模型库构建方法。传统意义上的模型库是提供模型储存和表示模式的计算机系统,在本书定义的分布式流域水资源管理决策支持系统范畴内,将与辅助决策相关的各种运算单元都归入模型库,包括以往被划分到数据支持平台、方法库、知识库等部分的功能模块,系统所需的模型种类将趋于复杂。另外,面向流域水资源管理需求的决策辅助运算单元具有高度分散、异质结构、信用值评价体系匮乏等特征,且缺乏相关模型组合理论与技术支撑,决策任务分别动态生成模型链的研究也比较欠缺。

(3)基于 GIS 的开放式决策支持系统交互平台动态生成技术。区域化的水资源管理问题是一个流域尺度的考虑物理和经济社会环境的决策问题。使用 GIS 来整合空间对象与专题对象以表达真实空间实体并提供空间分析与数据处理功能是当前最可行的方案。本书所探讨的流域水资源管理决策支持系统应具有较高的动态适应性,要求其交互平台也应该能快速动态地适应系统功能组合与决策者需求,因此快速且高效地生成高适应性用户界面也是本书的研究内容。

## 7.3.1 基于统一平台的海量多源异构数据集成、组织与共享方法研究

流域水资源系统是一个由经济系统、水文系统、环境系统与制度体系等组成的开放式非线性复杂大系统,具有不确定性、多变性、动态性等特征,涉及多主体、多因素、多尺度的信息。随着人类活动对水资源系统扰动程度的加深以及社会发展进程的高速推进,由水资源系统支撑的生态和经济两大系统在用水竞争性和系统约束性方面不断增强,因此,在利用先进的空间信息技术对现代水资源系统及其分项要素演变进行解读的基础上,需要引入适合于非线性复杂大系统的有效分析方法。

在本节中,首先识别了流域水资源管理决策支持系统数据集成方面的诸多新特性、新需求,采用多源异构数据集成技术路线,通过对各数据源的分析和总结,建立针对数据源的配置说明文件,研究了普适计算环境下多源异构数据的数据抽取方法,将半结构化和非结构化的数据源集成为结构化的数据集,并在此基础上,基于可信度与相似度分析方法解决多源异构数据集成中数据不一致(data discrepancies)问题,提出了跨领域的自动模式匹配方法及数据清洗算法,将来自多个数据源的数据融合到统一的数据视图中,为后续决策工作提供高质量的数据支持。

### 7.3.1.1 流域水资源管理决策支持系统数据统一支持平台需求分析

各类信息是流域水资源大系统规划和决策模型中起决定性作用的重要资源,主要包括三个方面:①现有相关行业、部门的关键业务信息系统日常工作所必需的专题数据源;②海量多源、多类型、多要素、多尺度、多时相空间数据;③通过互联网络和监控设备实时监测收集的动态数据。复杂流域水资源大系统的内在特征给数据的集成、组织和共享等方面提出了新的挑战,主要表现为以下几个方面。

1.流域水资源管理系统数据源的新特性

在流域水资源管理中,数据管理技术面临很多传统决策支持系统所不具有的新特性。

(1)多样性。流域水资源管理系统的信息资源通常是基于动态配置的多组织网络、

松散耦合、动态整合的信息。关键业务信息通常跨越各种数据模型,是属于自治组织的异构数据库,需要对数据进行快速、有效的数据集成,以支持数据的有效共享和科学决策;通常是半结构化或非结构化的数据,需要进行快速、精确的数据融合和分析,并且将其进行结构化处理,为科学决策提供更丰富的数据支持。

(2)不确定性。流域水资源管理系统的信息,尤其是各类预报及历史数据具有很大的不确定性,很多信息存在缺失、不完整、错误的情形,部分数据甚至是以自然语言表达的,难以对信息进行完整、精确的描述,需要对异构的信息进行有效的清洗和数据融合,以支持科学决策。

(3)分布性。流域水资源管理系统的数据源是高度分散的。对任何水资源管理任务来说都将存在大量相关的信息源,由于与水资源相关的信息可能分布在跨地域、跨行业的不同机构中,因此确定并整合这些信息源将是一个巨大的挑战。

(4)实时性或准实时性。流域水资源管理日常调度与应急决策都强调信息的实时性,数据集成平台必须满足决策层对于数据时效性的要求,需要能够实时、准确地集成多数据源的信息。此外,用于辅助决策的信息资源会随着决策进程的发展,动态地增加或者减少,这也对系统的可扩展性和鲁棒性提出了更高的要求。

相关数据源的上述特性给数据集成、组织与共享方法在流域水资源管理中的应用带来了新的问题和挑战,数据的集成需要针对流域水资源管理统一数据共享平台的具体需求进行深入的研究。

2.跨行业、跨部门的数据融合需求

流域水资源管理系统所涉及的信息资源具有跨行业、跨部门的特征,需要对不同领域、不同部门的信息(涉及政治、经济、环境、人口、文化、工程、管理等)进行融合,因此对数据集成技术提出了极高的要求。由于相同领域知识的数据模型便于统一,因此同领域的数据集成技术得到了很大的发展。如何将不同领域的数据进行融合仍然是数据管理领域的一个难题。

3.数据集成需求的动态演进

对所有可能发生的情景都预先计划是不可行的,并且应对日常管理与突发事件应急所需的潜在资源也不可预测。另外,在水资源管理的不同阶段,数据资源的需求也会发生变化,因此需要建立一个灵活的数据支撑平台,该平台应支持动态信息集成。

综上所述,如何基于动态配置、多组织的互联网络,面向跨行业、跨部门、多层次的机构组织,针对海量、异构的信息,实现实时收集、快速处理、精确分析和有效共享,形成应对流域水资源日常管理与突发事件应急的关键信息处理理论和技术体系,是本节需要着重解决的问题和难点。

### 7.3.1.2　非结构与半结构数据集成中数据抽取问题研究

流域水资源管理决策支持系统所涉及的数据源有相当一部分来源于各业务单位的异构数据库、互联网网页发布的历史报告与报表、监控设备实时数据流、卫星遥感航拍数据等,具有半结构化和非结构化等特征,需要进行快速、精确的数据抽取和分析。常用的解决方案包括数据仓库与包装器(wrapper)两种。其中数据仓库方案的关键是数据抽取、转换和加载(extraction-transformation-loading,ETL)以及增量更新技术,通过将所涉及的分布式异构数据源中的关系数据或平面数据文件全部抽取到中间层后进行清洗、转换、集成,其主要缺点是无法保证数据的实时性。包装器则适用于数据量比较大且需要实时处理的集成需求,首先通过对目标数据源的数据元素以及属性标签进行预分析,由人工辅助生成良好的训练样例,以此分别训练针对特定数据源的包装器,通过海量异构数据源的快速数据映射,实现了各数据源之间的统一数据视图支持。

本节所提数据抽取所采用的技术路线是基于正则表达式(Regex)描述异构数据源中的有价信息,即针对不同数据源集成要求,人工设计生成适用的正则表达式及其分析树,制定数据抽取规则并开发数据抽取模型,建立由多个叶节点(即匹配子串)组成的统一异构数据源集成分析树。正则表达式是一串由普通字符与元字符组成的用于描述一定语法规则的模式字符串。文书形式的 Regex 由多层嵌套的圆括号对组成,实际应用时具有书写维护困难且可读性差等问题,通常需要将 Regex 映射成 Regex 分析树,LCMD-DSS 中使用图形用户界面(graphic user interface,GUI)来支持此类分析树可视化构造,方便非专业用户定义多源异构数据配置信息。本节将使用一个实例来描述 Regex 分析树的生成方法,首先引入几个基本定义。

定义 3-1 原子:起始于"(”、“)”、“|”、“)*"、“)+”、“)?"、“)$\{n_1,n_2\}$"下一个字符,终止于"(”、“|”、“)"上一个字符的无圆括号非空子串称为原子。

定义 3-2 序列:起始于"(”、“)”、“|”下一个字符,且终止于"|"或对应的")"上一个字符的原子和子组(即嵌套圆括号)构成的非空串称为序列。

定义 3-3 重复组与非重复组:由")*?”、“)+"或")$n_1 n_2$"($n_1>1$ 或 $n_2>1$,且 $n_2>n_1$)封闭的组称为重复组,反之称为非重复组。

步骤 1:结合信息样本的特点,分析表达式中原子与序列的特性,确定重复组与非重复组,基于 GUI 人工辅助生成适用的 Regex,程序语句如下所示:

```
{日期\s+(.*)\r\n
    {天气现象\s+(.*)\r\n
    气温\s 高温\s+(.*)℃\r\n
    风向\s+(.*)\r\n
    风力\s+(.*)\r\n}
    ///\r\n
    {日期\s+(.*)\r\n
    天气现象\s+(.*)\r\n
    气温\s 低温\s+(.*)℃\r\n
    风向\s+(.*)\r\n
    风力\s+(.*)\r\n}
////}
```

步骤 2：由给定 Regex 生成 Regex 分析树 T(S,λ 以表达数据源 Σ)，如图 7-8 所示。其中 S 称作树的结构，S 中任何一个序列 $n$ 称作 T 的一个节点。如果 S 包含一个节点 $n = b_1 b_2 \cdots b_{k-1}$，则必有节点 $n' = b_1 b_2 \cdots b_{k-1}$ 以及节点 $n'_r = b_1 b_2 \cdots b_{k-1r} (0 < r < b_k)$，则 $n'$ 称作 $n$ 的父节点，而 $n$ 称作 $n'$ 的子节点。其中没有任何子节点的 $n$ 称作叶节点。

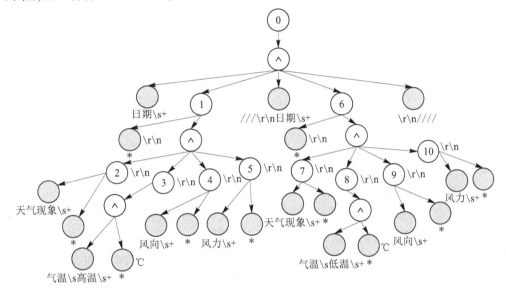

**图 7-8　某站点数据源的 Regex 分析树**

步骤 3：对生成的 Regex 分析树进行自动抽取，标记号为"＊"的叶节点称为值节点（见图 7-9），与值节点对应的带标记号"+"结尾的叶节点称为属性节点，需要对照人工设定的属性白名单表剔除不相关信息，通过模型格式化生成标准结构化的 XML 数据流（程序如下），发送到统一平台的数据接口。

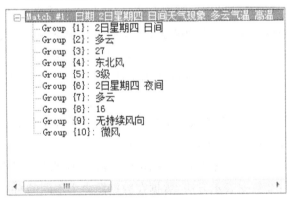

**图 7-9　某站点数据源的值节点信息**

&lt;天气&gt;

 &lt;日期 值＝"2 日星期四日间"&gt;

  &lt;天气现象&gt;多云&lt;/天气现象&gt;

```
        <气温>27</气温>
        <风向>东北风</风向>
        <风力>3 级</风力>
    </日期>
    <日期 值="2 日星期四夜间">
        <天气现象>多云</天气现象>
        <气温>16</气温>
        <风向>无持续风向</风向>
        <风力>微风</风力>
    </日期>
</天气>
```

以上为某站点数据源的 XML 数据流主程序代码。

### 7.3.1.3 多源异构数据融合中数据不一致问题研究

流域水资源管理决策支持系统数据融合方法的核心问题是建立跨领域的自动模式匹配方法,将来自多个数据源的数据融合到统一的模式中。主要工作是:分析数据集成领域现有的数据一致性处理技术的特点和不足,根据流域水资源管理数据的自身特点和实际需求,利用实体识别、相似性比较等方法研究跨领域、异构、动态、海量的实时数据不一致自动发现和清洗方法。基本步骤如下:根据领域专家的知识,来描述该领域一般数据模式;随着新数据源的不断加入,不断发现新的属性,并通过概率和统计的方法来计算新属性成为一般数据模式中属性的可能性,逐步完善数据模型描述库,从而实现领域数据模式的自动维护。通过数据类型、结构等的相似性的定义,研究相似性的算法,提高匹配算法的效率和准确率。

模式匹配的最终目的是辅助生成映射关系,以便于查询或数据转换,因此在生成匹配结果后,研究数据映射的表示方法和映射操作,从而给出相应的数据转换机制。流域水资源决策支持系统数据融合的主要技术路线如下:首先针对相同领域的数据源研究自动模式匹配的方法,实现同领域数据源之间的数据集成;然后,对不同领域中共享数据部分的数据模式进行匹配,从而实现跨领域、异构数据源的数据集成。

流域水资源管理决策支持系统数据融合方法的研究重点是解决数据不一致问题的自动发现算法及自动清洗算法。在水资源管理决策支持系统数据集成过程中,数据源可能会在三个层次上产生冲突:①数据模式,数据可能来源于不同的数据模型或是同一数据模型中的不同数据模式;②数据表示方法,数据在数据源中由不同的自然语言或者表述体系表示;③数据值,在描述同一对象时可能使用了不同的数据值。由于数据描述的是现实世界的实体,首先要从实体的角度找到描述同一实体的相同属性的数据,然后,再根据这些数据通过相似性等算法进行属性值之间的比较,基于自动发现算法找出不一致的数据以及对不一致数据的分类,根据不同类别不一致性数据的特点,设计针对不同类别不一致性数据的清洗算法。

Rahm 将数据质量问题按数据源和发生的阶段不同分为四类:单数据源模式层问题、多数据源模式层问题、单数据源实例层问题和多数据源实例层问题(见图 7-10)。

如何解决多源数据库集成中的数据冲突问题一直是国内外的研究热点,Schallehn 指出数据冲突问题主要发生在对包含重叠语义和互补信息的多数据源进行数据清理过程中,使用传统的商业工具(如 SQL 的 Grouping 和 Join 等)可以解决部分数据冲突,但对于那些没有明确相等的属性项的数据源而言,数据冲突问题依然是一个难题。基于相似性的数据集成模型(similarity-based data integration model,SDIM)被用来处理多源数据中的复杂冲突。

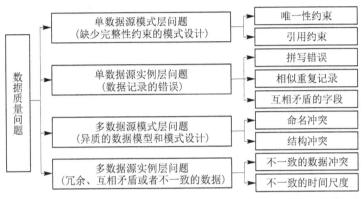

**图 7-10　数据质量问题**

### 7.3.1.4　流域水资源管理统一数据共享平台

流域水资源管理统一数据共享平台是支持集成平台学科交叉需求的重要工具,共享平台将基于互联网建立多学科、多领域知识、案例、空间信息以及专题数据的统一共享站点,由各相关方将本学科、本领域的相关知识及研究成果发布到平台中,提供上下游合作者基于知识产权保护下的黑箱调用接口。此外,共享平台还将基于行业内部网络建立各部门间的数据共享和调用机制,实现多个流域水资源管理相关部门(如国土部门、气象部门等)间的内部模型和数据共享,同时支持跨部门的数据调用。调研各管理相关部门的数据调用接口,建立针对分布式系统集成的 Web 服务共享平台数据存取应用程序编程接口(application programming interface,API),在此基础上支持部门间的数据交互的调用。

LCMD-DSS 需要处理大量原始数据,其中包括传统的结构化专题数据以及其他半结构化或非结构化数据,如遥感图像、视频直播、实时音频和传感器流等。充分考虑分布式系统数据支持的特殊需求,遵循 SOA 设计思想,建立了具有高度数据质量的统一数据支持平台(见图 7-11),并为多框架多开发语言的普适计算环境提供 RESTful(状态无关)数据支持接口。系统的数据需求分为两大部分,即专题数据支持与空间数据支持,通过对半结构化或非结构化专题数据的抽取,并与结构化数据进行清理和融合,从而生成统一的专题数据支持视图。

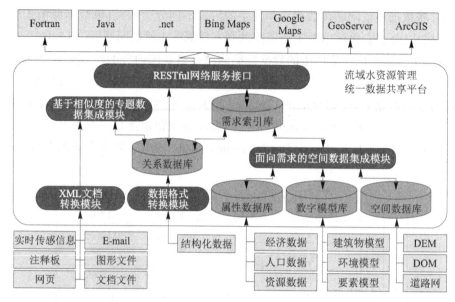

图 7-11　流域水资源管理统一数据共享平台架构

## 7.3.2　网络分布式多模型环境下决策支持模型库构建方法研究

面对分布在网络上的各种多学科算法模型,如何高效集成多种模型,构建开放式智能模型库是 LCMD-DSS 体系的基础平台研究的重要内容。

流域水资源管理决策事件往往具有不确定性、复杂性与多样性等特点。随着水资源管理领域信息化程度的高速发展,基于决策支持系统的智能化辅助方法成为流域水资源管理的主要技术手段与研究方向。面向流域水资源管理的 LCMD-DSS 成败的关键很大程度上取决于系统是否具备了健全的"眼""脑""手"。流域立体监测网是系统的"眼睛",流域水量优化调配、水电联合调度、洪水风险控制、水生态调控等是系统的"手脚"。多学科开放模型库就是 LCMD-DSS 的"脑",是进行科学合理流域水资源管理决策,使系统具有智能化的关键部分,而多学科算法模型就是实现管理决策智能化的保证。

LCMD-DSS 的有效运行离不开模型库的支持。模型库中存放着各类水资源管理日常辅助与应急决策模型,包括水文预报、防洪调度、发电调度、水电联合调度和会商决策等算法模型,这些模型能够对水资源管理事件相关要素进行分析、预测、评价和优化,因此模型库及其管理系统是基础平台系统的核心,高效集成多种模型,构建开放式智能化模型库就是构建一个功能强大的决策指挥之"脑",是面向流域水资源管理 LCMD-DSS 研究的重要内容。

面向流域水资源管理决策支持系统开放式多学科模型库是一个开放的、复杂的系统,所涉及和处理的算法模型具有如下特点:

(1)涵盖领域广泛,应用对象众多,包含涉水安全事件、水利工程管理、水资源规划和生态修复四大领域。

（2）模型种类繁多,复杂程度和颗粒度也不一致。包括不同尺度、不同分辨率的模型,也包括多学科、多目标模型等。

（3）模型是离散分布在网络上的,模型源是高度分散的。对任何流域水资源管理事件来说都将存在大量相关的模型源。

在行业专家专业意见与决策者实际需求的指引下,根据不同水平年梯级水库枢纽组合、电力市场背景、来水情况以及流域内生产生活用水等情况,综合考虑防洪、发电、供水、航运、泥沙等方面的因素,并满足模型信用值与适用环境等约束条件,流域水资源管理开放式模型库需要面向不同决策任务需求动态生成针对不同决策目标的模型链。其运算结果将作为决策者依靠基于 LCMD 方法的水资源管理决策支持系统进行科学合理决策的重要依据。目前,相关研究趋向于将模型简单化,减小模型颗粒度,采用模型-数据交叉组合的方式完成任务。其中关于模型链中数据方面的研究不仅包括模型输出结果数据的分析、处理以及可视化,也包括对照实时监测或历史观测数据来对模型参数进行动态校正。随着复杂模型的增多,如何选择合适的模型进行组合并保证增量式系统的鲁棒性成为构建智能化模型库的核心内容。

本节着重研究网络分布式模型的表示方法,提出模型信用值评估体系,制定水资源管理多学科模型链构建标准(见图 7-12),建立面向水资源管理的系统开放式智能化模型库,将有助于跨平台、跨部门、跨学科的各类水资源管理决策单元的耦合,能够为决策者提供更全面的决策信息,对于进一步提升流域水资源日常管理与突发涉水事件应急的智能化水平,具有重要的意义。

**图 7-12　模型库构建技术路线**

### 7.3.2.1　网络分布式模型的表示方法研究

为使模型易于管理、组合和应用,需要进行模型规范化,而模型表示是模型规范化的核心内容。LCMD-DSS 框架下模型被表达为一个七元组:M = <O, G, T, V, R, S, C>,其中各元素分别是对象集、目标集、环境与约束、变量集、关系集合、状态集以及信用集。考察用于集成的分布在网络上的流域水资源管理决策模型的特点,将模型群进行基础分类,例如:监测预警和应对决策两大类模型,并在此基础上基于处置内容、任务和流程等将两类模型进行进一步细化分类。分析每类模型的特征参数,如参数定义、结构定义、输入输出数据等,建立模型分类库。以洪水灾害为例,研究水资源管理决策多阶段任务组织结构。基于多阶段任务组织结构,构建水资源管理模型-数据交叉关系模型。基于此关系模型,研究模型规范化文件定义与封装方法,完成模型-数据交叉组合的模型表示方法。模型组合是以一定的方法准则融合现有模型,从而生成更具有泛化性的模型链的过程,在这个过程中保证相匹配的数据类型至关重要。研究模型数据类型与结构,建立模型-数据类型匹配函数,从而便于进行模型连接。

### 7.3.2.2　模型信用值的评价方法与水资源管理模型链的生成方法研究

模型的信用值是决策阶段任务中进行模型选择的基础,模型的信用值通常是与特定流域、特定决策事件环境参数有关的一组可信概率函数。以洪水灾害为例,决策任务处置过程按时间、任务等进行多阶段任务分解,收集各阶段水资源管理模型。分析模型的输入参数,建立蒙特卡罗法、支持向量机方法和云计算方法耦合的网络分布式模型运算耗时评价模型,构建网络分布式模型的适用性评价方法。将案例库中适合模型模拟运算的案例组成该模型的评价案例集合,建立案例集。研究案例数据挖掘、支持向量机方法和云计算方法耦合的网络分布式模型运算结果可信度评价模型,构建网络分布式模型的可信度评价方法。针对不同的地区和部门、不同环境参数,对模型的表现能力进行参数敏感性分析,研究模型误差和不确定性对信用值的影响,构建水资源管理模型选择标准。

### 7.3.2.3　网络分布式模型驱动的水资源管理智能化开放模型库

本节着重介绍 LCMD-DSS 系统是如何处理网络分布式水资源管理模型的松耦合集成问题。基于面向服务的体系结构,水资源管理模型被单独发布为服务,通过统一的通信接口,这一服务可以与其他服务组成串并联组合。这些技术上无依赖性关系的功能单元以松耦合的形式分布在互联的网络环境中。在这一体系中,Web 服务描述语言(WSDL)被用于描述服务,通用描述、发现和集成接口(UDDI)用于管理服务的注册与发现,简单对象访问协议(SOAP)用于支撑消息交换,整个通信过程都基于标准的 XML 格式。

执行层是整个开放式多学科模型库的核心,是一个基于企业服务总线(enterprise service bus,ESB)的异质包容松耦合 Web 服务管理平台,如图 7-13 所示,其中 ESB 负责提供连通性、数据转换、智能路由、处理安全、处理的可靠性、监测和记录、管理模型组合、模

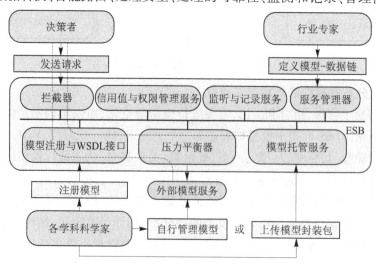

**图 7-13　LCMD-DSS 开放式多学科模型库原理图**

型的注册与寄存等,为灵活地添加、管理及调用模型提供技术支撑。

出于保护知识产权的考虑,各学科科学家可以选择自行管理或是系统托管两种方式发布各自的服务,不论哪种方式的模型集成,系统都将黑箱化处理,并只显示相关的模型注册信息,实现了水资源管理模型的安全性与推广之间的统一。

## 7.3.3　基于 GIS 的开放式决策支持系统交互平台动态生成技术研究

区域化的水资源管理问题是一个流域尺度的、考虑物理和经济社会环境的决策问题。流域空间信息由空间对象和专题对象组成。其中空间对象代表现实世界的实体,具有地理、物理、环境和社会经济属性。专题对象代表与空间对象有关的方法、模型与主题。因此,使用 GIS 来整合空间对象与专题对象以表达真实空间实体并提供空间分析与数据处理功能是当前最可行的方案。另外,模型驱动方法的核心是保证系统能最大限度地适应非专家用户(如决策者)需求,因此,用户交互平台的灵活性与丰富性是决定决策支持系统性能的主要指标。本节首先介绍实现 LCMD-DSS 交互平台的相关技术,并对交互平台的核心特性进行分析,在此基础上提出基于 WPF 的开放式交互系统动态生成方法,最后,介绍面向不同系统需求所研发的基于 GIS 的水资源管理空间信息交互仿真平台。

### 7.3.3.1　开放式决策支持系统平台相关技术简介

#### 1.WPF 与 MVVM

过去十年,Windows 窗体逐步发展成为一个成熟且功能完整的工具包,但其核心技术一直是基于标准的 Windows API,其用户界面元素的可视化外观在本质上是无法定制的,因此在交互平台的设计时往往采用各种替代方案,如使用贴图、书写计时器事件、背景色绑定等,极大地降低了系统的性能与鲁棒性。Windows 演示基础(windows presentation foundation,WPF)作为微软新一代图形系统,通过引入一套完全革新的技术平台而极大地改变了这一现状。WPF 为所有界面元素提供了统一的描述和操作方法,并预留了几乎全部的定制接口,允许用户对任何界面元素的所有属性进行编辑,并结合清晰且平台无关的可扩展应用程序标记语言(XMAL)进行描述,最大限度地降低了开发环境的限制。WPF 在显示效率上的优秀表现是基于功能强大的 DirectX 基础架构,极大地提高了交互界面对视频文件与 3D 内容的支持。

MVVM 是 Model-View-View Model 的简写,是 MVP(Model-View-Presenter)模式与WPF 结合的应用方式发展演变过来的一种新型架构框架,使得开发人员可以将显示、逻辑与数据分离开来,使应用程序更加细节化与可定制化,具有以下优点:①低耦合。视图(View)可以独立于 Model 变化和修改,一个 View Model 可以绑定到不同的"View"上,当View 变化的时候 Model 可以不变,当 Model 变化的时候 View 也可以不变。②可重用性。可以把一些视图逻辑放在一个 View Model 里面,让很多 View 重用这段视图逻辑。③独立开发。开发人员可以专注于业务逻辑和数据的开发(View Model),设计人员可以专注于页面设计,使用 Expression Blend 可以很容易设计界面并生成 XAML 代码。④可测试性。界面素来是比较难于测试的,而现在测试可以针对 View Model 来写。

**2.Arc Engine**

Arc Engine(AE)是 ESRI 公司提供的用于构建定制应用的一个完整的嵌入式的 GIS 组件库。AE 是基于核心组件库 ArcObjects(AO)搭建的,拥有 AO 中大部分接口、类的功能,并具有相同的方法与属性,这一特性可以帮助开发人员快速调用组件库中 3 000 余对象,并组合成各种类型的 GIS 功能以进行 GIS 平台的二次开发。实际应用时,AE 可以通过开发平台以控件、工具、菜单以及类的形式调用 AO 对象,有助于保持交互平台功能性与易用性的统一。

AE 应用在部署后需要庞大的 AE Runtime 支撑,并需要软件授权,极大地限制了 GIS 平台的推广,因此,在 LCMD-DSS 中,AE 应用往往只部署在服务器端,其核心 GIS 功能被 C#.NET 类封装并发布为 Web Server 以方便系统框架内的自由调用,交互平台部分的 GIS 功能实现将采用无须安装运行环境且免费使用的 ArcGIS API 来完成。

**3.ArcGIS Server 与 ArcGIS API for Microsoft Silverlight/WPF**

ArcGIS Server 是一种服务器级别的 WebGIS 应用软件,用于帮助用户在分布式环境下处理、分析并共享地理信息,支持以跨部门和跨 Web 网络的形式共享 GIS 资源,具体包括:①地图服务,提供 ArcGIS 缓存地图和动态地图;②地理编码服务,查找地址位置;③地理数据服务,提供地理数据库访问、查询、更新和管理服务;④地理处理服务,提供空间分析和数据处理服务;⑤Globe 服务,提供 ArcGIS 中制作的数字 globe;⑥影像服务,提供影像服务的访问权限;⑦网络分析服务,执行路线确定、最近设施点和服务区等交通网络分析;⑧要素服务,提供要素和相应的符号系统,以便对要素进行显示、查询和编辑;⑨搜索服务,提供当前组织中的所有 GIS 内容的搜索索引;⑩几何服务,提供缓冲区、简化和投影等几何计算。

ArcGIS API for Microsoft Silverlight/WPF 用于辅助构建富 Internet 和桌面应用,在应用中可以利用 ArcGIS Server 和 Bing 服务提供的强大的绘图、地理编码和地理处理等功能。其 API 构建在 Microsoft Silverlight 和 WPF 平台之上,可以整合到 Visual Studio 2010 和 Expression Blend 4。Microsoft Silverlight 平台包含了一个 .NET Framework CLR (CoreCLR)的轻量级版本和 Silverlight,运行时,都可运行在浏览器插件中。

**4.Open Scene Graph(OSG)与 osgGIS**

OSG 开发包框架是基于 C++平台与 OpenGL 技术的应用程序接口,包含了一系列的开源图形库,提供了快速开发高性能跨平台三维交互式虚拟现实平台的技术环境,它使用可移植的 ANSIC++以及标准模板库(STL)编写,以中间件的形式为应用程序提供各种渲染特性与空间结构组织函数,并使用 OpenGL 底层渲染 API,因而具备良好的跨平台特性,对计算机硬件要求不高,可以在普通的电脑上实现逼真的仿真效果。

osgGIS 是 OSG 的一个分支,专注于 GIS 的应用,是使用 OSG 作为图形显示引擎的三维 GIS 项目,其宗旨是利用矢量数据建立 OSG 模型,从而建立三维地理信息可视化展示数据。目前虽然还比较简单,但已经将很多基础的 GIS 理论与 OSG 进行比较好的结合。osgGIS 可将 GIS 中的矢量数据转化为 OSG 中的场景图,osgGIS 采用一条装配线来完成这个转化过程,矢量数据从装配线的入口进入转配线,osgGIS 引擎将矢量数据依次传递给离散的各个处理单元,最终输出 OSG 的场景图,供三维仿真使用。

#### 7.3.3.2　基于 GIS 的水资源管理空间信息仿真交互技术研究

1.基于 GIS 的二维仿真平台

面向水资源管理的 LCMD-DSS 系统二维 WebGIS 平台采用 SOA 系统架构模式,可有效地将客户浏览器端、Web 服务器端、数据库服务器端和 GIS 服务器端整合在一起,WebGIS 系统总体结构如图 7-14 所示。

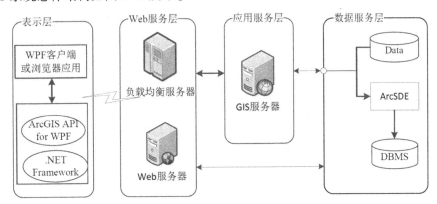

**图 7-14　WebGIS 系统总体结构**

Web 服务层主要负责处理用户通过 Web 浏览器和 WebServices 发送的请求,根据用户请求经负载均衡服务分配,从 GIS 服务器中获取相应的地图服务对象,或利用 WebServices 直接与后台数据库进行交互,获取数据和信息。

GIS 服务器主要承担两方面作用:一个作用是动态地图渲染和地图切片,利用地图切片技术,尽可能地减少服务器的计算负载与通信,使系统快速响应用户对地图的请求;另一个作用是提供用户访问地图的 REST 接口,通过这些接口服务,再配合使用 ArcGIS API for WPF,就可以将 ArcGIS Server 和 WPF 结合起来在.NET 环境下开发应用系统。

表示层提供空间数据表示和信息可视化功能,主要完成以下工作:为用户进行 GIS 应用提供友好的人机界面和交互手段,接收和处理用户操作,向服务器发送服务请求,接收和处理返回的结果数据集,并将数据或服务进行可视化表现。

2.基于 GIS 的三维仿真平台

面向水资源管理的 LCMD-DSS 系统三维 GIS 仿真平台是以 Globe Control 场景可视化为基础,实现了基于 ArcEngine 开发包的流域水资源管理决策支持系统三维仿真平台。

在系统实现过程中,大数据量的 DEM 数据的调用,是一个很实际的问题。因为本系统使用的是高精度栅格 DEM 数据,因此,如果研究区域范围过大,则会由于数据量过大而引起内存不足或者低效率计算的问题。对此,本系统采用了一种数据分割读取的解决方案,即借用影像金字塔读取数据的技术方式,在预处理时将 DEM 数据进行分割,并建立索引头文件。然后根据实际需求来进行区域性的读取。这样就可以解决一次性读取数据过大的问题。在系统三维场景的显示部分,采用了细节层次模型技术,将 DEM 和遥感影像按照场景视角的距离分成多个层次。当视角远离地形和建筑时,使用低分辨率的场景影像进行显示;当视角靠近地形和建筑时,使用高分辨率的场景影像进行显示。这样可以大大提高三维场景的显示速度,同时又降低系统资源占用量。

3.基于 osgGIS 的高精度三维仿真平台

三维仿真平台采用 C++ 进行开发,读取洪水模型计算的数据,利用 OSG 进行渲染后输出到屏幕上。渲染的水面采用水面波动法或离散傅里叶变换方法实现水流的模拟,采用 OpenGL 进行纹理的映射或粒子效果在仿真平台中进行显示。具体实现步骤如下:

(1)流域三维空间建模。采用 Google SketchUp、3Dmax 等建模工具对所辖范围的重要建筑物进行 3D 模型的构建;对所辖范围的高程数据、影像等数据,采用 ArcGIS 软件进行处理,最后用 VPB 进行三维地形建模,同时使用 osgGIS 实现流域矢量信息的建模和融合。具体步骤如下:数据处理,对高程数据进行处理,转换为带有地理坐标的 tif 格式或 img 格式;确定地形金字塔的级数:VPB 建模会自动建立地形模型的金字塔结构,并将该金字塔结构按 PagedLOD 数据页的方式进行存储。为了确定地形金字塔的级数,要根据数据源的精度和三维仿真的需求设置合理的地形金字塔的级数;输出模型使用 osgdem 进行模型生成,使用 osgGIS 进行矢量叠加。

(2)仿真平台的构建。采用 Visual C++ 和 OSG 进行仿真平台的开发,实现三维场景的多种漫游,如轨迹球漫游、飞行、驾驶、地形漫游等;实现溃坝的实时三维仿真;实现洪水淹没、洪水研究的动态可视化功能;实现可视化查询功能等。

(3)数学模型接口开发。实现三维仿真平台和溃堤、洪水淹没等模型的结合,读取这些模型的计算结果,通过 OSG 进行渲染,实现溃堤和洪水淹没的可视化仿真。

为实现逼真的三维溃堤效果,需要将系统采用的洪水模型和三维仿真平台有效地结合起来,需要研究二者的接口设计问题。

### 7.3.3.3 基于 WPF 的动态生成开放式交互平台

LCMD-DSS 的核心目的是追求系统的功能适应性,即保证系统的决策流程能最大限度地解答决策者所关注的非结构或半结构问题,其中用户交互平台是面向决策者直接参与决策过程最主要的窗口,其高度适应性直接决定着整个面向流域水资源管理决策支持系统的成败。Quesenbeiy 提出了"5E"评判法来判断一个用户界面是否具有良好的可用性,分别对应有效性、效率、吸引力、容错性、易学性。其中有效性与效率部分,在 LCMD-DSS 架构中,由行业专家负责交互平台的界面设计,决策者负责反馈,在模型信用度评价机制的支撑下,这一分工将有效保证交互平台的有效性与效率。另外,这个行业专家与决策者一般情况下都不具备专业的计算机知识,因此在解决高效开发技术难题的基础上,还需要提供一套简单易用的设计平台与流程,使行业专家能直观地以界面形式传达其决策流程的设计理念。吸引力问题,需要提供多种主题选项,由行业专家规划出交互平台逻辑构成后,可以方便地选择不同的主题进行美化。容错性与易学性问题,作为交互平台的最终使用者,应该具有足够权限和功能支撑以对推荐的客户端进行个性化的修改(见图 7-15)。

针对 LCMD-DSS 动态适应性需求与界面设计者(及行业专家)不具备计算机图形界

面编程能力等特点,基于 WPF、GIS、OSG 等技术与 MVVM 模式,研究了面向模型的用户
交互平台形式化描述方法,开发了具有普适性特征的流域水资源管理用户交互平台基类,
设计了一系列通用平台接口、基础控件与美化样式,实现了 LCMD-DSS 中用户交互平台
高速动态生成,且具有较高的有效性、效率、吸引力、容错性与易学性。

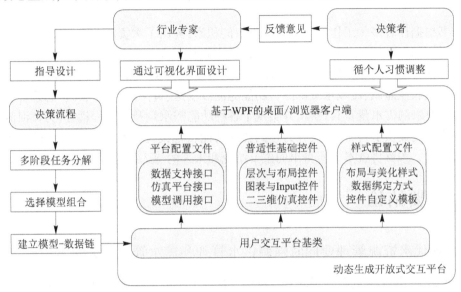

**图 7-15　基于 WPF 的动态生成开放式交互平台**

# 第8章 结论与展望

本书根据作者多年工作实践和理论学习的积累,提出了水资源功能调度的概念,阐释了其内涵,尤其强调了水资源管理从传统的供水管理转变为现代的需水管理的重要意义及其生态学理论的指导作用。以黄河流域水资源管理为例,系统分析了流域水资源兴利功能与流域农业灌溉、流域水资源除害功能与泥沙输送、黄河河道及河口生态系统和满足水质功能要求的需水量及其过程,并实现了各种功能需水量及其过程耦合,为黄河流域水资源功能调度提供了科学目标,并为达到各项功能目标设计了水资源筹集途径及水库调度运行方式。本章将就本书所得出的主要结论和未来的深入研究提出展望。

## 8.1 主要结论

### 8.1.1 现代水资源管理要同时强调供水管理和需水管理两大基本内容

长期以来,传统水资源管理的着力点很大程度上是以供水管理为主,即通过工程措施与非工程措施将适时适量的水输送到用水户的供水过程的管理。现代水资源管理面临着水资源供需矛盾日益尖锐的挑战,需要水资源保护、供给和利用方式等理念的转变,把管理的着力点放在需水管理上。从供需关系的角度讲,水资源量的有限性使供需矛盾愈加凸显。因此,必须对一定时期和一定范围内的水资源需求作出科学合理的分析,准确判定经济、社会、生态、环境对水资源的基本功能需求,同时要抑制水资源需求的盲目性、无序性和过快增长。依据生态学、系统论的理论指导水资源的调度,确定了黄河流域水资源的四项基本功能,即满足农业生产和生活用水的兴利功能、泥沙输送的除害功能、满足河道及河口生态需水的功能以及满足水质功能要求的功能。

### 8.1.2 满足农业需水是黄河流域水资源兴利功能的主要体现

流域水资源的兴利功能首先体现在农业需水上。就已研究的流域现状而言,黄河流域地表水利用已基本达到极限状态,地下水开采除上游宁蒙等局部地区外均已达到平衡。因此,黄河流域的农业灌溉若仍沿用传统的发展途径已难以为继。书中总结了黄河流域农业灌溉现状及存在的主要问题:①灌区灌溉制度不科学、不合理,用水指标严重偏高,如兰州—河口镇区间灌区的灌溉定额,计算值为 $260\sim429$ m³/亩,实际灌溉定额为 $603$ m³/亩;花园口以下灌区的灌溉定额,计算值为 $210$ m³/亩,实际灌溉定额为 $269$ m³/亩。其主要原因,一是传统的灌溉意识认为灌水越多产量越高;二是灌区土地平整度不高且没有采取小畦灌溉方式;三是灌区次生盐碱化需要增加用水压碱洗盐(而此部分灌水与作物生育期需水无关);四是灌区用水水价过低。②灌区灌溉水利用系数偏低,造成水资源的很大浪费。如全流域平均灌溉水利用系数为 $0.48$,其中宁夏灌区的灌溉水利用系数仅为 $0.37$。

其主要原因,一是灌溉渠系不配套;二是渠道不做防渗衬砌,断面宽浅,流速缓慢,渗漏、蒸发损失较大。

在此基础上,作者提出了解决上述问题的主要途径是:基于作物生命活动与水分关系的规律,推行科学、经济的灌溉制度,实现优化配水;实施灌区土地平整,大畦改小畦;实施灌区排水工程,降低地下水位,防止土壤次生盐碱化;实行灌溉用水计量收费,超额加价;调整作物种植结构,采用优良抗旱品种,推广旱作农业;实施渠系配套和防渗衬砌;有条件的灌区和经济作物种植区采取喷灌、滴灌、渗灌等先进的灌溉方式。

### 8.1.3　泥沙输送是黄河流域水资源除害功能的主要体现

泥沙含量高是该流域水质的突出特征,也是引发许多环境与生态问题的重要因素。据 1919~1996 年 78 年系列统计,黄河流域天然年均泥沙量约为 16 亿 t,多年平均含沙量 35 kg/m³。1950~1997 年,黄河下游河道已淤积泥沙 91.24 亿 t,河床普遍抬高了 2~4 m。现状黄河下游河床普遍高出背河地面 4~6 m,最大达 12 m,成为名副其实的"地上悬河"。作者分析了黄河下游河道淤积与来水来沙条件存在以下三个方面的关系:①淤积与平均含沙量的关系:平均含沙量大于 25 kg/m³ 时发生淤积。②淤积与平均流量的关系:洪峰流量小于 1 500 m³/s 时发生淤积。③淤积与泥沙粗细的关系:洪水来自粗泥沙来源区,来沙系数达 0.05kg·s/m⁶ 时下游河道淤积强度最大。

对 1960~1996 年 397 场进入黄河下游河道的洪水因子与河道冲淤变化的效果进行分析,得出以下规律性结论:

(1)当含沙量为 20 kg/m³、流量为 2 600 m³/s、历时 6 d 时,下游河道不淤积。

(2)当含沙量为 20~40 kg/m³、流量为 2 900 m³/s、历时 10 d 时,下游河道不淤积。

(3)当含沙量为 40~60 kg/m³、流量为 4 000 m³/s、历时 11 d 时,下游河道不淤积。

(4)当含沙量为 60~80 kg/m³,且高村断面以上不漫滩,流量为 4 400 m³/s,历时 12 d 时,下游河道不淤积。

对输沙过程的确定,主要取决于输沙流量和输沙时间。对输沙流量的要求,则是在该流量级时能够获取最高的输沙效率。通过分析得出如下结果:

(1)三门峡水库蓄水拦沙期场次洪水平均流量与下游全冲刷效率的关系是:冲刷效率达到最大(19.4 kg/m³)时对应的流量为 4 000 m³/s。

(2)三黑小平均流量与排沙比的关系是:排沙比达到最大时对应的流量为 4 000 m³/s。

(3)花园口断面流量与含沙量的关系是:平均含沙量达到最大(40 m³/s)时对应的流量为 4 000 m³/s。

(4)艾山断面流量与挟沙能力因子的关系是:水流挟沙因子($v^3/h$)达到最大时对应的流量为 4 000 m³/s。

(5)利津断面流量与流速的关系是:平均流速达到最大(2.5 m/s)时对应的流量为 4 000 m³/s。

依据上述结果,提出对黄河下游河道输沙与流量的管理建议,即尽可能选择 4 000 m³/s 流量级,若水流含沙量在 40 kg/m³ 左右,则过程可维持 7 d;若水流含沙量在 45 kg/m³ 左右,则过程可维持 10 d。

塑造黄河下游 4 000 m³/s 的输沙过程时,根据洪水泥沙发生的具体情况,提出了三种调水调沙模式:

模式一:基于小浪底水库单库运行模式。此种模式所对应的来水来沙条件是,洪水、泥沙只来自于水库的上游,同时水库有部分蓄水量且须为腾空防洪库容在进入汛期之际泄放至汛限水位。

模式二:基于不同来源区水沙过程对接的运行模式。此种模式所对应的来水来沙条件是,小浪底水库上游发生洪水并挟带泥沙入库,同时水库下游伊洛河、沁河也发生洪水。

模式三:基于干流多库联合调度和人工扰动的运行模式。此种模式所对应的来水来沙条件是,小浪底水库上下游均未发生洪水,但水库中的蓄水须在进入汛期之际泄放至汛限水位。

### 8.1.4 提出了基于河道内、河道外主要亚系统的生态环境需水量

河流物理参数的连续变化梯度形成系统的连贯结构和相应功能,即河道生态系统功能的驱动力是非生物环境,主要通过水文、地形和水质特性体现。河道生态系统需水量为维护地表水体特定的生态环境功能所需要的水量,主要包括:①河道内生态环境需水量,范围包括河道及连通的湖泊、湿地、洪泛区,主要考虑保证枯水期的最小流量,使其满足一定的水体功能目标,保护鱼类及其他水生生物生存环境不被破坏并进一步好转,维持河流水沙平衡及湿地、河口需水。②河道外生态环境需水量,流域或区域陆地生态系统维系一定功能消耗的水量,包括生态恢复需水量。

采用三种方式分析计算了黄河河道生态系统的需水量:一是河道生态系统净需水量;二是河道损失水量;三是防凌安全水量。以花园口断面为例,提出了黄河下游河道生态系统需水量:非汛期(11 月至次年 6 月)月平均流量为 320 m³/s,汛期(7~10 月)月平均流量为 400 m³/s。

### 8.1.5 河口生态系统需水量

黄河河口生态系统具有为重要鸟类提供栖息地和保护生物多样性,净化环境、提高环境质量,补充地下水和防止盐水入侵以及蓄滞洪水等主要生态功能。河口生态系统需水量主要包括:保持水盐平衡的淡水补给量、保持河口湿地合理水面面积及水深的淡水补给量、水循环消耗需水量等。本项研究提出的黄河河口生态系统需水流量过程为:1 月 213 m³/s,2 月 224 m³/s,3 月 253 m³/s,4 月 304 m³/s,5 月 328 m³/s,6 月 329 m³/s,7 月 289 m³/s,8 月 275 m³/s,9 月 263 m³/s,10 月 250 m³/s,11 月 229 m³/s,12 月 210 m³/s。

### 8.1.6 河流纳污能力即水环境容量的估算

根据对黄河干支流纳污能力的计算结果,黄河流域现状水平年 COD 纳污能力为 125.26 万 t/a,NH₃—N 纳污能力为 5.82 万 t/a。其中,黄河干流 COD 纳污能力为 86.76 万 t/a,占黄河流域 COD 纳污能力的 69%;NH₃—N 纳污能力为 3.95 万 t/a,占黄河流域 NH₃—N 纳污能力的 68%。而现状年黄河流域 COD 排放量为 138.43 万 t/a,NH₃—N 排放量为 13.4 万 t/a,其中黄河干流 COD 排放量为 105.57 万 t/a,NH₃—N 排放量为 10.32 万 t/a。

在黄河干流划定的 58 个水功能区中,现状仅有 17 个功能区达到了水质标准要求,达标率仅为 29%。严格控制污染物的排放量是流域水资源保护的重要任务。

在对黄河流域各省(区)污染物实施控制的同时,本书提出现阶段应对满足水质功能要求的需水量予以保证,即在现状黄河流域排污情况及经济社会发展背景下,所有的污染源均达标排放、主要支流断面满足相应水功能区目标要求、黄河干流各断面的水质均达到Ⅲ类水质目标所需要上断面保证的流量。经计算,若要保证黄河下游河道水质目标达到Ⅲ类,花园口断面的流量须要保证 320 $m^3/s$。作者还提出了为应对河流某河段水质敏感期且呈水质高风险状态,或出现突发性水污染事件时的调度模式,该模式可基于水质预警状态和应急状态采取相应的调度措施。

## 8.1.7　为便于进行控制性水利工程的科学调度

要实现流域水资源的科学调度,必须对流域各种功能需水量及其过程进行耦合。为此,作者将黄河功能需水量及其过程分为两大类,一类是常年性过程类,包括农业灌溉、河道生态、河口生态、满足水质功能要求等需水量及其过程;另一类是短促性过程类,如输送泥沙需水量及其过程。

对于第一类过程的耦合,需要在同一断面基础上进行,故采用将黄河下游河道各功能需水量及其过程耦合在花园口断面,把基于利津断面的河口生态系统需水量及其过程"折现"至花园口断面的方法。"折现"时考虑了花园口—利津区间加水、区间引水、河道损失水量和水流传播时间等因素,按反向(逆推)控制运算方式求得花园口断面的"现值",然后在花园口断面求得各功能需水量及其过程的并集,从而得到耦合后的功能需水量及其过程。

对于第二类过程,仅有一个集合,因此无须求解并集。分析结果表明,黄河下游冲刷效率最大的流量级是 4 000 $m^3/s$,因此,应通过控制性水利工程的调度控制塑造 4 000 $m^3/s$ 的流量级,提高输送泥沙的效率。

水库功能调度应分为非汛期(11 月至次年 6 月)调度和汛期(7~10 月)调度两种情形。非汛期功能调度的目标可满足上述第一类过程需要,作者提出了水资源筹集的三种途径:一是水库后汛期蓄水,二是水库调蓄上游河道径流,三是龙羊峡水库补水。汛期功能调度的目标要满足上述第二类过程要求,可通过两条途径予以实现:一是汛初期水库异重流排沙输送,二是汛期不同来源区洪水组合输送。

## 8.1.8　面向流域水资源管理决策支持系统动态适应性与异质包容性需求

首次提出了一种以模型为中心,以决策行为优化环与决策技术优化环双层松耦合迭代优化结构为主要特点的决策支持系统方法,并定义它为松耦合模型驱动决策支持系统。在针对这一系统方法进行理论推导与技术突破的过程中,取得了一些创新性的成果,主要包括:

(1)分析并识别了不确定条件下水资源管理决策支持系统的决策行为与决策技术问题,设计了基于双层迭代优化结构的持续集成松耦合系统体系,提出了松耦合模型驱动的流域水资源管理决策支持系统方法,明确了系统生命周期中各相关角色的作用与分工,归纳了系统基本特性,探讨了这一系统方法在流域水资源管理领域的决策机理,描述了面向流域水资源管理 LCMD-DSS 的系统架构以及持续集成策略。

(2)针对流域水资源管理所涉及数据海量多源异构特性,建立了具有高度数据质量的统一数据支持平台,为多框架多开发语言的普适计算环境提供 RESTful(状态无关)数据支持接口;基于面向服务的体系结构与 ESB,提出了网络分布式模型规范化、结构化表示方法,研究了模型协商与组合技术,制定了模型信用值评价标准体系,通过分阶段划分特定决策任务,形成一系列动态适应的模型链,研究了网络分布式模型驱动的水资源管理智能化开放式模型库;研究了面向模型的用户交互平台形式化描述方法,开发了具有普适性特征的流域水资源管理用户交互平台基类,设计了一系列通用平台接口、基础控件与美化样式,实现了 LCMD-DSS 中用户交互平台高速动态生成。

(3)面向流域水资源管理情景推演需求,建立了三角形网格下求解二维浅水方程的高精度 Godunov 型有限体积模型,研发了一套用于数据分析与可视化转换的普适性 GP 服务,以模型的形式发布到系统开放式模型库,综合集成了分布式 GIS API 数字流域插件与 WPF 动态生成开放式交互平台,建立了流域水资源管理情景数值仿真及可视化模拟系统。

(4)基于"大技术、大平台、大共享、大应用"的理念,综合集成地球科学、信息科学、计算机科学、空间科学、通信科学、管理科学、经济人文科学等多学科理论和技术成果,结合数字工程方法克服传统信息系统的物理边缘、技术边缘、功能边缘和逻辑思维边缘,建立了流域水资源管理决策支持原型系统,并广泛地应用到流域水资源管理的各个领域。

## 8.2　研究的主要创新点和特色

### 8.2.1　提出了"流域水资源功能调度"概念

根据多年的工作实践以及对传统的流域水资源管理理念的反思,首次明确提出并界定了"流域水资源功能调度"(functional operation of water resources)的新概念,强调功能需求,即把流域水资源管理的着力点放在需水管理上,认为首先应准确判定一定空间尺度和一定时间尺度内经济、社会、生态、环境等必需的科学、合理的功能需水量及其过程,然后以此功能需求目标确立流域水资源功能调度方案,这不仅可以使流域水资源得到优化配置,而且也可有效缓解日益尖锐的水资源供需矛盾。作者将这一概念应用到黄河流域管理实践中,不仅保障了流域两岸快速增加的水资源的需求,更是成功地解决了黄河多年断流问题。目前,这一概念已在国内外同行中得到广泛认同。

### 8.2.2　提出了黄河下游河道泥沙淤积规律

通过对 1960~1996 年 397 场进入黄河下游河道的洪水因子与河道冲淤变化的效果分析,得出黄河下游河道淤积规律,即当含沙量为 20 kg/m³、流量为 2 600 m³/s、历时 6 d(用水量 13.5 亿 m³)时,下游河道不淤积;当含沙量为 20~40 kg/m³、流量为 2 900 m³/s、历时 10 d(用水量 25 亿 m³)时,下游河道不淤积;当含沙量为 40~60 kg/m³、流量为 4 000

$m^3/s$、历时 11 d(用水量 38 亿 $m^3$)时,下游河道不淤积;当含沙量为 60~80 $kg/m^3$、流量为 4 400 $m^3/s$ 且高村断面以上不漫滩、历时 12 d(用水量 46 亿 $m^3$)时,下游河道不淤积;当含沙量为 80~150 $kg/m^3$、流量为 5 600 $m^3/s$ 且高村断面以上不漫滩、历时 12 d(用水量 58 亿 $m^3$)时,下游河道不淤积;若高村断面以上漫滩,流量为 7 000 $m^3/s$,历时 11 d(用水量 67 亿 $m^3$)时,下游河道不淤积。

通过对三门峡水库蓄水拦沙期场次洪水平均流量与下游全沙冲刷效率的关系、三黑小平均流量与排沙比的关系、花园口断面流量与含沙量的关系、艾山断面流量与挟沙能力因子的关系、利津断面流量与流速的关系等分析研究,得出黄河下游河道冲刷效率最高的流量级为 4 000 $m^3/s$。这些研究成果已经用于实践中,对黄河的调水调沙发挥了十分重要的指导作用,并收到良好效果。

### 8.2.3 设计了黄河调水调沙的三种运行模式

第一种为基于小浪底水库单库运行的调水调沙模式。此种模式所对应的来水来沙条件:洪水和泥沙只来自于水库的上游,同时水库蓄有部分水量且须为腾空防洪库容在进入汛期之际泄至汛限水位。工程运用:对小浪底水库不同高程泄流设施进行泄流组合,可对水库出流要素进行控制,塑造适合下游河道输沙特性的水沙关系。

第二种为基于不同来源区水沙过程对接的调水调沙模式。此种模式所对应的来水来沙条件:小浪底水库上游发生洪水并挟带泥沙入库,同时,小浪底水库下游伊洛河、沁河发生(含沙量很小的)洪水。工程运用:利用小浪底水库不同泄水孔洞组合塑造一定历时和大小的流量、含沙量及泥沙颗粒级配过程,加载于小浪底水库下游伊洛河、沁河的"清水"之上,并使之在花园口断面准确对接,形成该断面协调的水沙关系,实现既排出小浪底水库的库区泥沙,又使小浪底—花园口区间"清水"不空载运行,同时使黄河下游河道不淤积甚至冲刷的目标。

第三种为基于干流多库联合调度和人工扰动的调水调沙模式。此种模式所对应的来水来沙条件:小浪底水库上、下游均未发生洪水,可资利用的水资源只是水库中在进入汛期之际须泄放至汛限水位的水量。工程运用:利用水库蓄水,充分借助自然的力量,通过联合调度黄河干流万家寨、三门峡、小浪底水库,在小浪底库区塑造人工异重流并使之排出库外。同时,利用进入下游河道富余的挟沙能力,在黄河下游主槽淤积最为严重的卡口河段实施河床泥沙扰动,扩大主槽过流能力。

### 8.2.4 提出了基于模糊集合论的水库汛期运行方式

传统意义上的水库汛期运行方式是,进入汛期水库运行水位必须降至汛限水位,汛期结束,水库运行水位才被允许逐步抬升。因为降雨和径流大部分发生在汛期,非汛期所占比重很小,这样的水库运行方式必然造成汛期不能蓄水,非汛期无水可用。

根据对黄河中游三个不同暴雨洪水来源区的降雨资料的统计分析,发现汛期不同时段的降雨符合正态分布。黄河流域的洪水全由降雨产生,既然降雨过程变化符合正态分布,那么与降雨过程相对应的汛期应是一个逐渐变化的过程。从物理成因上分析,汛期与非汛期之间的确存在着一个过渡状态,这种状态,既以一定程度属于汛期,同时也以一定程度属于非汛期。这种物理成因的客观存在,决定了汛期和非汛期的划分不能建立在普通集合论的基础上,而应该将其置于模糊集合论的基础上。这些成果对于水库的安全运行和水资源的科学管理起到了重要指导作用。

### 8.2.5 本书的主要成果具有很强的针对性和可操作性

本书立足于"流域水资源功能调度"这一基本前提,不仅对水资源需求侧的功能需水量及其过程进行了深入的理论分析,而且对黄河流域特别是黄河下游河道及河口生态系统的功能需水量及其过程进行了有针对性的具体分析,给出了农业灌溉需水量及其过程、河道生态系统需水量及其过程、河口生态系统需水量及其过程、满足水质功能要求的需水量及其过程,以及输送泥沙的需水量及其过程。尤为可贵的是,上述功能需水量及其过程的求得,完全采用了黄河流域的实测数据资料,模型运算中的一些重要物理参数也全部来自于实际测验和验证资料,使研究结果完全符合区域实际,满足生产需要。需要特别提出的是,在本书的撰写过程中,先期所得到的研究成果已在实际生产运行中得以应用,实践结果也证明了其正确性。

## 8.3 研究展望

在现代社会,流域水资源管理涉及全流域经济社会、资源环境和生态等诸多问题,科学的水资源调度,实质上是对发展、保护等多种关系的协调。传统水资源管理理念、方式虽然受到挑战并发生着可喜的变化,但是,随着全世界特别是我国水资源问题的突出,有关水的问题将更加复杂,它已经不只是简单的供需平衡问题,单纯依靠工程技术解决水的问题的时代即将结束。

就黄河流域而言,虽然经过人们的努力,一些突出的问题和矛盾得到一定缓解,但在未来一段时期内,以水为核心要素的资源、发展和环境与生态保育的问题还将有许多新矛盾不断出现。因此,继续加大研究力度以保证流域实现规划目标,为确保水资源安全和生态安全,确保流域内经济社会的稳定与发展,以下几方面问题的深入研究是非常必要的。

(1)由于水资源的传统管理长期以来都侧重于供水管理,因而也使得供水管理体系逐渐得以完善,但长期以来由于对需水管理的不重视或弱化,也使得需水管理尚未形成完整的理论体系和实践体系。从构建完整需水管理的理论体系和实践体系看,本书虽提出了"流域水资源功能调度"的概念,并主张水资源管理的着力点从供水管理转向需求管理,但该领域的研究和探索还十分粗浅,甚至是零散的,距离完整系统性的要求还有相当大的差距。对此,尚需进行进一步的理论研究和实践探索。

(2)对于黄河流域来讲,水少、沙多、水沙关系不协调成为诸多问题产生的根源,这一问题的存在,并非只在下游河道,而在黄河上游的宁蒙河段、支流的渭河下游河道均较严重。干流水利枢纽的修建,改变了天然的水沙条件,致使宁蒙河段冲淤发生了新的变化,主要表现为河道淤积萎缩严重,行洪能力降低,内蒙古河段也已成为"地上悬河"。由于渭河来水来沙条件的变化,下游河道发生严重萎缩,河床不断淤积抬高,目前也已发展成为"地上悬河"。本书在对流域水资源的除害功能与泥沙输送需水量的研究中,把黄河下游河道作为重中之重,无论是泥沙淤积的形式及重点、流域泥沙的输送,还是调水调沙模式及输送泥沙需水量及其过程的确定,均是以黄河下游河道为研究对象,这是必要的。但是下一步,应高度重视对黄河上游宁蒙河段、支流渭河下游河道的冲淤演变规律的分析和研究,并提出遏制河道淤积萎缩的具体对策。

(3)河道生态系统中,河流水体为许多生物提供适宜的栖息环境,水体中有许多溶解态的无机、有机化合物能够被生物直接利用。河道生态系统中复杂的景观结构,产生多种类型的景观斑块,有利于不同类型的种群生存,而水流为不同群落的物质交流提供了通道。生物群落与生境在长期进化过程中形成了相互间的适应能力,生境的变化不可避免地影响生物群落的分布和构成。因此,河道生态系统需水量计算的主要依据应是生物群落的分布和构成,但限于观测资料,本书对黄河河道的生物群落研究得不够详细,同时有关生物群落对水体的需求规律的认识也较肤浅,要准确计算河道生态系统需水量及其过程,须对生物群落与水体之间的关系进行深入研究。

(4)河口生态系统中的优势植被群落为翅碱蓬、柽柳、杞柳、白茅、芦苇和水生群落等,栖息和繁殖的水禽优势物种为白鹳、丹顶鹤、黑嘴鸥等。在对河口生态系统需水量及其过程的计算中,分别选择了河口湿地的绝对优势植物群落——芦苇和关键保护物种——丹顶鹤作为计算对象,以此来计算保持河口湿地合理水面面积及水深的淡水补给量。这是一种相对简化的方法。有条件时,应该建立在长期观测资料的基础上,就整个生态系统中的植被群落和物种对水的需求进行全面分析研究。

(5)在后汛期水库蓄水用以非汛期功能调度的研究中,作者提出了基于模糊集合论的水库汛期运行过程,此种运行方式要比基于普通集合论的水库汛期运行方式多蓄水汛期防洪库容,汛期中某时间 $t$ 相对于汛期的隶属度,并没有给出小浪底水库或者其他水库的隶属度,必须进行大量的水文气象研究,如不同下垫面条件的产汇流计算、降雨及洪水发生的概率以及洪水挟带的泥沙量分析等,这些工作有待今后继续深入进行。

(6)在解决流域水资源管理决策支持系统动态适应性与异质包容性等方面进行了一些探索,提出了基于 LCMD 的系统方法体系,并在这一理论框架下做了一些研究,但受作者的理论技术水平和时间所限,部分成果还有待进一步的丰富、改进和完善,主要包括以下几个方面:

①《中华人民共和国水法》明文规定了水资源的国有属性,流域水资源的合理规划利用及水问题的无害化处置需要由水行政主管部门自上而下调度协调,至今还没有以建立流域水资源管理普适性平台为目的的 LCMD-DSS 专项研究为之提供理论依据与技术支撑,需要进一步加强基础理论研究与技术储备,尽早制定领域规范并整合行业资源;

②受项目资助与科研力量分配侧重的限制,LCMD-DSS 各子课题的研究尚须深入,也需要工程实践更多的检验,验证其效果,并开展相关的专题研究;

③面向流域水资源管理情景推演的水动力学模型运算周期仍然过长,严重限制了这一方法在工程应用中的实时效果,亟待开展结合水动力学流场分析能力与 GIS 空间信息处理功能的浅水演进模拟技术的研究;

④当前,本书所提出的 LCMD 系统方法仅应用到了洪灾应急、水利工程安全与生态领域,还需要结合更多流域水资源管理实际工程,进一步完善系统理论框架与技术储备库。

# 参考文献

［1］卢晓宁,邓伟,张树清.洪水脉冲理论及其应用[J].生态学杂志,2007,26(2):269-277.

［2］E.马尔特比,等.生态系统管理:科学与社会问题[M].康乐,韩兴国,等译.北京:科学出版社,2003.

［3］Petts G,Morales Y,Sadler J.Linking hydrology and biology to assess the water needs of river ecosystems [J].Hydrological Processes,2006,20(10):2247-2251.

［4］Wood P J,Hannah D M,Sadler J P.水文生态学与生态水文学:过去、现在和未来[M].王浩,严登华,秦大庸,等译.北京:中国水利水电出版社,2009.

［5］陈志恺.中国水利百科全书:水文与水资源分册[M].北京:中国水利水电出版社,2004.

［6］李国英.治水辩证法[M].北京:中国水利水电出版社,2001.

［7］常云昆.黄河断流与黄河水权制度研究[M].北京:中国社会科学出版社,2001.

［8］水利部黄河水利委员会.黄河水利史述要[M].北京:水利电力出版社,1984.

［9］黄河水利委员会.黄河近期重点治理开发规划[M].郑州:黄河水利出版社,2002.

［10］钱正英,陈家琦,冯杰.从供水管理到需水管理[J].中国水利,2009(5):20-23.

［11］陈雷.实行最严格的水资源管理制度 保障经济社会可持续发展[J].中国水利,2009(5):9-17.

［12］郑连第.中国水利百科全书:水利史分册[M].北京:中国水利水电出版社,2004.

［13］Schlager E.Rivers for Life:Managing water for people and nature[J].Ecological Economics,2005,55 (2):306-307.

［14］水利部黄河水利委员会.黄河防洪志[M].郑州:河南人民出版社,1991.

［15］中国水利学会水利史研究会,黄河水利委员会《黄河志》编委会.潘季驯治河理论与实践学术研讨会论文集[M].南京:河海大学出版社,1996.

［16］王化云.我的治河实践[M].郑州:河南科学技术出版社,1989.

［17］林培英,杨国栋,潘淑敏.环境问题案例教程[M].北京:中国环境科学出版社,2002.

［18］王西琴.河流生态需水理论、方法与应用[M].北京:中国水利水电出版社,2007.

［19］Ahearn D S,Sheibley R W,Dahlgren R A.Effects of river regulation on water quality in the lower Mokelumne River,California[J].River Research and Applications,2005,21(6):651-670.

［20］King J M,Brown C,Sabet H.A scenario-based holistic approach to environmental flow assessments for rivers[J].River Research and Applications,2003,19(5-6):619-639.

［21］Nilsson C,Reidy C A,Dynesius M,et al.Fragmentation and flow regulation of the world's large river systems[J].Science,2005,308(5720):405-408.

［22］盛连喜,许嘉巍,刘惠清.实用生态工程学[M].北京:高等教育出版社,2005.

［23］Richter B D,Mathews R,Harrison D L,et al.Ecologically sustainable water management:managing river flows for ecological integrity[J].Ecological Applications,2003,13(1):206-224.

［24］Richter B D,Wamer A T,Meyer J L,et al.A collaborative and adaptive process for developing environmental flow recommendations[J].River Research and Applications,2006,22(3):297-318.

［25］Vörösmarty C J,Meybeck M,Fekete B,et al.Anthropogenic sediment retention:major global impact from registered river impoundments[J].Global and Planetary Change,2003,39(1):169-190.

［26］Willis C M,Griggs G B.Reductions in fluvial sediment discharge by coastal dams in California and implications for beach sustainability[J]. The Journal of Geology,2003,111(2):167-182.

[27] 杨志峰,崔保山,刘静玲,等.生态环境需水量理论、方法与实践[M],北京:科学出版社,2003.

[28] 杨志峰,刘静玲,孙涛,等.流域生态需水规律[M],北京:科学出版社,2006.

[29] 李国英.维持黄河健康生命[M].郑州:黄河水利出版社,2005.

[30] 武汉水利电力学院,水利水电科学研究院.中国水利史稿[M].北京:水利电力出版社,1985.

[31] 黄河水利委员会黄河志总编辑室.黄河流域综述[M].郑州:河南人民出版社,1998.

[32] 刘肇祎.中国水利百科全书:灌溉与排水分册[M].北京:中国水利水电出版社,2004.

[33] 王庆河.农田水利[M].北京:中国水利水电出版社,2006.

[34] 陈玉民,郭国双,王广兴,等.中国主要作物需水量与灌溉[M].北京:水利电力出版社,1995.

[35] 张宗祜,卢耀如.中国西部地区水资源开发利用[M].北京:中国水利水电出版社,2002.

[36] 石玉井,卢良恕.中国农业需水与节水高效农业建设[M].北京:中国水利水电出版社,2001.

[37] 张宗祜.九曲黄河万里沙[M].北京:清华大学出版社,2000.

[38] 张天曾.黄土高原论纲[M].北京:中国环境科学出版社,1993.

[39] 孟庆枚.黄土高原水土保持[M].郑州:黄河水利出版社,1999.

[40] 唐克丽.中国水土保持[M].北京:科学出版社,2004.

[41] 钱宁.钱宁文集[M].北京:清华大学出版社,1990.

[42] 景可,卢金发,梁季阳,等.黄河中游侵蚀环境特征和变化趋势[M].郑州:黄河水利出版社,1997.

[43] 倪晋仁,王兆印,王光谦,等.江河泥沙灾害形成机理及其防治[M].北京:科学出版社,2008.

[44] 李锐,唐克丽.神府—东胜矿区一、二期工程环境效应考察[J].水土保持研究,1994,1(4):577-591.

[45] 王治国,白申科,赵景逵,等.黄土区大型露天矿排土场岩土侵蚀及其控制技术的研究[J].水土保持学报,1994,8(2):10-17.

[46] 陆仲臣.流域地貌系统[M].大连:大连出版社,1991.

[47] 黄河水利委员会治黄研究组.黄河的治理与开发[M].上海:上海教育出版社,1984.

[48] 梁志勇,刘继祥,张厚军,等.黄河洪水输沙与冲淤阈值研究[M].郑州:黄河水利出版社,2004.

[49] 钱宁,张仁,周志德.河床演变学[M].北京:科学出版社,1987.

[50] 钱宁,万兆惠.泥沙运动力学[M].北京:科学出版社,1991.

[51] 韩其为.水库淤积[M].北京:科学出版社,2003.

[52] 焦恩泽.黄河水库泥沙[M].郑州:黄河水利出版社,2004.

[53] 赵连军,谈广鸣,书直林,等.黄河下游河道演变与河口演变相互作用规律研究[M].北京:中国水利水电出版社,2006.

[54] 申冠卿.黄河下游河道对洪水的响应机理与泥沙输移规律[M].郑州:黄河水利出版社,2008.

[55] 杨志达.单位水流功率和泥沙输移,杨志达研究论文选译集[S].北京:国际泥沙研究培训中心,1995.

[56] 左东启.中国水利百科全书:水力学、河流及海岸动力学分册[M].北京:中国水利水电出版社,2004.

[57] 姚文艺.维持黄河下游排洪输沙基本功能的关键技术研究[M].北京:科学出版社,2007.

[58] 王西琴.河流生态需水理论、方法与应用[M].北京:中国水利水电出版社,2007.

[59] 李洪远,鞠美庭.生态恢复的原理与实践[M].北京:化学工业出版社,2005.

[60] 周怀东,彭文启.水污染与水环境修复[M].北京:化学工业出版社,2005.

[61] 吕宪国.湿地生态系统保护与管理[M].北京:化学工业出版社,2004.

[62] 郝伏勤,黄锦辉,李群.黄河干流生态环境需水研究[M].郑州:黄河水利出版社,2005.

[63] 丁圣彦,梁国付,姚孝宗,等.河南沿黄湿地景观格局及其动态研究[M].北京:科学出版社,2007.

［64］倪晋仁,金玲,赵业安,等.黄河下游河流最小生态环境需水量初步研究[J].水利学报,2002(10):1-7.

［65］李丽娟,郑红星.海滦河流域河流系统生态环境需水量计算[J].地理学报,2000(4):495-500.

［66］崔树彬,宋世霞.黄河三门峡以下水环境保护研究[S].郑州:黄河流域水资源保护局,2002.

［67］安树青.湿地生态工程[M].北京:化学工业出版社,2002.

［68］李泽刚.黄河近代河口演变基本规律与稳定入海流路治理[M].郑州:黄河水利出版社,2006.

［69］邵景力,崔亚莉,张德强,等.基于包气带水分运移数值模型的黄河三角洲蒸发量研究[J].地学前缘,2005(S1):95-100.

［70］徐祖信.河流污染治理技术与实践[M].北京:中国水利水电出版社,2003.

［71］王季震.水利水质学[M].北京:中国水利水电出版社,1998.

［72］许士国.环境水利学[M].北京:中国广播电视大学出版社,2006.

［73］郑彤,陈春云.环境系统数学模型[M].北京:化学工业出版社,2006.

［74］陈守煜.工程水文水资源系统模糊集分析理论与实践[M].大连:大连理工大学出版社,1998.

［75］薛松贵,侯传河,王煜,等.三门峡以下非汛期水量调度系统关键问题研究[M].郑州:黄河水利出版社,2005.

［76］赵文林.黄河泥沙[M].郑州:黄河水利出版社,1996.